黑龙江省优秀学术著作出版资助项目

自主式潜水器故障控制与安全性设计

张铭钧　姚　峰　刘　星　王玉甲　赵文德　著

哈爾濱工程大學出版社
Harbin Engineering University Press

内容简介

本书以著者在自主式潜水器(AUV)方面的研究成果为基础,在综述近年来自主式潜水器故障控制技术研究进展的基础上,重点阐述了自主式潜水器推进器弱故障诊断、自主式潜水器容错控制以及自主式潜水器安全决策与抛载自救的理论和技术,力图给出一个系统化、实用化的自主式潜水器故障控制系统框架。本书内容翔实、重点突出且紧密结合科研实际。

本书可供从事自主式潜水器及相关领域的科研人员阅读,也可供从事海洋工程、自动控制、信号处理、机器人等有关专业的工程技术人员和高校师生参考。

图书在版编目(CIP)数据

自主式潜水器故障控制与安全性设计/张铭钧等著. —哈尔滨:哈尔滨工程大学出版社, 2022.4
ISBN 978-7-5661-3444-8

Ⅰ. ①自… Ⅱ. ①张… Ⅲ. ①潜水器-故障检测②潜水器-安全设计 Ⅳ. ①P754.3

中国版本图书馆CIP数据核字(2022)第070852号

自主式潜水器故障控制与安全性设计
ZIZHUSHI QIANSHUIQI GUZHANG KONGZHI YU ANQUANXING SHEJI

选题策划 刘凯元
责任编辑 宗盼盼 姜 珊
封面设计 李海波

出版发行 哈尔滨工程大学出版社
社 址 哈尔滨市南岗区南通大街145号
邮政编码 150001
发行电话 0451-82519328
传 真 0451-82519699
经 销 新华书店
印 刷 北京中石油彩色印刷有限责任公司
开 本 787 mm×1 092 mm 1/16
印 张 11
字 数 260千字
版 次 2022年4月第1版
印 次 2022年4月第1次印刷
定 价 60.00元
http://www.hrbeupress.com
E-mail:heupress@hrbeu.edu.cn

前　　言

随着陆地上不可再生资源的加速消耗，海洋资源开发的重要性和迫切性愈加明显。海洋开发需要先进技术和装备，水下机器人（潜水器、潜器）是目前唯一能够在深海环境下工作的装备，在海洋资源开发中发挥着重要且不可替代的作用。

潜水器主要分为载人潜水器（human occupied vehicle，HOV）、自主式潜水器（autonomous underwater vehicle，AUV）（无人无缆）、遥控式潜水器（remotely operated vehicle，ROV）（无人有缆）、自主遥控复合式潜水器（autonomous & remotely - operated vehicle，ARV）四类。其中，AUV 具有作业范围大、机动性强等特点，已广泛应用于海洋资源探查、海洋搜救等任务中。

AUV（无人无缆）自主工作在复杂的海洋环境中，安全性是其研究和实际应用过程中的重要问题之一。2005 年，英国的“Autosub2”号 AUV 在南极菲姆布里森（Fimbulisen）海域探测作业时失事。2014 年，美国“Nereus”号 AUV 在太平洋克马德克（Kermadec）海沟作业时丢失。2017 年，我国某型号 ARV 在深海探测时发生严重故障。AUV 安全性问题一直受到该领域研究者的高度关注。

AUV 是由多种技术集成的复杂装备，在作业过程中难以进行实时人工干预。这些都对保障其安全性提出了新的挑战。故障控制与安全设计是保障自主式潜水器安全性的基础和关键技术，对提高 AUV 的安全性、降低事故风险具有重要的研究意义和实际应用价值。

本书以国家重点研发计划项目“全海深无人潜水器 AUV 关键技术研究”（2017YFC0305703）、国家自然科学基金重点项目“深海潜水器的故障控制和安全设计的关键科学问题”（51839004）、国家自然科学基金面上项目“自主式水下机器人推进器弱故障诊断方法研究”（51679054）、“自主式水下机器人区域跟踪自适应容错控制方法研究”（51779060）为基础，在综述近年来 AUV 故障控制和安全性技术研究进展的基础上，重点阐述了自主式潜水器推进器弱故障诊断、自主式潜水器容错控制以及自主式潜水器安全决策与抛载自救的理论和技术，力图给出一个系统化、实用化的自主式潜水器故障控制系统框架。

本书在撰写过程中，得到了哈尔滨工程大学机电工程学院水下运载器智能控制技术研究室的博士研究生和硕士研究生的帮助，在此表示感谢。

由于著者水平有限，书中难免存在不足或错误之处，敬请读者和专家批评指正。

著　者

2022 年 1 月

目　　录

第1章　自主式潜水器故障控制概述 …… 1
1.1　研究背景 …… 1
1.2　研究现状及发展动态 …… 2
参考文献 …… 6
第2章　自主式潜水器推进器弱故障诊断 …… 11
2.1　故障特征提取 …… 11
2.2　故障程度辨识 …… 37
参考文献 …… 65
第3章　自主式潜水器容错控制 …… 70
3.1　故障重构与容错控制 …… 70
3.2　区域跟踪与容错控制 …… 104
参考文献 …… 128
第4章　自主式深潜器安全决策与抛载自救 …… 134
4.1　安全自主决策系统 …… 134
4.2　抛载自救系统 …… 150
参考文献 …… 169

第1章　自主式潜水器故障控制概述

1.1　研究背景

随着陆地上不可再生资源的日益减少，海洋在人类生存发展中的地位愈加突出。党的十九大报告中提出我国要“加快建设海洋强国”，这就需要增强海洋科研探测能力、海洋资源开发能力以及海洋安全保障能力。自主式潜水器（无人无缆）作为海洋资源开发和安全保障装备，发挥着不可替代的重要作用。

自主式潜水器工作于复杂海洋环境中，安全性是其重要特性。其一旦发生事故，不仅无法完成水下作业任务，还会造成巨大损失。2010年，颇负盛名的美国“ABE”号在执行水下探测任务时失事。2013年，日本的一台自主式潜水器丢失。2015年，我国在南海发现一个不明国籍、发生故障的自主式潜水器，此事受到多方关注。故障控制与安全设计是保障自主式潜水器安全性的基础和关键技术。研究自主式潜水器的故障控制与安全设计理论，对提高自主式潜水器系统的安全性、降低事故风险具有重要的科学意义。

自主式潜水器的故障控制的目的在于故障发生后能够实现故障诊断与容错控制，以保证任务继续执行；自主式潜水器的安全设计的目的在于提高系统安全性及保障紧急情况下的安全上浮。自主式潜水器由众多子系统和部件构成。深海环境的复杂性与不可预测性所造成的安全性问题主要体现在能源系统、耐压壳体、执行器以及导航传感器四个方面。目前，深海潜水器能源系统与耐压壳体安全性问题的研究已得到国家重点研发计划“深海关键技术与装备”重点专项资助。深海潜水器执行器以及导航传感器故障诊断、容错控制、自主安全决策和应急自救等问题的研究得到国家自然科学基金重点项目、面上项目和青年科学基金项目等多项基金支持。

深海环境中，海流等随机外部干扰、导航传感器较强的测量噪声以及自主式潜水器自身的强非线性与交叉耦合性，对自主式潜水器执行器以及导航传感器的故障控制与安全设计提出了挑战：

（1）自主式潜水器配备的传感器通常不具有冗余功能，很难在外部干扰下对执行器故障或导航传感器故障进行准确识别。因此，必须从自主式潜水器有限的传感器信号中提取故障特征信息，构建多模式故障诊断模型，解决执行器与导航传感器的故障定位与辨识问题。

（2）自主式潜水器通常需要大潜深、长航时、远距离工作，特别是在远离母船或敏感海洋区域工作。因此，为确保出现故障后自主式潜水器的自身安全，需要构建一套自主安全决策系统，结合故障信息以及故障程度发展趋势，构建自主安全管理决策模型，给出最优的安全性解决方案。

(3)自主式潜水器大潜深、长航时、远距离工作的特点对容错控制系统的长期稳定性和可靠性提出了更高的要求。因此,需要从自主式潜水器系统整体出发,探索高可靠性且低保守性的容错控制方案,通过控制系统之外子系统的故障屏蔽,解决直接控制器重构对系统整体控制长期稳定性所造成的冲击破坏问题。

(4)自主式潜水器安全自救系统一般通过抛弃压载上浮,这是保障自主式潜水器自身安全性的最后一道防线。复杂海洋环境中的自主安全决策系统、大潜深环境的抛载自救装置等是深海潜水器需要研究和解决的重要内容之一,对加快自主式潜水器实用化进程具有重要作用。

目前,国内外学者在自主式潜水器执行器与导航传感器的故障诊断与容错控制以及安全自救系统等领域开展了多年的研究,取得了很好的研究成果。随着自主式潜水器功能的拓展、技术要求的提高以及科学研究的深入,不断出现新的有待研究的问题,同时相关理论和机理也需要进一步深入探究,进而推动自主式深海潜水器故障控制与安全设计研究取得新的进步和突破,使其在海洋资源开发中发挥更大的作用。

1.2 研究现状及发展动态

针对自主式潜水器故障控制,本节分别从自主式潜水器故障诊断、容错控制、安全决策与抛载自救等方面,对国内外研究现状及发展动态进行分析和归纳。

1.2.1 自主式潜水器的故障诊断研究现状及发展动态

目前,自主式潜水器的故障诊断大多是围绕执行器故障与导航传感器故障展开的,其方法大致可分为定量故障诊断方法和定性故障诊断方法两大类。根据要素获取和处理方式不同,又可以将定量故障诊断方法分为基于解析模型的定量故障诊断方法和基于数据驱动的定量故障诊断方法两种。

下面对自主式潜水器故障诊断方法,进行国内外研究现状及发展动态分析。

1. 基于解析模型的定量故障诊断方法

该方法通过重构系统过程状态来获得残差序列,基于残差序列来进行故障诊断。如意大利卡梅里诺大学(University of Camerino)的 M. L. Corradini 等根据滑模观测器状态研究推进器故障诊断问题;西北工业大学徐德民院士通过改进的连续 - 离散无迹卡尔曼滤波故障观测器进行故障检测。这些方法直接采用潜水器动力学模型,其诊断结果的准确性大多依赖于解析模型的精度,在建模过程中大都采用近似或忽略海流等外部干扰的策略,使得所建立的解析模型的精度难以保证。因此,在诊断过程中大都需要预设一个故障阈值来预防外部干扰引起的误诊断,但预设的故障阈值大小往往难以确定。

2. 基于数据驱动的定量故障诊断方法

该方法不需要系统的解析模型,而是通过对运行过程中累积的大量历史数据进行分解和变换等处理来实现故障诊断。如英国普利茅斯大学（University of Plymouth）的 S. Sharma 等提出了一种基于神经网络的推进器故障诊断方法；丹麦科技大学（Technical University of Denmark）的 M. Blanke 等提出了一种基于粒子滤波器的潜水器执行器故障诊断方法；上海海事大学朱大奇等将灰色预测和信息融合方法引入水下机器人故障诊断中，通过分析预测模型输出信号与传感器实际信号的误差来进行故障诊断。上述方法均不依赖潜水器解析模型，仅采用潜水器运行过程中产生的过程历史数据进行分析，即可挖掘出潜水器系统本质属性变化的优势。因此，目前基于数据驱动的定量故障诊断方法在潜水器故障诊断领域的应用相对较多。虽然基于数据驱动的定量故障诊断方法可给出故障检测及定位结果，但难以给出故障程度的定量描述。

3. 定性故障诊断方法

该方法通过分析系统运行机理、故障特征、故障行为与故障原因之间的因果关系等先验知识，采用逻辑推理的方式来诊断故障。哈尔滨工程大学的边信黔等应用模糊数截集的方法推导模糊故障树的相关算法，建立了潜水器的模糊故障树，以进行故障诊断；哈尔滨工程大学的张铭钧等采用定性仿真方法对潜水器后继预测状态奇异行为分支进行推进器故障诊断。以上方法虽然不需要潜水器的解析模型，但仍然利用了系统的深层知识，从系统的故障状态出发，重点关注潜水器各系统之间的相关性，最终实现对故障的推理和追溯。但是由于潜水器分系统众多，故障原因复杂多变，导致定性推理过程中产生的因果性和相关性组合关系呈几何倍数增长，使得定性故障诊断方法常用于单一的分系统故障诊断，而对于综合故障诊断相对困难。

分析归纳上述方法，基于数据驱动的定量故障诊断方法具有很好的研究和应用前景，代表了潜水器故障诊断的发展方向。现有关于潜水器系统综合故障诊断方法，大多基于整体状态量进行诊断，不关注底层分系统的状态信号，且常针对执行器或传感器单方面进行故障诊断。

1.2.2　自主式潜水器容错控制研究现状及发展动态

容错控制是在发生故障的情况下，系统能够自主补偿故障的影响，维护系统的稳定性，尽可能地恢复或接近系统故障前的性能，从而保证系统运行稳定可靠。目前，针对非线性系统的容错控制主要包括被动容错控制和主动容错控制。对于工作在复杂海洋环境下的多执行器、多传感器集成的潜水器而言，其故障部位未知、类型多样，造成被动容错控制设计困难，同时系统的不确定性也使被动容错控制的应用受到了限制。而主动容错控制能够适应性地调整控制措施，相比被动容错控制而言，主动容错控制能更有效地实现潜水器控制输入的调节，是潜水器容错控制的研究热点。

根据更改控制输入方式的不同，潜水器主动容错控制方法可分为基于控制重构的主动容错控制方法和基于自适应策略的主动容错控制方法两种。下面将从这两种方法出发分别阐述潜水器容错控制的研究现状及发展动态。

1. 基于控制重构的主动容错控制方法

该方法是基于故障诊断信息，通过更换控制器配置，调整受控对象的输入，以保证系统稳定性。在潜水器领域，现有的基于控制重构的主动容错控制方法主要采用基于推力重新分配的容错策略，该策略是在控制器输出各自由度所需推力后，结合故障信息，利用推力重分配方法来实现推力重新分配，以达到容错的目的。推力重分配方法主要包括加权伪逆法、L 无穷范数法、神经网络优化法、粒子群优化法等。分析归纳上述基于控制重构的主动容错控制方法，主要是假定故障信息能及时且准确地获取，并在冗余的执行器系统中寻找一组满足用户性能要求的控制分配。基于控制重构的主动容错控制方法需要根据故障诊断系统给出的故障信息重构一个新的控制器以容纳系统故障，在线重新设计的难度较大且难以在线求得最优解。因此，针对自主式潜水器的容错控制问题，需要在不改变原控制系统的前提下，研究基于虚拟执行器/传感器重构的主动容错控制问题。

2. 基于自适应策略的主动容错控制方法

该方法通过在线自动校正控制器参数，补偿、减弱、抑制甚至消除故障的影响。意大利卡梅里诺大学的 M. L. Corradini 等针对水下机器人容错控制问题，根据故障诊断信息，在故障执行器的控制输入中添加补偿输入，实现了抵消故障影响的目标；巴西机器人研究小组的 V. D. Carlos 等基于给定的故障诊断信息，选择离线设计的控制器集合中的相应控制器进行运动控制，并基于反馈线性化的伪逆推力分配矩阵以容纳推进器故障。西北工业大学的徐德民团队结合故障描述因子，提出了基于故障估计的主动容错控制方法，通过修正期望控制输入，来满足闭环稳定性。哈尔滨工程大学的张铭钧团队针对 AUV 适应容错控制问题，将推进器故障看作系统动力学模型中的一类不确定性问题来进行处理，提出了基于自适应终端滑模、反演滑模的主动容错控制方法。

由于基于自适应策略的主动容错控制方法能充分融合故障诊断信息，在容纳系统故障的前提下，尽可能降低了控制系统的保守性，因此在潜水器的容错控制当中具有独特的优势。上述基于自适应策略的主动容错控制方法大都是从中央控制系统出发，采用集中式容错控制策略，即通过潜水器导航系统给出的状态量在中央控制系统中进行故障调节以达到容错的目的。但是，上述基于自适应策略的主动容错控制方法忽略了故障诊断结果存在不确定性的问题，故障结果的引入会迫使潜水器去调整或者改变中央控制系统的参数或者结构，一旦故障诊断出现严重误诊，中央控制系统会因为误诊而产生错误的调整，进而影响整个潜水器的运动。大范围、长航时、远距离作业的自主式潜水器，对容错控制系统的可靠性有着更高的要求。

1.2.3 自主式潜水器安全决策与抛载自救研究现状及发展动态

自主式潜水器在复杂的海洋环境中执行任务应具备自主安全决策能力，即及时、准确预测自身系统故障发展趋势，综合评估自身及外部环境，及时进行容错或安全自救等。自主式潜水器出现故障后，自主安全决策系统根据故障诊断系统提供的当前的故障程度信息及预测的该故障程度的发展趋势，进行最终决策判断。

安全自救技术能够在自主式深海潜水器发生故障时,选择适当的自救方式实现潜水器的上浮,以确保潜水器不丢失。安全自救技术不仅需要安全自救装置来实现自救这一动作,也需要对整个安全自救系统本身的可靠性进行研究。下面将从潜水器自主安全决策、安全自救系统以及安全自救系统可靠性三方面进行阐述。

1. 潜水器自主安全决策方面

现有的潜水器自主安全决策研究成果较少,海军潜艇学院的刘海光等针对远程 AUV 自主决策问题,考虑到 AUV 自身感知能力有限以及 Petri 网络强大的建模能力,提出了基于区间值直觉模糊 Petri 网自主决策方法。但在无人机方面,自主决策的研究成果相对较多,如基于加权模糊 Petri 网络的自主决策方法、基于有限干预式协同决策方法等。无人机可以通过多种渠道获得自身信息,然而,自主式潜水器感知外部环境的能力十分有限;海洋环境中,存在海流等随机外部干扰和较强的测量噪声;且潜水器的历史故障实验数据也较为缺乏,这些特性使得潜水器的自主安全决策方法与无人机有较大差异。由于自主式潜水器对环境感知能力有限及历史数据的缺乏,决策属性的模糊性较强,因此外部环境的不确定性也影响着自主决策网络的描述。

2. 潜水器安全自救系统方面

目前自主式潜水器大都基于抛载机构实现自救。主动式有源抛载是目前安全自救系统中的常用方式,主要包括基于电机驱动的抛载机构、基于电磁铁驱动的抛载机构、基于液压驱动的抛载机构、基于电阻丝熔断的抛载机构等。上述抛载机构主要是从单一抛载方式出发设计的安全自救系统,这种基于单一驱动的抛载方式虽能在一定范围内达到自主式潜水器的安全自救目的,但受深海大外压的影响,其可靠性难以保证。针对该问题,美国的 T. S. Ford 与 D. A. Ahern 利用三个独立的释放机构,研制出具有命令抛载、超时抛载与超深抛载三种模式的冗余可靠抛载机构。中国船舶科学研究中心(中国船舶重工集团公司第七〇二研究所)等研制的“蛟龙”号载人潜水器,搭载了多套抛载机构,包括两套电磁铁抛载机构、一套液压抛载装置等,实现了可靠冗余抛载。上述研究成果通过并行驱动方式提高了抛载的可靠性,但仍存在如何将多种驱动方式进行协调运作,以及这种冗余驱动方式如何将同一块压载抛出等问题。在常用的基于电机驱动的抛载机构中,虽然可采用磁耦合密封方式解决深海环境下的电机密封问题,但是存在磁损规律不清、电磁激振力引起的磁力耦合隔离套振动噪声等问题。在常用的电磁铁驱动的抛载机构中,目前没有适用于深海大外压环境的电磁铁产品,更多的是基于现有产品增加抗压结构,对大外压环境下(10 000 m 水深对应外压 100 MPa)磁力传递的磁损机理和规律尚不清晰。

3. 安全自救系统可靠性方面

目前此方面相关的研究成果还较少。这是由于目前的安全自救系统大多为单模式抛载系统,而一些具备冗余抛载功能的自主式潜水器,其安全自救系统在抛载模式上也是相对独立的。对于单模式抛载的安全自救系统来说,可采用已有的可靠性方法直接进行分析。华中科技大学徐国华等针对基于爆炸螺栓驱动的安全自救系统,开展了基于元件应力分析法的安全自救系统控制器部分故障率及平均故障间隔时间的研究工作,并分析了提高系统可靠性的途径。但是,由于深海环境的不可预测性,安全自救系统的实际工作环境很难通过陆上试验完全进行模拟,很难获取准确的部件故障率数据,从而造成可靠性分析过程中很大的不确定性。另外,对于冗余驱动的安全自救系统来说,若抛载模式上具有较大的相关性,则将其看作简单的故障进行分析,得到的可靠性结果也会存在很大的误差。在抛载模式具有较大相关性的冗余驱动安全自救系统中,虽然冗余度的增加能够提高单部件故障情况下的应急抛载的可靠性,但多部件相关失效引起的应急抛载失效事件却呈增长趋势。

参考文献

[1] 徐玉如,李彭超. 水下机器人发展趋势[J]. 自然杂志,2011,33(3):125-132.

[2] TANAKITKORN K, WILSON P A, TURNOCK S R, et al. Depth control for an overactuated, hover-capable autonomous underwater vehicle with experimental verification[J]. Mechatronics, 2017, 41:67-81.

[3] CORRADINI M L, ORLANDO G. A robust observer-based fault tolerant control scheme for underwater vehicles [J]. Journal of Dynamic Systems, Measurement, and Control, 2014, 136(3):1-11.

[4] XIANG X, YU C, ZHANG Q. On intelligent risk analysis and critical decision of underwater robotic vehicle[J]. Ocean Engineering, 2017, 140:453-465.

[5] 封锡盛,李一平,徐红丽. 下一代海洋机器人写在人类创造下潜深度世界纪录10 912米50周年之际[J]. 机器人,2011,33(1):113-118.

[6] HAMILTON K, LANE D M, BROWN K E, et al. An integrated diagnostic architecture for autonomous underwater vehicles[J]. Journal of Field Robotics, 2007, 24(6):497-526.

[7] DEARDEN R, ERNITS J. Automated fault diagnosis for an autonomous underwater vehicle [J]. IEEE Journal of Oceanic Engineering, 2013, 38(3):484-499.

[8] BRITO M, GRIFFITHS G, FERGUSON J, et al. A behavioral probabilistic risk assessment framework for managing autonomous underwater vehicle deployments [J]. Journal of Atmospheric and Oceanic Technology, 2012, 29(11):1689-1703.

[9] CAROLIS V D, MAURELLI F, BROWN K E, et al. Energy-aware fault-mitigation architecture for underwater vehicles[J]. Autonomous Robots, 2017, 41(5):1083-1105.

[10] SUN Y S, RAN X R, LI Y M, et al. Thruster fault diagnosis method based on Gaussian particle filter for autonomous underwater vehicles [J]. International Journal of Naval Architecture and Ocean Engineering, 2016, 8(3):243-251.

[11] 林昌龙,刘开周. 基于贝叶斯估计的水下机器人罗盘故障检测[J]. 控制工程,2015,22(3):559-563.

[12] 周东华,刘洋,何潇. 闭环系统故障诊断技术综述[J]. 自动化学报,2013,39(11):1933-1943.

[13] SUN Y S, LI Y M, ZHANG G C, et al. Actuator fault diagnosis of autonomous underwater

vehicle based on improved Elman neural network [J]. Journal of Central South University, 2016, 23(4): 808 - 816.

[14] CORRADINI M L, MONTERIU A, ORLANDO G. An actuator failure tolerant control scheme for an underwater remotely operated vehicle[J]. IEEE Transactions on Control Systems Technology, 2011,19(5): 1036 - 1046.

[15] 徐德民, 刘富樯, 张立川, 等. 基于改进连续 - 离散无迹卡尔曼滤波的水下航行器故障诊断[J]. 西北工业大学学报, 2014, 32(5): 756 - 760.

[16] 褚振忠, 朱大奇, 张铭钧. 基于终端滑模观测器的水下机器人推进器故障重构[J]. 上海交通大学学报, 2015, 49(6): 837 - 841.

[17] ZHANG M J, CHU Z Z. Adaptive sliding mode control based on local recurrent neural networks for underwater robot[J]. Ocean Engineering, 2012,45: 56 - 62.

[18] 万磊, 杨勇, 李岳明. 水下机器人执行器的高斯粒子滤波故障诊断方法[J]. 上海交通大学学报, 2013, 47 (7): 1072 - 1076.

[19] 张铭钧, 殷宝吉, 刘维新,等. 随机干扰下 AUV 推进器故障特征提取与融合[J]. 华中科技大学学报(自然科学版),2015, 43(6): 22 - 26.

[20] BRITO M P, GRIFFITHS G. A Markov chain state transition approach to establishing critical phases for AUV reliability[J]. IEEE Journal of Oceanic Engineering, 2011, 36 (1): 139 - 149.

[21] ABED W, SHARMA S, SUTTON R. Neural network fault diagnosis of a trolling motor based on feature reduction techniques for an unmanned surface vehicle[J]. Proceedings of the Institution of Mechanical Engineers, Part I: Journal of Systems and Control Engineering, 2015, 229(8): 738 - 750.

[22] ZHAO B, SKJETNE R, BLANKE M, et al. Particle filter for fault diagnosis and robust navigation of underwater robot[J]. IEEE Transactions on Control Systems Technology, 2014, 22(6): 2399 - 2407.

[23] ZHU D, SUN B. Information fusion fault diagnosis method for unmanned underwater vehicle thrusters[J]. IET Electrical Systems in Transportation, 2013, 3(4): 102 - 111.

[24] ZHANG M, WANG T, TANG T, et al. An imbalance fault detection method based on data normalization and EMD for marine current turbines[J]. ISA transactions, 2017, 68: 302 - 312.

[25] 边信黔, 牟春晖, 严浙平, 等. 基于故障树的无人潜航器可靠性研究[J]. 中国造船, 2011, 52(1): 71 - 79.

[26] ZHANG M J, WANG Y J, XU J A, et al. Thruster fault diagnosis in autonomous underwater vehicle based on grey qualitative simulation[J]. Ocean Engineering, 2015, 105: 247 - 255.

[27] 周东华, 史建涛, 何潇. 动态系统间歇故障诊断技术综述[J]. 自动化学报, 2014, 40(2): 161 - 171.

[28] FAZLOLLAHTABAR H, NIAKI S T A. Integration of fault tree analysis, reliability block diagram and hazard decision tree for industrial robot reliability evaluation[J]. Industrial Robot: An International Journal, 2017, 44(6): 754 - 764.

[29] 田中大, 李树江, 王艳红, 等. 经验模式分解与时间序列分析在网络流量预测中的应用[J]. 控制与决策, 2015, 30(5): 905 - 910.

[30] 王兴盛, 康敏, 傅秀清, 等. 镜片精密车削表面粗糙度预测[J]. 机械工程学报, 2013, 49(15): 192 - 198.

[31] 商云龙, 张承慧, 崔纳新, 等. 基于模糊神经网络优化扩展卡尔曼滤波的锂离子电池荷电状态估计[J]. 控制理论与应用, 2016, 33(2): 212 - 220.

[32] TANG Z J, FENG R, TAO P, et al. A least square support vector machine prediction algorithm for chaotic time series based on the iterative error correction[J]. Acta Phys. Sin, 2014, 63(5): 78 - 87.

[33] YANG H L, LIU J X, ZHENG B. Improvement and Application of Grey Prediction GM (1,1) Model[J]. Mathematics in Practice and Theory, 2011, 41(23): 39 - 46.

[34] WANG X T, XIONG W. Dynamic customer requirements analysis based on the improved grey forecasting model[J]. Systems Engineering-Theory & Practice, 2010, 30(8): 1380 - 1388.

[35] ZHANG M J, WU J, CHU Z Z. Multi-fault diagnosis for autonomous underwater vehicle based on fuzzy weighted support vector domain description[J]. 中国海洋工程(英文版),2018(5): 599 - 616.

[36] 刘海光, 潘爽, 张源原. 远程 AUV 区间值直觉模糊 Petri 网自主决策方法研究[J]. 电光与控制, 2017, 24(11): 11 - 15.

[37] LÓPEZ N R, BIKOWSKI R. Effectiveness of autonomous decision making for unmanned combat aerial vehicles in dogfight engagements[J]. Journal of Guidance, Control, and Dynamics, 2018,41(2): 1 - 7.

[38] AL-KAFF A, MARTÍN D, FERNANDO G, et al. Survey of computer vision algorithms and applications for unmanned aerial vehicles[J]. Expert Systems with Applications, 2018,92:447 - 463.

[39] 谭雁英, 童明, 张艳宁,等. 基于加权模糊 Petri 网的无人机自主任务推理决策研究[J]. 西北工业大学学报, 2016, 34(6):951 - 956.

[40] 陈军, 张新伟, 徐嘉, 等. 有人/无人机混合编队有限干预式协同决策[J]. 航空学报, 2015, 36(11): 3652 - 3665.

[41] J JIANG J, YU X. Fault-tolerant control systems: A comparative study between active and passive approaches[J]. Annual Reviews in control, 2012, 36(1): 60 - 72.

[42] AVRAM R C, ZHANG X, MUSE J. Quadrotor actuator fault diagnosis and accommodation using nonlinear adaptive estimators [J]. IEEE Transactions on Control Systems Technology, 2017, 25: 2219 - 2226.

[43] SHAO S, YANG H, JIANG B, et al. Decentralized fault tolerant control for a class of interconnected nonlinear systems[J]. IEEE transactions on cybernetics, 2018, 48(1): 178-186.

[44] ROTONDO D, CRISTOFARO A, JOHANSEN T A. Fault tolerant control of uncertain dynamical systems using interval virtual actuators[J]. International Journal of Robust and Nonlinear Control, 2018, 28(2): 611-624.

[45] ZHANG Y H, ZENG J F, LI Y M, et al. Research on reconstructive fault tolerant control of an X-rudder AUV[C]. In OCEANS 2016 MTS/IEEE Monterey, 2016.

[46] ZHANG M J, LIU X, WANG F. Backstepping based adaptive region tracking fault tolerant control for autonomous underwater vehicles[J]. The Journal of Navigation, 2017, 70(1): 184-204.

[47] JIN X. Fault tolerant finite-time leader-follower formation control for autonomous surface vessels with LOS range and angle constraints[J]. Automatica, 2016, 68: 228-236.

[48] 刘富樯, 徐德民, 高剑, 等. 水下航行器执行机构的故障诊断与容错控制[J]. 控制理论与应用, 2014(9): 1143-1150.

[49] ZHANG M, LIU X, YIN B, et al. Adaptive terminal sliding mode based thruster fault tolerant control for underwater vehicle in time-varying ocean currents[J]. Journal of the Franklin Institute, 2015, 352(11): 4935-4961.

[50] 万磊, 张英浩, 孙玉山, 等. 基于重构容错的智能水下机器人定深运动控制[J]. 兵工学报, 2015, 36(4): 723-730.

[51] JOHANSEN T A, FOSSEN T I. Control allocation: a survey[J]. Automatica, 2013, 49(5): 1087-1103.

[52] CHOI J K, KONDO H, SHIMIZU E. On fault-tolerant control of a hovering AUV with four horizontal and two vertical thrusters[J]. Advanced Robotics, 2014, 28(4): 245-256.

[53] SOYLU S, BUCKHAM B J, PODHORODESKI R P. A chattering-free sliding-mode controller for underwater vehicles with fault-tolerant infinity-norm thrust allocation[J]. Ocean Engineering, 2008, 35(16): 1647-1659.

[54] HUANG H, LEI W, CHANG W T, et al. A fault-tolerable control scheme for an open-frame underwater vehicle[J]. International Journal of Advanced Robotic Systems, 2014, 11(5): 1-12.

[55] SUN B, ZHU D, YANG S X. A novel tracking controller for autonomous underwater vehicles with thruster fault accommodation[J]. The Journal of Navigation, 2016, 69(3): 593-612.

[56] 李俊领, 杨光红. 自适应容错控制的发展与展望[J]. 控制与决策, 2014, 29(11): 1921-1926.

[57] 褚振忠, 朱大奇. 基于自适应区域跟踪的自主式水下机器人容错控制[J]. 山东大

学学报(工学版),2017,47(5):57-63.

[58] HENRIQUE F D S C, KANG CARDOZO D I, REGINATTO R, et al. Bank of controllers and virtual thrusters for fault-tolerant control of autonomous underwater vehicles[J]. Ocean Engineering, 2016, 121: 210-223.

[59] WANG Y, ZHANG M, WILSON P A, et al. Adaptive neural network-based backstepping fault tolerant control for underwater vehicles with thruster fault[J]. Ocean Engineering, 2015, 110: 15-24.

[60] YU J C, ZHANG A Q, JIN W M, et al. Development and experiments of the sea-wing underwater glider[J]. China Ocean Engineering, 2011, 25(4):721-736.

[61] 程小亮,徐国华,杨剑涛. AUV 自救系统关键技术分析[J]. 船海工程,2011,40(5):180-183.

[62] FORD T S, AHERN D A. Recovery systems and methods for unmanned underwater vehicles:美国, US9517821[P]. 2016-09-21.

[63] 崔维成.“蛟龙”号载人潜水器关键技术研究与自主创新[J]. 船舶与海洋工程,2012,1(89):1-8.

[64] 郭悦,徐国华,向先波,等. 智能水下机器人自救系统的可靠性预计[J]. 机械与电子,2006(11):53-55.

[65] SONG B H, ZHOU Z B, MA C Q, et al. Reliability analysis of monotone coherent multi-state systems based on Bayesian networks[J]. Journal of Systems Engineering and Electronics, 2016, 27(6): 1326-1335.

[66] 米金华,李彦锋,彭卫文,等. 复杂多态系统的区间值模糊贝叶斯网络建模与分析[J]. 中国科学:物理学 力学 天文学,2018,48(1):014604-1-014604-13.

第2章　自主式潜水器推进器弱故障诊断

自主式潜水器(无人无缆)工作在海洋环境中,安全性是其研究和实际应用过程中的重要问题之一。推进器作为AUV最重要的动力部件也正是经常发生故障的部件,若能在早期诊断出故障,就能避免更严重的故障发生。自主式潜水器推进器(AUV推进器)早期故障多为弱故障(推进器出力(推力)损失小于或等于10%),因此研究其弱故障诊断方法具有重要意义。

AUV推进器弱故障诊断主要包括故障特征提取、故障程度辨识两部分。其中,故障特征提取包括特征提取与特征融合,故障程度辨识包括弱故障程度辨识与弱故障程度预测。

2.1　故障特征提取

AUV状态量速度信号由多普勒测速仪(DVL)来获取,DVL自身测量噪声较大。对于AUV推进器弱故障而言,从DVL中提取的故障特征信号较弱甚至会低于外部干扰信号,弱故障特征信号与外部干扰信号耦合在一起难以剥离等,导致基于修正贝叶斯算法(MB算法)等典型方法得到的故障特征值和噪声特征值的差值与比值都较小,有时甚至难以提取出有效的故障特征值。本节主要介绍AUV推进器弱故障特征提取和弱故障特征融合方法。

2.1.1　基于稀疏分解的AUV推进器弱故障特征提取

典型故障诊断方法可以分为三个部分:故障特征提取、故障检测、故障程度辨识。故障诊断方法总体流程如图2-1所示。

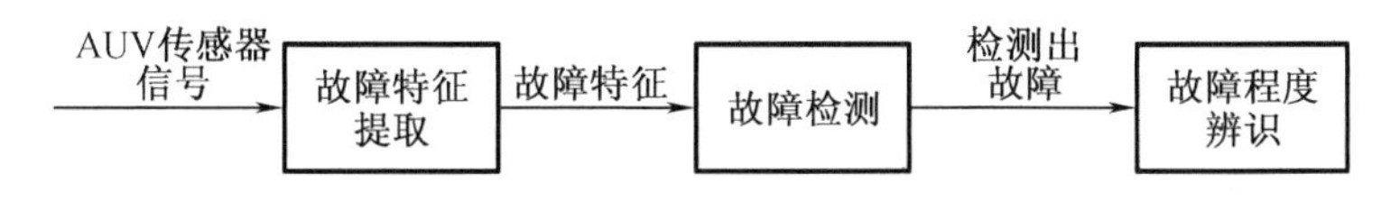

图2-1　故障诊断方法总体流程

本书研究的是AUV推进器弱故障诊断过程中的第一步,即AUV推进器弱故障特征提取问题。

AUV推进器弱故障特征提取与其他领域的故障特征提取相比较复杂,因为AUV工作在水中环境,其受到的随机海流干扰会影响推进器弱故障特征提取的效果。综上考虑水中环境下AUV受海流干扰影响的情况,故常采用小波分解方法进行推进器弱故障特征提取。

本书基于小波分解方法进行 AUV 推进器弱故障诊断研究发现，该方法对于 AUV 推进器出力损失较大（大于 30%）的故障，诊断效果较好；但是对于推进器出力损失较小（小于或等于 10%）的弱故障，小波分解后作为故障特征的小波细节系数隐藏在干扰特征中，难以通过其区分故障的异常点，从而导致最终诊断结果会出现误诊或漏诊的问题。

通过分析小波分解方法的实施过程及实验数据，本书认为产生上述问题的原因如下：由于 AUV 运动控制系统为闭环控制，因此当出现推进器出力损失较小（小于或等于 10%）的弱故障时，故障引发的 AUV 状态量变化值较小。闭环控制作用下，推进器控制电压变化（增大），使得 AUV 状态量重新跟踪上目标值的时间短。由于故障引起的信号变化时间短，因此在使用小波分解时，需要选取时间窗宽度小的低分解尺度进行分析。而小波分解的低尺度下频率带较宽，且故障特征所在频率带与干扰所在频率带又存在混叠，因此，作为故障特征的小波细节系数在故障特征频率带内不仅故障特征的幅值较高，干扰特征的幅值也同样较高。所以，在 AUV 推进器弱故障特征提取时存在难以区分的故障异常点，这些故障异常点会导致误诊或漏诊问题的出现。

本书进一步分析认为，小波分解方法是典型的时频域分解方法，时频域分解方法的核心是研究时域和频域的局部特性。但推进器弱故障的故障特征与外界干扰在时域内以及频域内均存在着混叠，因此小波分解方法不适用于推进器弱故障特征提取。同时，本书著者尝试将经验模态分解方法以及小波包分解方法等常见的时频域分解方法用于 AUV 推进器弱故障特征提取，但是效果都不理想。

本书著者在学习基于稀疏分解方法进行信号处理的文献时，受到启发，另辟蹊径，尝试采用稀疏分解方法进行推进器弱故障特征提取。

本书著者在研究中发现，稀疏分解方法作为一种新的信号处理方法，于 2006 年在图像处理领域开始应用；近年来用于轴承等旋转机械故障特征提取中，取得很好的效果。特征提取的目的是提取隐藏在原始时域中的有用信息。对应于信号的不同特征，应该适当选择变换域，以便在对信号进行增强时可以有效区分有用信号以及干扰信号。由上述分析可知，小波分解方法将信号转换到时频域的特征提取方法对推进器弱故障不敏感，而稀疏分解方法是将信号转换到自己构建的稀疏域中，并具有能够简洁表示信号且学习捕获数据中较高级特征的特点。因此，本书尝试基于稀疏分解方法进行推进器弱故障特征提取，探索新的推进器弱故障特征提取方法。

本书问题定义如下：

采用传统的稀疏分解方法进行推进器弱故障诊断时存在两个问题：一是传统的稀疏分解方法分解时序列信号时，分解结果在时域内精度较低；二是有故障和无故障时的分解系数差值仍然较小。

本书的创新点如下：

针对第一个问题，即传统的稀疏分解方法分解时序列信号时，分解结果在时域内精度较低，本书提出一种改进的稀疏分解方法。

针对第二个问题，即有故障和无故障时的分解系数差值仍然较小，本书提出一种基于故障权值矩阵的弱故障特征提取方法。

本书通过 AUV 水池实验,验证所提方法的有效性。

具体组织结构如下:

首先说明传统的稀疏分解方法在提取推进器弱故障特征时存在的问题,分析产生问题的原因,引出本书提出的两种改进方法:一是改进的稀疏分解方法,二是基于故障权值矩阵的弱故障特征提取方法。

其次说明本书第一种改进方法,即改进的稀疏分解方法,并进行实验验证。

再次说明本书第二种改进方法,即基于故障权值矩阵的弱故障特征提取方法,并进行实验验证。

最后基于本书方法与小波分解方法,对推进器弱故障特征提取的效果进行实验验证。

1. 传统的稀疏分解方法存在的问题及原因分析

下面分析基于传统的稀疏分解方法进行推进器弱故障特征提取存在的问题,并分析产生问题的原因,引出本书的改进方法。

(1)问题陈述

本小节采用传统的稀疏分解方法进行推进器弱故障特征提取,分析该方法存在的问题。

传统的稀疏分解方法的思路是将待分解信号变换到稀疏域再进行特征提取。借鉴文献[11]至文献[13]的思路,本书设计了基于传统的稀疏分解方法的 AUV 推进器弱故障特征提取的流程,如图 2-2 所示。

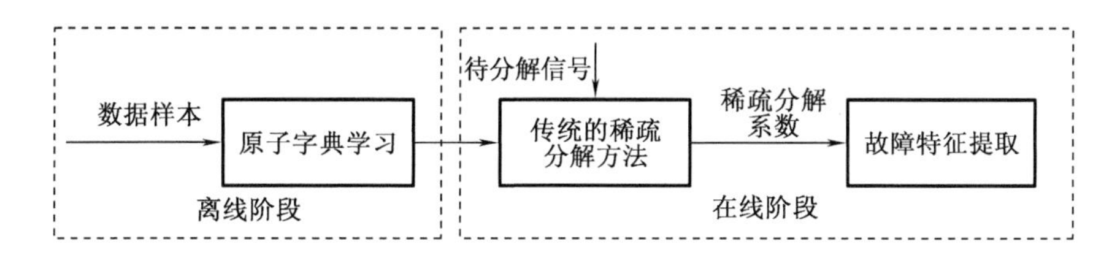

图 2-2　基于传统的稀疏分解方法的 AUV 推进器弱故障特征提取的流程

图 2-2 中各个步骤的具体内涵如下:

①原子字典

利用已有数据样本进行字典学习,得到与 AUV 状态信号结构特征相似的基函数。

②稀疏分解方法

基于学习后的原子字典对信号进行稀疏分解,以残留信号能量为终止条件。

③故障特征提取

稀疏分解后得到的各原子字典对应的稀疏分解系数作为提取后的故障特征。

本书按照上述基于稀疏分解的特征提取方法进行实验研究,发现了以下两个问题:

一是传统的稀疏分解方法分解时序列信号时,分解结果在时域内精度较低。在上述稀疏分解过程中,由于 AUV 传感器信号为时序列信号,本书研究发现采用传统的稀疏分解方法分解时序列信号时,存在分解结果在时域内精度较低的问题。

二是有故障和无故障时的分解系数相比差值仍然较小。在上述故障特征提取过程中,将分解后的分解系数作为故障特征时,存在有故障和无故障时的分解系数相比差值仍然较小的问题。有故障时的分解系数即为故障特征,无故障时的分解系数即为干扰特征,两者差值越小,故障诊断结果的准确性越低,就越容易出现误诊和漏诊的问题。

(2)原因分析

接下来针对上述基于传统的稀疏分解方法进行推进器弱故障特征提取时存在的两个问题,分析产生问题的原因。

①对采用传统的稀疏分解方法分解时序列信号时,分解结果在时域内精度较低的问题分析原因

传统的稀疏分解方法针对长信号的分解思路为:将长度为 K 个节拍的原始信号分割成一段段与原子字典长度相同的短信号再分别进行分解。假设原子字典长度为 n,则将长信号分割成 K/n 段,并且每段短信号会得到 1 个分解结果。但推进器故障发生时刻可能出现在所处短信号 n 个节拍中任意一个位置,因此 1 个分解结果难以精确地对故障进行分析,这也就是分解结果在时域内精度较低的原因。

②对有故障和无故障时的分解系数相比差值仍然较小的问题分析原因

AUV 在运行过程中,除了本书研究的推进器故障会影响 AUV 艏向角和速度等状态信号的变化外,海流干扰同样会影响这些信号的变化。基于稀疏分解的特征提取方法的基本思路是将传感器信号进行稀疏分解,然后以分解后的稀疏分解系数作为故障特征。稀疏分解系数仅表示分解时对应原子字典的缩放值,由于推进器弱故障引起的信号变化较小,因此有故障时对应的分解系数与无故障时海流干扰引起的信号变化对应的分解系数差值较小。因此,传统的稀疏分解方法中只通过稀疏分解系数作为故障特征难以区分弱故障特征与海流干扰特征。

(3)本书改进方法

基于上述分析,本书对传统稀疏分解方法进行改进,改进后的稀疏分解方法的基本流程如图 2-3 所示。

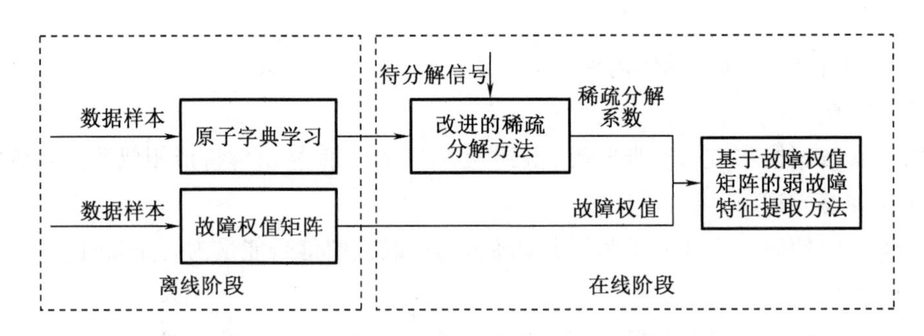

图 2-3　本书改进后的稀疏分解方法的基本流程

对比图 2-2 与图 2-3 可知,本书针对上述两个问题对传统的稀疏分解方法进行以下两个方面的改进:

①在传统的稀疏分解方法的步骤②稀疏分解中,提出了一种改进的稀疏分解方法代替传统的稀疏分解方法。

②在传统的稀疏分解方法的步骤③故障特征提取中,提出了一种基于故障权值矩阵的弱故障特征提取方法代替传统的稀疏分解方法中的特征提取方法。

2. 改进的稀疏分解方法

传统的稀疏分解方法是将原始长信号分割成与原子字典相同长度的短信号再进行分解。该方法最早应用于图像处理领域,因此没有考虑时域精度问题。本书应用该方法处理AUV 传感器信号时发现,分割信号再对短信号进行分解,会导致分解结果在时域内精度较差。基于上面的分析,针对传统的稀疏分解方法分解时序列信号时,分解结果在时域内精度较低的问题,本书提出了一种改进的稀疏分解方法,并通过实验验证了该方法的有效性。

(1)本书改进的稀疏分解方法及实验验证

本小节首先说明本书改进的稀疏分解方法的基本思路,其次简要分析传统的稀疏分解方法的表达式,最后给出本书改进的稀疏分解方法的计算公式。

①本书改进的稀疏分解方法的基本思路

本书改进的稀疏分解方法的基本思路为:采用传统的稀疏分解方法分解时序列信号时,分解结果在时域内精度较低的原因在于,该方法无法直接对长信号进行分解,需要将信号进行分割后再分别进行分解。基于这一原因,本书对传统的稀疏分解方法进行改进,即在传统的稀疏分解方法的计算公式中加入时移运算符,相当于对传统的稀疏分解方法增加时间变量。改进的稀疏分解方法的待分解信号的每个节拍都会得到对应的分解结果,而不是传统的稀疏分解方法的同一时间片段内相同的分解结果。因此,改进的稀疏分解方法对应的分解结果在时域内精度更高。接下来先说明传统的稀疏分解方法的计算公式,然后阐述本书改进的稀疏分解方法的计算公式。

②传统的稀疏分解方法的计算公式

传统的稀疏分解方法是将输入信号 $\boldsymbol{x}$(长度为 L)分割成每段长度为 M 的短信号,并表示为基函数与噪声的线性加权组合,通过以下两个公式表达:

$$\boldsymbol{x} = \boldsymbol{D\alpha} + \boldsymbol{\varepsilon} = \sum_{k=1}^{K} \boldsymbol{d}_k \alpha_k + \boldsymbol{\varepsilon} \tag{2-1}$$

$$\min_{\boldsymbol{\alpha}} \|\boldsymbol{\alpha}\|_0 \tag{2-2}$$

公式(2-1)与公式(2-2)中,$\boldsymbol{D} = [\boldsymbol{d}_1, \boldsymbol{d}_2, \cdots, \boldsymbol{d}_k] \in \mathbf{R}^{M \times K}$表示原子字典矩阵;$\boldsymbol{d}_k$ 为原子字典矩阵中的列向量,也称为原子;$\boldsymbol{\alpha} = [\alpha_1, \alpha_2, \cdots, \alpha_k]^{\mathrm{T}}$ 表示输入信号经过稀疏分解得到的稀疏分解系数;$\boldsymbol{\varepsilon}$ 表示稀疏分解残差项。l^0 范数用来计算系数向量中的非零项个数。

公式(2-1)、公式(2-2)即为传统的稀疏分解方法的计算公式,其中公式(2-1)为稀疏分解方法的基础公式;公式(2-2)为公式(2-1)的约束,可以使公式(2-1)的结果具有稀疏性,即其大部分系数 α_k 为零或接近于零。

接下来,分析公式(2-1)、公式(2-2),引出本书对传统的稀疏分解方法的改进。分析公式(2-1)、公式(2-2)可知,传统的稀疏分解方法由于没有考虑信号在时域内的变化,因此并没有时间变量,所以在处理时序列信号时只能将时序列信号分割成与原子字典相同长度的短信号再进行分解。比如本书 AUV 速度信号原子字典长度为 50 个节拍,那么在分解速度信号时,每 50 个节拍才能得到一个分解结果。而本书希望能够每 1 个节拍得到一个分解结果,这样才能够提高分解结果的时域精度。所以本书对传统的稀疏分解方法进行改进,在计算公式(2-1)中增加时移运算符,使其能够直接分解信号长度较长的时序列信号,从而提高分解结果在时域内的精度。

③本书改进的稀疏分解方法的计算公式

为了使稀疏分解方法能用于时序列信号,本书在稀疏分解方法计算公式的基础上进行了改进,增加了时移运算符,并推导出最终分解系数的计算公式。以下是本书改进的稀疏分解方法计算公式的推导过程。

由于本书改进的稀疏分解方法是通过一固定长度的原子字典(长度为 K)对一原始信号 $\boldsymbol{x}$(长度为 L)进行分解,得到每一时刻的分解信号的稀疏表示,因此本书改进的稀疏分解方法通过在公式(2-1)中增加时移运算符得到原子字典在任意时刻的集合,则公式(2-1)改进为

$$\boldsymbol{x} = \sum_{k} \sum_{\tau} \boldsymbol{\alpha}_{k,\tau} \boldsymbol{m}_{k}(t-\tau) + \boldsymbol{\varepsilon} = \sum_{k} \sum_{\tau} \boldsymbol{\alpha}_{k,\tau} T_{\tau} \boldsymbol{m}_{k} + \varepsilon \tag{2-3}$$

对应的约束公式(2-2)表示为

$$\min_{\boldsymbol{\alpha}_{k,\tau}} \|\boldsymbol{\alpha}_{k,\tau}\|_{0} \tag{2-4}$$

其中,$\boldsymbol{T}_{\tau}$ 为时移运算符,取一个原子 $\boldsymbol{m}_{k}$ 从 τ 时刻开始赋值,其中 $1 \leqslant k \leqslant K$,字典 $\boldsymbol{D}_{2}$ 可以被定义为 $\boldsymbol{D}_{2} = (\boldsymbol{T}_{\tau}\boldsymbol{m}_{k})_{k,\tau}$;$t$ 为时间变量;$\sum\limits_{\tau}$,$\sum\limits_{k}$ 为求和函数,分别对变量 τ 和 k 进行求和;$\boldsymbol{\alpha}_{k,\tau}$为稀疏分解系数。

公式(2-3)、公式(2-4)即为本书改进的稀疏分解方法的计算公式。但公式(2-3)、公式(2-4)为稀疏分解方法的理想表达式,实际应用时我们最终要得到的分解结果为原子字典集合 $\boldsymbol{m}_{k}$ 对应的稀疏分解系数 $\boldsymbol{\alpha}_{k,\tau}$的计算公式。因此,接下来需要通过本书改进后的公式(2-3)、公式(2-4)进一步推导稀疏分解系数 $\boldsymbol{\alpha}_{k,\tau}$ 的计算公式。

公式(2-4)中 l^{0} 范数表示系数向量中的非零项个数,为非确定性多项式,即无法直接进行求解。在实际应用时一般选择用 l^{2} 范数来近似表示。因此,公式(2-4)可以进一步通过 l^{2} 范数表示为

$$\min \left\| \boldsymbol{x} - \sum_{k} \sum_{\tau} \boldsymbol{\alpha}_{k,\tau} \boldsymbol{T}_{\tau} \boldsymbol{m}_{k} \right\|_{2}^{2} \tag{2-5}$$

其中,$\boldsymbol{m}_{k}$ 为列向量。对于一个指定的原子 $\boldsymbol{m}_{k}$,有

$$\hat{\boldsymbol{x}}_{k} = \sum_{\tau} \boldsymbol{\alpha}_{k,\tau} \boldsymbol{T}_{\tau} \boldsymbol{m}_{k} + \boldsymbol{\varepsilon} \tag{2-6}$$

其中,$\hat{\boldsymbol{x}}_{k}$ 为由给定原子 $\boldsymbol{m}_{k}$ 拟合的信号。基于公式(2-5)、公式(2-6)可以得到分解过程中最匹配的原子 $\boldsymbol{m}_{k}^{\text{opt}}$ 以及对应的稀疏分解系数 $\boldsymbol{\alpha}_{k}^{\text{opt}}$ 的计算方程:

$$(\boldsymbol{m}_{k}^{\text{opt}}, \boldsymbol{\alpha}_{k}^{\text{opt}}) = \arg\min_{\|\boldsymbol{m}\|_{2}=1} \left\| \hat{\boldsymbol{x}}_{k} - \sum_{\tau \in \sigma_{\tau}} \boldsymbol{\alpha}_{\tau} \boldsymbol{T}_{\tau} \boldsymbol{m} \right\|_{2}^{2} \tag{2-7}$$

其中,$\sigma_{\tau} = \{\tau \mid \boldsymbol{\alpha}_{k,\tau} \neq \boldsymbol{0}\}$;$\boldsymbol{m}$ 为列向量,代表字典中的一个可调整的原子。为了更好地获得字典与分解系数学习结果,本书采用字典与分解系数联合更新方法,来获得最匹配的原子 $\boldsymbol{m}_{k}$ 以及对应的稀疏分解系数 $\boldsymbol{\alpha}_{k,\tau}$:

$$\boldsymbol{m}_{k} \leftarrow \arg\min_{\|\boldsymbol{m}\|_{2}=1} \sum_{\tau \in \sigma_{\tau}} \langle \boldsymbol{m}, \boldsymbol{T}_{\tau}^{*} \hat{\boldsymbol{x}}_{k} \rangle^{2} \tag{2-8}$$

$$(\boldsymbol{\alpha}_{k,\tau})_{\tau \in \sigma_\tau} \leftarrow \arg\min \left\| \hat{\boldsymbol{x}}_k - \sum_{\tau \in \sigma_\tau} \boldsymbol{\alpha}_\tau \boldsymbol{T}_\tau \boldsymbol{m} \right\|_2^2 \tag{2-9}$$

公式(2－7)、公式(2－8)中，$\boldsymbol{T}_\tau^*$ 表示时移运算符 $\boldsymbol{T}_\tau$ 的伴随矩阵。此方法连续操作，可以获得每个 $\boldsymbol{m}_k$ 及对应的 $\boldsymbol{\alpha}_{k,\tau}$。接下来对本书改进的稀疏分解方法有效性进行实验验证。

(2)实验验证

针对采用传统的稀疏分解方法分解时序列信号时，分解结果在时域内精度较低的问题，本书提出了一种改进的稀疏分解方法。本书分别采用传统的稀疏分解方法以及本书改进的稀疏分解方法对 AUV 实验样机水池实验得到的传感器信号数据样本进行分解，通过对比实验结果，验证本书改进的稀疏分解方法的有效性。接下来，首先说明实验环境，其次对比实验结果。

①实验环境

本书采用如图 2－4 所示的“海狸Ⅱ”号 AUV 实验样机进行水池实验，实验环境如图 2－5 所示。AUV 在有流的环境下以 0.3 m/s 的速度进行定速直行实验。流场分布如图 2－6 所示。

图 2－4 “海狸Ⅱ”号 AUV 实验样机

图 2－5 实验环境

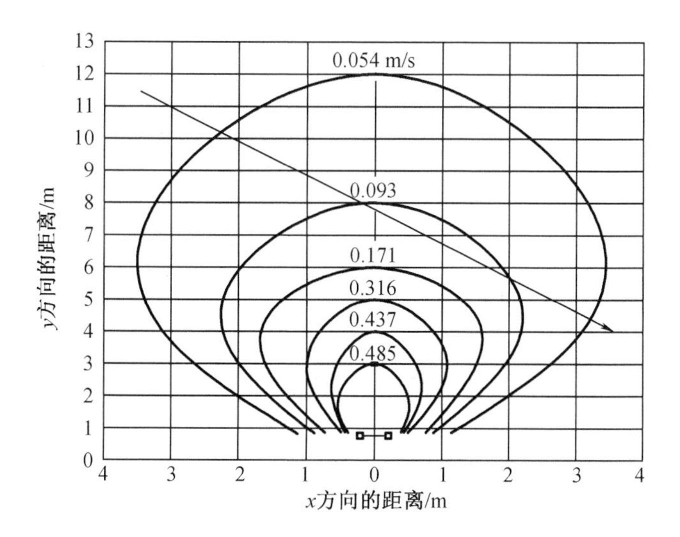

图 2－6 流场分布图

针对有流环境中 AUV 推进器无故障、以 0.3 m/s 的速度定速直行时，本书分别采用传统的稀疏分解方法以及改进的稀疏分解方法对采集到的速度、艏向角以及主推电压等传感器信号数据样本改进的稀疏分解方法进行分解，通过对比实验结果，验证本书改进的稀疏分解方法的有效性。采用 AUV 推进器无故障数据进行对比验证的原因为：本书在这一部分中所提出的改进的稀疏分解方法是针对传统的稀疏分解方法在时域内分解结果精度低的问题，并没有涉及故障特征提取部分，因此这里采用推进器无故障数据进行对比验证。无故障原始传感器速度数据如图 2－7 所示。

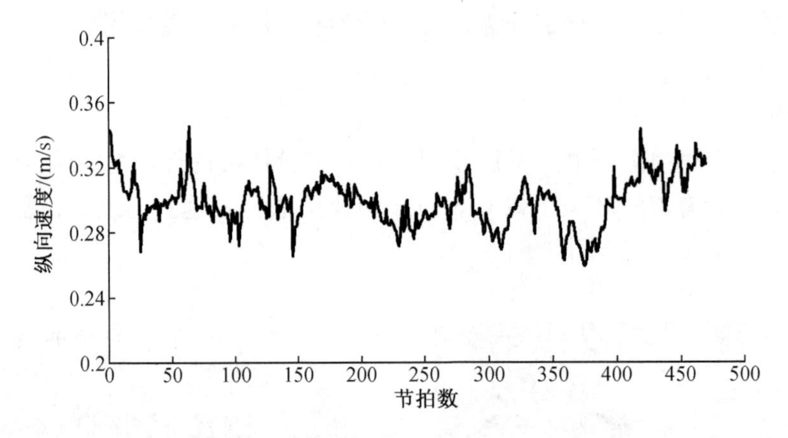

图 2－7　无故障原始传感器速度数据

②实验结果对比

首先，说明数据样本参数。选取总节拍数为 500，信号采样节拍间隔为 0.2 s，采样频率为 5 Hz。原子字典为基于 K－SVD 算法（K 均值奇异值分解算法）学习后的原子字典，其中速度信号原子字典长度为 50 节拍。

其次，说明对比实验结果。基于传统的稀疏分解方法和本书改进的稀疏分解方法对 AUV 速度信号数据样本进行分解，分解结果如图 2－8 所示。

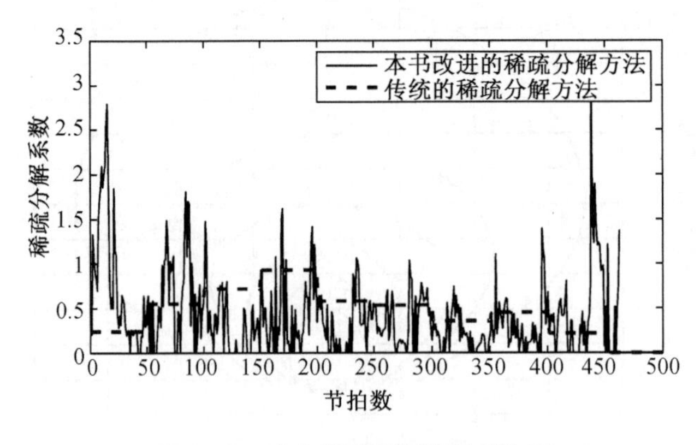

图 2－8　速度信号分解结果对比图

图 2－8 为两种方法对速度信号的分解结果对比图，采样频率越高，说明时域内两个相

邻的分解结果间时间差值越小,也就是分解结果在时域内精度越高。接下来通过对比两种方法的分解结果在时域内的采样频率进行验证。对图2-8中两种算法分解结果分析可知,原始信号的采样频率为5 Hz,传统的稀疏分解方法最终每50个节拍得到1个分解结果,即分解结果的采样频率为0.1 Hz。本书改进的稀疏分解方法是每个节拍得到1个分解结果,即分解结果的采样频率为5 Hz。对比发现,传统的稀疏分解方法得到的分解结果的采样频率要远远低于原始信号的采样频率,仅为原始信号的采样频率的1/50。而本书改进的稀疏分解方法得到的分解结果的采样频率与原始信号的采样频率相同,是传统稀疏分解方法的50倍。由此可以说明,本书改进的稀疏分解方法有效地提高了稀疏分解方法分解结果在时域内的精度。

总结本小节内容:本小节针对传统的稀疏分解方法分解时序列信号时分解结果在时域内精度较低的问题,提出了一种改进的稀疏分解方法,并通过对比实验,验证了本书改进的稀疏分解方法分解时序列信号时,分解结果在时域内精度提高的有效性。

前面提出了传统的稀疏分解方法在提取AUV推进器弱故障时存在的两个问题:一是传统的稀疏分解方法分解序列信号时,分解结果在时域内精度较低;二是有故障时和无故障时的分解系数相比差值仍然较小。其中问题一在本小节中通过本书提出的改进的稀疏分解方法已得到解决。针对第二个问题,在本小节研究的基础上,本书提出了基于故障权值矩阵的弱故障特征提取方法。

3. 基于故障权值矩阵的弱故障特征提取方法及实验验证

针对传统的稀疏分解方法在提取AUV推进器弱故障时存在的问题,即有故障时和无故障时的分解系数相比差值仍然较小的问题,本书提出了一种基于故障权值矩阵的弱故障特征提取方法。下面首先说明本书提出的基于故障权值矩阵的弱故障特征提取方法,其次通过水池对比实验,验证本书改进的稀疏分解方法的有效性。

(1)基于故障权值矩阵的弱故障特征提取方法

前面分析了产生上述问题的原因是海流干扰。针对AUV会受到海流干扰的影响,难以区分AUV推进器弱故障特征与海流干扰特征稀疏分解的问题,本书提出了基于故障权值矩阵的弱故障特征提取方法。下面首先阐述本书改进的稀疏分解方法的基本思路及其与传统的稀疏分解方法的不同之处;其次对本书改进的稀疏分解方法的核心内容"故障权值矩阵"的学习过程进行详细说明。

①本书改进的稀疏分解方法的基本思路

本书改进的稀疏分解方法是在传统的稀疏分解方法的基础上进行改进的,接下来通过对比两种方法的不同之处,阐述本书改进的稀疏分解方法的基本思路。

传统的稀疏分解方法的基本思路为:将待分解信号进行稀疏分解,分解结果为原子字典对应的分解系数。传统的稀疏分解方法就是将分解系数作为故障特征进行进一步诊断。

本书改进的稀疏分解方法的基本思路为:传统的稀疏分解方法只以稀疏分解系数作为故障特征,难以对推进器弱故障与海流干扰进行区分。本书在传统的稀疏分解方法的基础上对故障特征进行增强,通过建立原子字典对应的故障权值矩阵,将故障信息保存在故障权值矩阵中,然后以稀疏分解系数与故障权值矩阵的内积作为增强后的故障特征,增大故障特征与干扰特征之间的差值。

为了更清晰地阐述两种方法的不同之处,本书著者画出了传统的稀疏分解方法与本书改进的稀疏分解方法原理对比图(图2-9)。

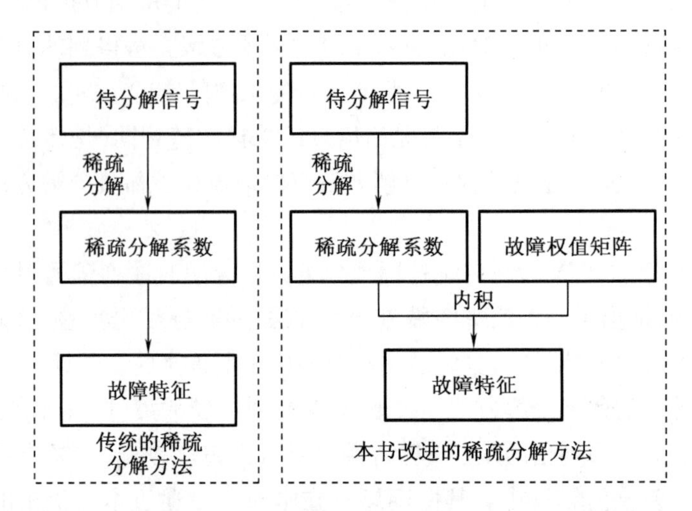

图2-9　传统的稀疏分解方法与本书改进的稀疏分解方法原理对比图

如图2-9所示,本书改进的稀疏分解方法是在传统的稀疏分解方法的基础上,增加了故障权值矩阵,然后将故障权值矩阵与稀疏分解系数的内积作为改进的故障特征。

通过对比本书改进的稀疏分解方法与传统的稀疏分解方法的不同之处可以发现,故障权值矩阵是本书改进的稀疏分解方法的核心部分。接下来阐述故障权值矩阵的学习方法。

②故障权值矩阵的学习方法

本书改进的稀疏分解方法的故障权值矩阵是通过对已有的故障样本数据学习获得的。接下来说明故障权值矩阵学习方法的具体思路。

本书提出的故障权值矩阵学习方法的具体思路为:稀疏分解所得的原子字典属于无标签字典,其中并没有包含本书所需故障状态信息。所以本书在构建原子字典时,对其中每一个原子都增加故障标签,也就是本书所提到的故障权值矩阵,从而起到特征增强的效果。因此,本书通过对已知的故障数据样本进行分解,分解系数中包含着所需故障状态信息。接下来将分解后相同原子的分解系数累加,即为本书需要的故障权值矩阵。

根据以上学习方法的具体思路,画出本书方法流程图,如图2-10所示。

如图2-10所示,本书故障权值矩阵的学习方法就是不断地对故障样本进行稀疏分解,进而更新故障权值矩阵。

本书故障权值矩阵的学习方法可以分为以下五个步骤。

a. 初始化

取J个待学习样本$\boldsymbol{x}_j(j=1,2,\cdots,J)$,令$j=1$,残差项初始化为$\boldsymbol{\varepsilon}=\boldsymbol{x}_j$,原子字典$\boldsymbol{D}$为基于K-SVD算法学习后的原子字典,迭代次数$n=1$,故障权值矩阵$\boldsymbol{W}=\varnothing$;

b. 寻找匹配原子

求得残差 $\boldsymbol{\varepsilon}$ 和原子字典 $\boldsymbol{D}$ 中各个原子 $\boldsymbol{d}_i$ 的内积，并找出内积最大值的下角标 λ，即

$$|\langle \boldsymbol{x},\boldsymbol{d}_\lambda \rangle| = \sup_{i\in(1,K)} |\langle \boldsymbol{x},\boldsymbol{d}_i \rangle| \tag{2-10}$$

式中，i 为各个原子的代号。

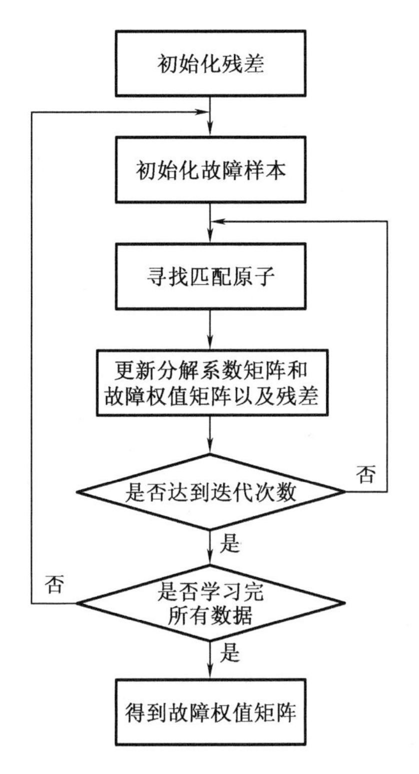

图 2-10　故障权值矩阵学习方法流程

c. 更新分解系数矩阵和故障权值矩阵

更新分解系数矩阵为

$$\boldsymbol{\alpha}_{n-1} = \boldsymbol{\alpha}_n \tag{2-11}$$

公式(2-11)表示迭代过程中采用第 n 次迭代获得的分解系数，来替代第 $n-1$ 次迭代获得的分解系数，式中 $\boldsymbol{\alpha}_n$、$\boldsymbol{\alpha}_{n-1}$ 分别为第 n 次迭代以及第 $n-1$ 次迭代的分解系数。更新相应故障权值矩阵为

$$\boldsymbol{W} = \boldsymbol{W} + \boldsymbol{\alpha}_t \tag{2-12}$$

式中，$\boldsymbol{\alpha}_t$ 为 t 时刻的分解系数。

d. 更新残差

t 时刻的残差($\boldsymbol{\varepsilon}_t$)为原始信号($\boldsymbol{x}$)与当前迭代拟合结果($\boldsymbol{D}_t\boldsymbol{\alpha}_t$)的差值，即

$$\boldsymbol{\varepsilon}_t = \boldsymbol{x} - \boldsymbol{D}_t\boldsymbol{\alpha}_t \tag{2-13}$$

式中，$\boldsymbol{D}_t$ 为 t 时刻的原子字典。

e. 判断终止条件

算法迭代何时终止取决于分解信号所用原子个数 k。若迭代次数 $n \leqslant k$，则返回步骤 a；

若迭代次数 $n > k$，则对下一组数据进行学习，在所有数据学习完毕后，对故障权值矩阵进行归一化处理，然后停止算法。由于信号具有稀疏性，因此仅有少数原子中包含着信号的有用信息。AUV 传感器信号分解结果中通常有 2 ~ 3 个原子对应的分解系数远大于其余原子，所以本书改进的稀疏分解方法中设置 n 为 3。

本书对传统的稀疏分解方法进行了改进，在传统稀疏分解方法中增加了故障权值矩阵，起到了故障特征增强的作用。下面通过对比实验，验证本书改进的稀疏分解方法的有效性。

（2）实验验证

为验证本书改进的稀疏分解方法相对于基于稀疏分解算法的传统特征提取方法的提升效果，这里也采用如图 2－4 所示的“海狸Ⅱ”号 AUV 实验样机进行对比实验（实验环境如图 2－5 所示），对两种方法提取的故障特征结果进行对比分析。实验所用数据基于前面获得的海流干扰下的 AUV 传感器信号数据。下面首先说明故障模拟方法以及实验数据与样本参数，其次进行实验结果对比。本书采用的故障模拟方法如下。

①故障模拟方法

本书著者所在研究室在前期研究成果中提出了多种推进器故障模拟方法，这里只简述故障软模拟方法（推进器故障模拟方法的一种）的基本原理和过程。

考虑到推进器故障程度为 λ 时，推进器实际输出推力 τ' 与推进器理论输出推力 τ 的比值为 $1-\lambda$，即 $\tau'=(1-\lambda)\tau$。为模拟推进器出力不足故障，将控制电压经过转换计算后，再输入到推进器电机驱动器中。电压转换计算公式如下：

$$U'=(1-\lambda)U+0.84\lambda \tag{2-14}$$

式中，U' 为实际输入到推进器电机驱动器的控制电压；U 为控制器输出的控制电压；λ 为模拟的推进器故障程度。本书设 λ 为 5%，来模拟推力损失为 5% 的故障。

②实验数据与样本参数

本书对比实验所用到的 AUV 水池实验故障样本数据为 5% 推进器出力损失故障。样本中信号采样节拍间隔为 0.2 s，采样频率为 5 Hz。由于本书研究的是 AUV 稳态运行中的推进器故障诊断，因此不考虑启动阶段，选用稳态阶段的实验数据（共 500 个节拍）进行分析。AUV 以 0.3 m/s 的稳态速度运行，从第 200 个节拍开始出现 5% 推进器出力损失故障。5% 推进器出力损失故障时原始传感器数据如图 2－11 所示。

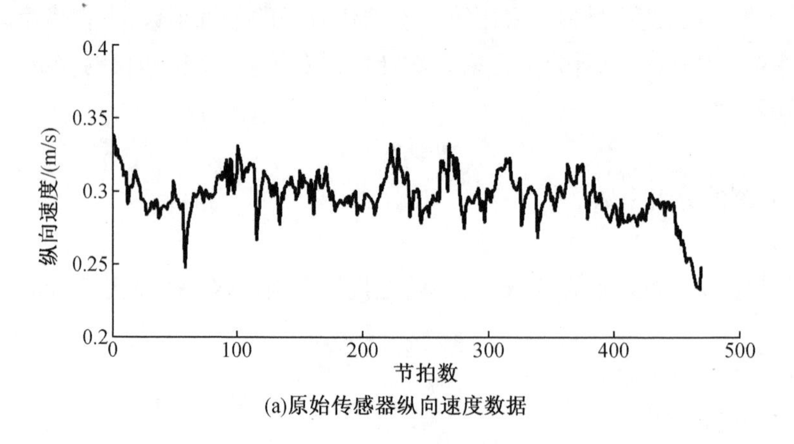

(a)原始传感器纵向速度数据

图 2－11　原始传感器数据

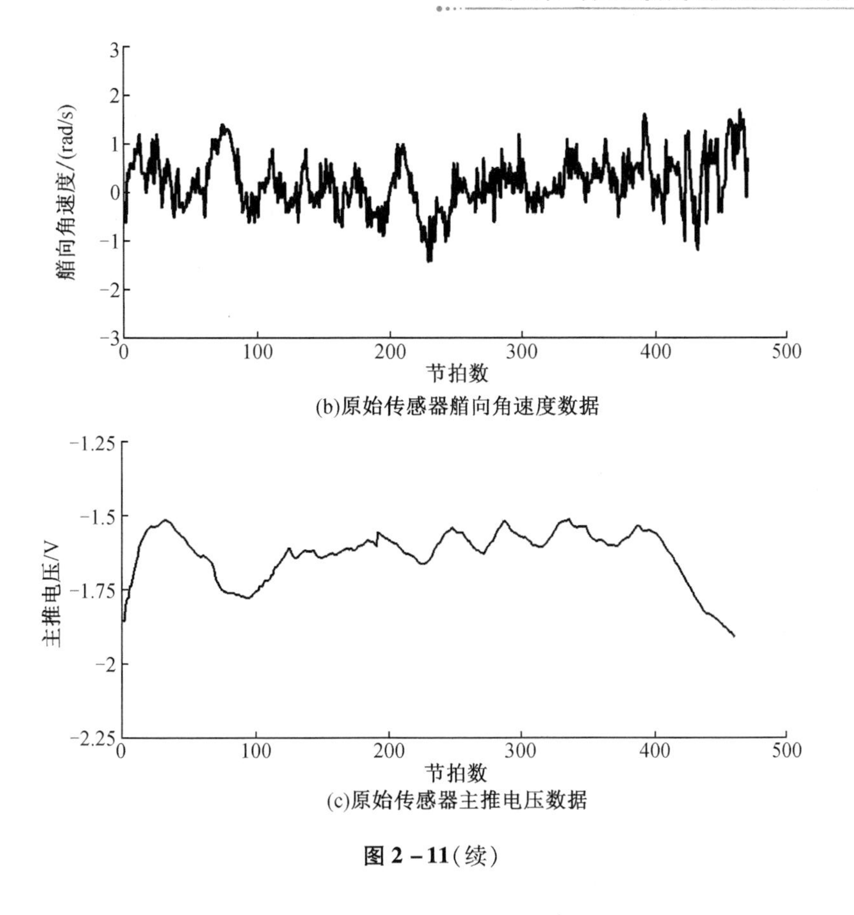

(b)原始传感器艏向角速度数据

(c)原始传感器主推电压数据

图 2－11(续)

③对比实验结果

两种方法的对比实验结果如图 2－12 所示。由于推进器故障状态信息主要表现在 AUV 的纵向速度、艏向角以及主推电压中,因此本书对这三种传感器信号数据进行实验分析。

图 2－12 中的实线为采用本书改进的稀疏分解方法得到的纵向速度、艏向角、主推电压的故障特征值,虚线为采用传统的稀疏分解方法得到的纵向速度、艏向角、主推电压的故障特征值。从图2－12 中可以看到,在故障发生时刻(第 200 个节拍)附近,传统的稀疏分解方法没有故障特征峰值,而本书改进的稀疏分解方法有明显的故障特征峰值,并且峰值较大。

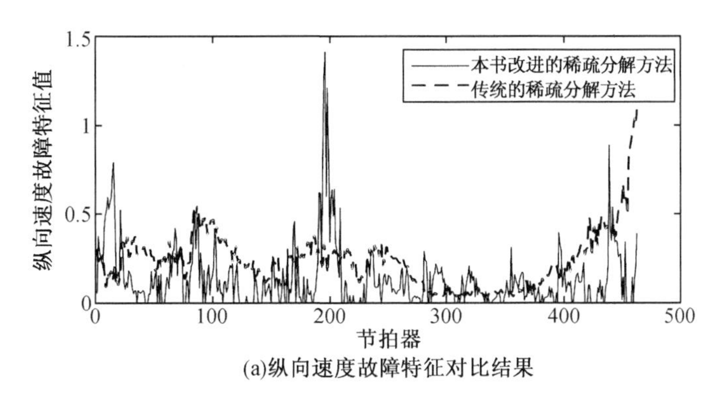

(a)纵向速度故障特征对比结果

图 2－12　各传感器信号特征提取实验结果对比

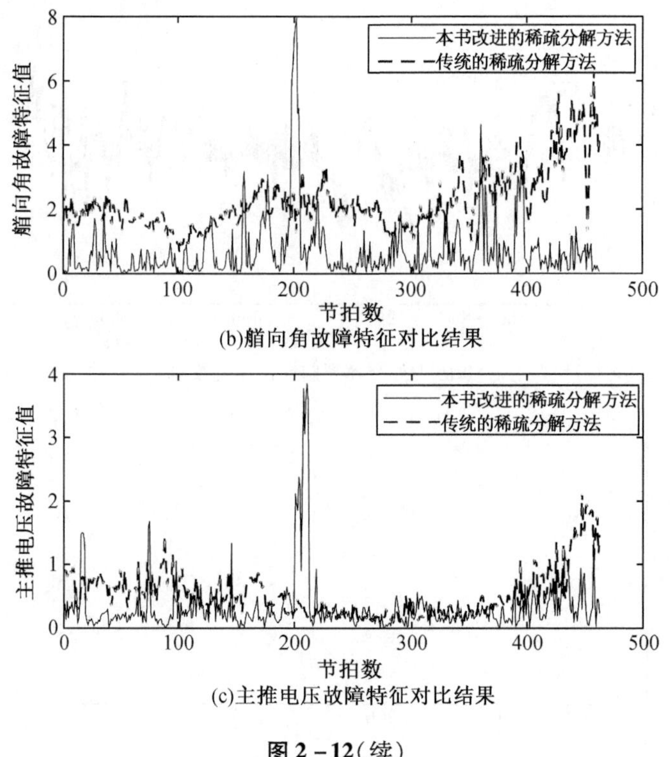

(b)艏向角故障特征对比结果

(c)主推电压故障特征对比结果

图 2-12(续)

解释图 2-12 中实线和虚线存在较大差异的原因。传统的稀疏分解方法是将传感器信号进行稀疏分解,然后以分解后的稀疏分解系数作为故障特征。稀疏分解系数仅表示分解时对应原子字典的缩放值,由于推进器弱故障引起的信号变化较小,因此有故障时刻对应的分解系数与无故障时海流干扰引起的信号变化对应的分解系数差值较小。本书改进的稀疏分解方法利用故障信息数据建立故障权值矩阵,将故障权值矩阵与原故障特征做内积,增强了故障特征。因此,在故障发生时刻附近,采用本书改进的稀疏分解方法得到的实线与采用传统的稀疏分解方法得到的虚线会存在较大的差异。

为了定量分析本书改进的稀疏分解方法的效果,提取图 2-12 中的具体数值,形成表 2-1。

表 2-1　本书改进的稀疏分解方法与传统的稀疏分解方法效果比较

信号类型	纵向速度		艏向角		主推电压	
特征提取方法	本书改进的稀疏分解方法	传统的稀疏分解方法	本书改进的稀疏分解方法	传统的稀疏分解方法	本书改进的稀疏分解方法	传统的稀疏分解方法
故障特征值	1.412	0.285 6	7.937	3.198	3.836	0.460
干扰特征最大值	0.889	1.088	4.648	6.320	1.611	2.147
特征值比值	1.588	0.263	1.708	0.506	2.381	0.214

分析归纳图 2-12 与表 2-1 中的实验结果。本书研究故障特征提取是用于后续的推

进器弱故障诊断,对于推进器弱故障来说诊断的难点就在于有故障时的故障特征值与无故障时的干扰特征值难以区分。后续故障诊断方法需要故障特征值大于干扰特征值,因此本书通过对比故障特征值与干扰特征最大值的比值来验证本书改进方法的有效性。分析两种方法的特征值比值可以发现:三种信号采用传统的稀疏分解方法提取故障特征,特征值的比值分别为0.263、0.506和0.214,传统的稀疏分解方法的特征值比值均小于1。这说明传统的稀疏分解方法的故障特征值要小于干扰特征最大值,也就是说传统的稀疏分解方法无法有效地提取推进器弱故障特征。而本书改进的稀疏分解方法的三种信号特征值比值分别为1.588、1.708和2.381,均大于1,说明故障特征值均大于干扰特征值。并且对于不同传感器信号,本书改进的稀疏分解方法的特征值比值相较于传统的稀疏分解方法分别提升了1.325、1.202和2.167。因此验证了本书改进的稀疏分解方法在弱故障特征提取方面的有效性。从结果上来看,本书改进的稀疏分解方法在对主推电压信号进行特征提取上取得了更明显的效果,这是一个很好的发现。由于AUV采用电子罗盘及DVL通过测量获取纵向速度与艏向角信息,而主推电压可在软件系统中直接提取,因此采用主推电压信号的特征提取结果的准确性也更好,也间接地验证了本书改进的稀疏分解方法优于传统的稀疏分解方法。

本小节针对特征提取有故障时的分解系数和无故障时的分解系数相比差值较小的问题,提出了一种基于故障权值矩阵的弱故障特征提取方法,并验证了本书改进的稀疏分解方法在弱故障特征提取方面的有效性。

4. 本书方法与小波分解方法的对比实验

前面分析了基于小波分解方法(时频域分解方法)进行AUV推进器弱故障特征提取时,对于推进器出力损失较小(小于或等于10%)的弱故障误诊或漏诊的问题。针对此问题,本书改变思路,尝试基于稀疏分解方法进行AUV推进器弱故障特征提取。针对传统的稀疏分解方法进行AUV推进器弱故障特征提取时存在的两个问题,本书分别提出了改进的稀疏分解方法,并进行了相关实验验证。下面将本书提出的两种改进方法合在一起,形成一个完整的、基于稀疏分解方法的推进器故障特征提取方法,并与小波分解方法进行对比实验,验证本书方法的有效性。这里选取了文献[7]中同样用于AUV推进器故障特征提取的小波分解方法。接下来,首先说明实验数据样本参数,其次对比实验结果。

(1)实验数据样本参数

本书对比实验所用到的AUV水池实验故障样本数据为5%推进器出力损失故障。样本中信号采样节拍间隔为0.2 s,采样频率为5 Hz。由于数据中前50个节拍为AUV启动阶段,从第51个节拍开始AUV以0.3 m/s的稳态速度运行,本书共选用500个节拍的实验数据进行分析,从第200个节拍开始发生5%推进器出力损失故障。

(2)对比实验结果

本书方法与小波分解方法对比实验结果如图2-13所示。这里同样以纵向速度、艏向角和主推电压为分析对象进行对比实验。

图2-13中的实线为采用本书方法得到的纵向速度、艏向角以及主推电压的故障特征值,虚线为采用小波分解方法得到的纵向速度、艏向角以及主推电压的故障特征值。从图

2-13 中可以看出,在故障发生时刻(第 200 个节拍)附近,本书方法与小波分解方法均存在特征峰值,但是本书方法的特征峰值明显高于小波分解方法。同时,特征峰值与干扰信号相比,本书方法明显好于小波分解方法。

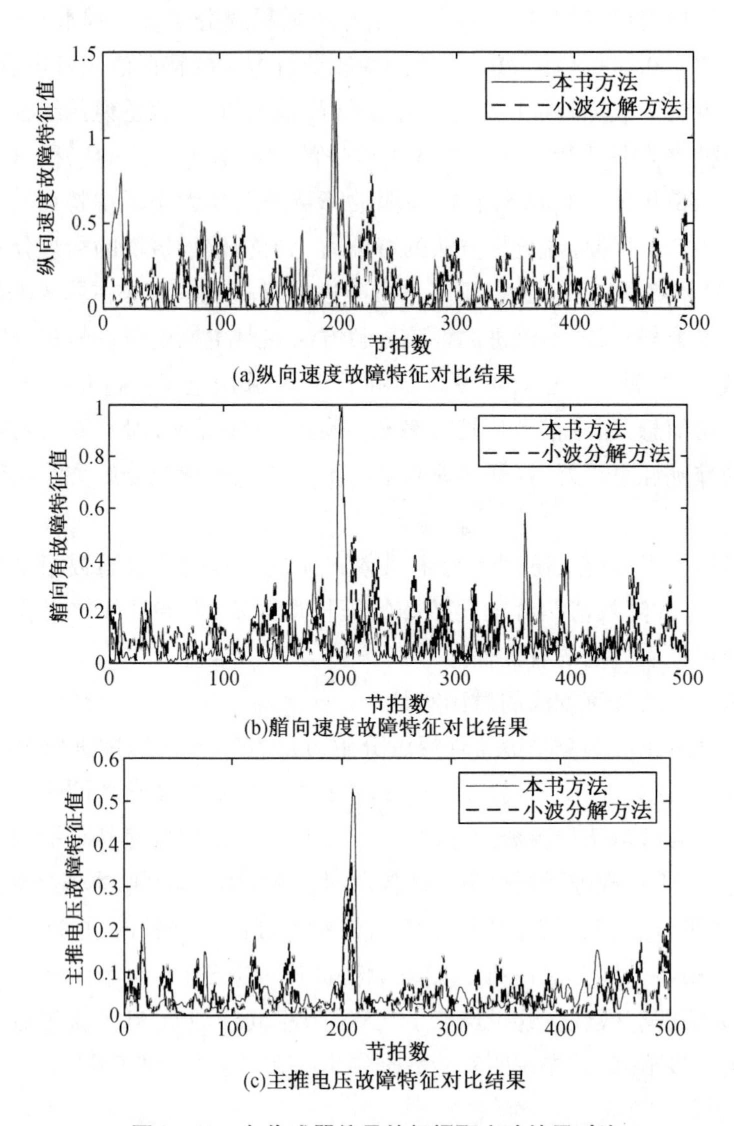

图 2-13　各传感器信号特征提取实验结果对比

解释图 2-13 中实线和虚线之间差异的原因。小波分解方法通过小波分解将时域信号转变成频域,该方法在推进器弱故障特征提取时存在故障特征和干扰所在频率带混叠的问题,导致故障特征值与干扰值相比较小。本书方法是基于稀疏分解方法进行故障特征提取,将时域信号转变成稀疏域,回避了在频域内故障特征和干扰所在频率带混叠的问题。因此,在故障发生时刻附近,采用本书方法得到的实线与采用小波分解方法得到的虚线会存在较大的差异。

为了定量分析本书方法的效果,提取图 2-13 中的具体数值,形成表 2-2。

表 2-2 本书方法与小波分解方法故障特征提取效果比较

信号类型	纵向速度		艏向角		主推电压	
特征提取方法	本书方法	小波分解方法	本书方法	小波分解方法	本书方法	小波分解方法
故障特征值	1.412	0.794	0.960	0.484	0.527	0.357
干扰特征最大值	0.889	0.621	0.581	0.425	0.212	0.213
特征值比值	1.588	1.279	1.652	1.139	2.486	1.676

分析归纳图 2-13 与表 2-2 中的实验结果。在特征提取阶段,特征提取后故障特征值越大于干扰特征值,说明存在海流干扰下推进器弱故障特征越清晰,特征提取方法效果越好。所以本书通过故障特征值与干扰特征最大值的比值来验证本书方法优于小波分解方法。通过对结果进行归纳可以发现,三种信号采用小波分解方法分解后,特征值比值分别为 1.279、1.139 和 1.676,本书方法的特征值比值分别为 1.588、1.652 和 2.486。可以发现本书方法与小波分解方法特征值比值均大于 1,说明故障特征值均大于干扰特征值,也就是两种方法针对弱故障特征提取均有一定效果。对不同传感器信号,本书方法的特征值比值相较于小波分解方法分别提升了 0.309、0.513 和 0.81。基于上述分析可知,本书方法在推进器弱故障特征提取方面要优于小波分解方法。

5. 结论

针对 AUV 推进器弱故障特征提取问题,本书分析了小波分解方法等时频域分解方法的局限性,且从稀疏分解这一新的思路进行了研究;并针对传统的稀疏分解方法在用于推进器故障特征提取时存在的两个问题分别提出了改进方法。

针对传统的稀疏分解方法分解时序列信号时,分解结果在时域内精度较低的问题,本书提出了一种改进的稀疏分解方法。传统的稀疏分解方法忽略了时间变量对分解结果的影响,因此导致时域内精度较差。本书针对这一问题对传统的稀疏分解方法进行了改进,在传统的稀疏分解方法中加入时移运算符,并通过实验验证了本书改进的稀疏分解方法的有效性。

在本书改进的稀疏分解方法的基础上,针对有故障和无故障时的分解系数相比差值仍然较小的问题,本书提出了一种基于故障权值矩阵的弱故障特征提取方法。本书通过构建故障权值矩阵,在提取过程中增强了故障特征,从而增大了故障特征与干扰特征的差值。传统的稀疏分解方法提取结果中的故障特征值与干扰特征最大值的比值均小于 1,也就是故障特征值均小于干扰特征最大值,说明传统的稀疏分解方法无法用于弱故障特征提取,而本书改进的稀疏分解方法的特征值比值均大于 1。并且对于不同传感器信号,本书改进的稀疏分解方法的特征值比值相较于传统的稀疏分解方法分别提升了 1.325、1.202 和 2.167,验证了本书方法的有效性。

最后,对本书方法与小波分解方法在 AUV 推进器弱故障特征提取方面进行了对比。实验结果发现本书方法与小波分解方法特征值比值均大于 1,说明两种方法均能有效地对弱故障特征进行提取。但对不同传感器信号,本书方法的特征值比值相较于小波分解方法分别提升了 0.309、0.513 和 0.81,验证了本书方法对于 AUV 推进器弱故障特征提取的有效性。

2.1.2 基于ISOMAP的AUV推进器弱故障特征融合

1.引言

自主式潜水器(无人无缆)工作在复杂的海洋环境中,由于推进器是AUV负荷最重和最易发生故障的部件,而无论故障最终演变如何,推进器故障一般都是从弱故障开始的,因此研究推进器弱故障诊断,对于提高AUV智能化水平及其安全性具有重要的意义和实用价值。AUV推进器弱故障诊断是目前AUV故障诊断领域研究的热点问题之一。

AUV推进器弱故障诊断方法可分为定量故障诊断方法和定性故障诊断方法,定量故障诊断方法又可分为基于解析模型的定量故障诊断方法和基于数据驱动的定量故障诊断方法。基于数据驱动的定量故障诊断方法由于不需要精确的AUV动力学模型,目前已发展为AUV故障诊断领域应用较为普遍的方法之一。本书在基于小波、支持向量机(support vector machine,SVM)、主元分析(principal component analysis,PCA)法等传统基于数据驱动的定量故障诊断方法对AUV弱故障(推进器出力损失小于或等于10%)进行诊断时发现,传统基于数据驱动的定量故障诊断方法对弱故障的故障特征提取及检测能力较弱,往往不能准确识别出隐藏在噪声信号中的故障特征,导致误诊和漏诊出现的频率较高。

本书通过分析故障检测过程和实验数据,认为产生上述问题的原因在于:弱故障特征值与外部干扰特征值相差不大,甚至弱故障特征值可能小于外部干扰特征值,因此小波等传统算法在对AUV推进器弱故障进行特征提取时往往存在特征提取不完整、特征提取结果规律性不强等问题,导致误诊和漏诊出现的频率较高。

等距特征映射(isometric mapping,ISOMAP)作为一种在早期流形学习算法基础上发展起来的特征提取算法,具有效率高、参数少和全局优化的特点。ISOMAP算法能较好地发现高维数据中潜在的低维结构、求解高维数据的非线性流形,目前已在轴承、齿轮箱等设备的故障诊断中取得很好的效果,并大幅度提高了复杂机械设备故障诊断的准确率。基于以上ISOMAP的优点,本书基于文献[2]中所述传统ISOMAP算法来研究AUV推进器弱故障诊断问题。

本书使用文献[2]中所述传统ISOMAP算法进行AUV推进器弱故障(推进器出力损失小于或等于10%)诊断时发现两个问题:同一推进器故障下,对AUV纵向速度、艏向角、主推电压等信号进行特征提取的结果分布区域相差较远,且不在一个特征区域内;而在推进器不同故障程度下,上述信号的特征提取结果存在严重重叠的问题。

针对上述问题,本书首先分析故障状态下各个信号的变化特征,基于分析结果提出一种D-S证据理论与ISOMAP算法相结合的特征提取方法。本书方法主要思路为:将相同故障程度下多种信号构成的多维数据进行数据融合,再重构至高维数据,获得规律分布的特征点,以便后续进行故障检测。本书方法与文献[2]中所述传统ISOMAP算法的不同之处在于:文献[2]中所述传统ISOMAP算法是对获得的信号直接构成多维空间数据进行特征提取;本书方法是首先将纵向速度、艏向角、主推电压等信号进行数据融合,再将融合后的低维数据通过相空间重构为多维数据,之后进行特征提取。

著者在使用D-S证据理论与ISOMAP算法相结合的特征融合方法对AUV推进器进行故障特征提取的实验中发现，当直接使用D-S证据理论对AUV纵向速度、艏向角、主推电压等信号进行数据融合时，由于信号之间单位不同，信号之间变化幅度差距较大，通过D-S证据理论融合得到的一维当量信号变化趋势、平均值、方差等参数与艏向角信号相似程度较大，而与其他信号相差很大；同时，融合后一维当量信号的平均值与故障损失程度映射关系不唯一，存在一个平均值对应多个故障程度的问题。

针对上述问题，本书提出了一种D-S证据理论与信号变换的数据融合方法。本书方法主要思路为：通过新的信号变换，降低原始数据的变化幅度，同时尽量保持信号原有变化趋势。传统D-S证据理论数据融合方法是直接针对原有信号进行处理的，本书方法与传统D-S证据理论数据融合方法的不同之处在于，本书方法在进行数据融合之前，先确定各个信号偏离期望值程度，再对各个信号的偏离期望值程度进行数据融合，从而减小数据之间的变化幅度且尽量保持信号原有的变化趋势。

通过AUV实验样机模拟故障水池实验数据，对比本书方法与传统ISOMAP算法特征提取结果，验证本书方法的有效性。

2. AUV推进器弱故障特征提取方法

本节首先对传统ISOAMP算法应用于AUV推进器弱故障诊断时存在的问题及原因进行分析，基于原因分析，本书提出一种基于改进D-S证据理论与ISOMAP算法相结合的AUV推进器弱故障特征提取方法，在此基础上对D-S证据理论数据融合算法进行研究，并对该算法存在的问题进行分析和改进。

(1)传统ISOMAP算法应用于AUV推进器弱故障诊断时存在的问题与分析

传统ISOMAP算法能较好地发现高维数据中潜在的低维结构，但本书著者在直接基于传统ISOMAP算法进行AUV推进器弱故障特征提取时并不能得到较好效果。本小节主要阐述基于文献[2]中的ISOMAP算法进行AUV推进器弱故障特征提取时存在的问题，分析产生问题的原因。

①基于传统ISOMAP算法进行AUV故障诊断时存在的问题

本书在使用文献[2]中所述传统ISOMAP算法进行AUV推进器推力损失10%的弱故障特征提取时，得到的特征提取结果如图2-14所示。

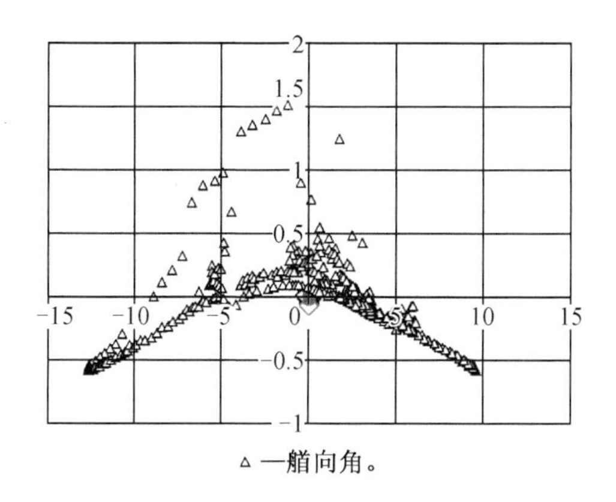

图2-14 传统ISOMAP算法特征点分布图

分析图 2 – 14 发现以下问题。

当 AUV 推进器出现推力损失 10% 的故障时,直接采用 ISOMAP 算法对 AUV 纵向速度、艏向角、主推电压等信号进行特征提取的结果分布区域相距较远,且不在一个特征区域内。

②传统 ISOMAP 算法所存在问题的原因分析

从图 2 – 14 中可知,本书使用文献[2]中所述传统 ISOMAP 算法对 AUV 主推电压、纵向速度、艏向角分别进行 AUV 推进器推力损失 10% 的弱故障特征提取后,纵向速度和主推电压信号提取到的特征点在原点处分布较集中;而此时 AUV 艏向角信号提取到的特征点分布较为分散,分布区域远大于主推电压和纵向速度的特征点。这主要是由于艏向角信号的幅值远大于其余两个信号,且艏向角的波动较大,进而上述信号经过传统 ISOMAP 算法所得到的特征点分布区域不同。

本小节主要对传统 ISOMAP 算法应用于 AUV 推进器弱故障特征提取时存在的问题进行了分析。以下将针对上述问题提出本书算法的具体思路。

(2)本书提出的 D – S 证据理论与 ISOMAP 算法相结合的特征提取方法

①本书方法的基本思路

在基于 ISOMAP 算法进行 AUV 推进器弱故障特征提取时存在的问题进行原因分析的基础上,本书提出一种 D – S 证据理论与 ISOMAP 算法相结合的特征提取方法。本书方法的出发点是:如果单纯地删除 AUV 某个参数来达到减少参数种类的目的,那么提取到的特征点中所包含的故障特征也会减少,从而考虑减少 AUV 运行状态下的参数种类,以便于特征提取后发现特征点的分布规律。本书通过 D – S 证据理论将同一推进器故障下多种信号构成的多维数据进行数据融合,再重构至高维数据,获得规律分布的特征点,以便后续进行故障检测。

②本书方法的实现过程及本书方法与文献[2]中所述传统 ISOMAP 算法的不同之处

本书方法的具体技术流程如图 2 – 15 所示。

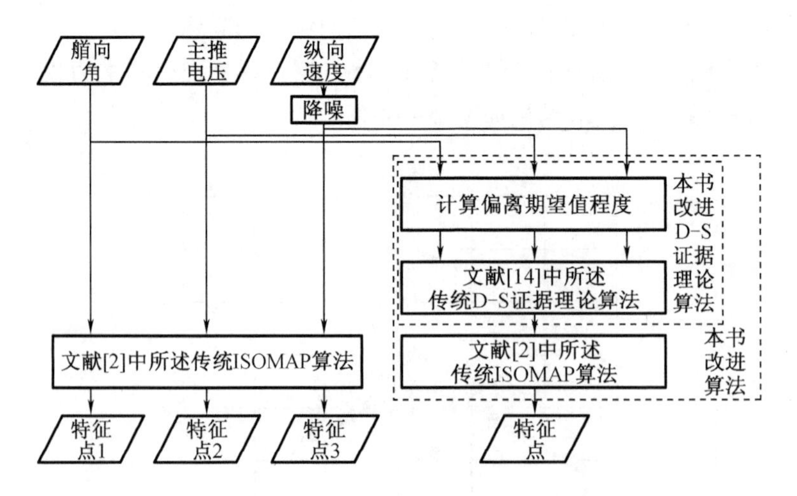

图 2 – 15　本书方法的具体技术流程

文献[2]中所述传统 ISOMAP 算法是对获得的信号直接构成多维空间数据进行特征提

取，本书方法与文献[2]中所述传统 ISOMAP 算法的不同之处在于，本书方法首先将纵向速度、艏向角、主推电压等信号进行数据融合，再将融合后的低维数据通过相空间重构为多维数据，之后进行特征提取。

本书方法的具体实现过程如下：

第一步，先对 AUV 纵向速度信号进行小波降噪；

第二步，按照现有的 D－S 证据理论方法，对 AUV 纵向速度、艏向角、主推电压信号进行数据融合，得到一维当量信号；

第三步，按照文献[2]中所述传统 ISOMAP 算法对融合得到的一维当量信号进行故障特征提取。

然而，在基于上述过程进行特征提取时发现：直接将 D－S 证据理论和 ISOMAP 算法应用至 AUV 推进器弱故障诊断过程中仍不能有效地进行故障检测。下面将继续对直接应用 D－S证据理论所存在的问题进行改进。

（3）D－S 证据理论算法研究

为了将 AUV 传感器提取到的信号进行数据融合，本小节将主要对使用 D－S 证据理论进行数据融合时存在的问题进行研究，并分析产生问题的原因。

①实验条件及实验数据

本书采用“海狸Ⅱ”号 AUV 实验平台进行水池实验，通过文献[2]所述的推进器故障模拟方法，模拟左主推故障（推进器在运行第 100 个节拍时出现 10% 的出力损失，即实际出力为理论值的 90%，持续至第 400 个节拍），实验数据如图 2－16（a）（b）（c）所示。

②使用 D－S 证据理论进行数据融合时存在的问题

直接采用 D－S 证据理论进行数据融合时，其融合结果如图 2－16（d）和表 2－3 所示。

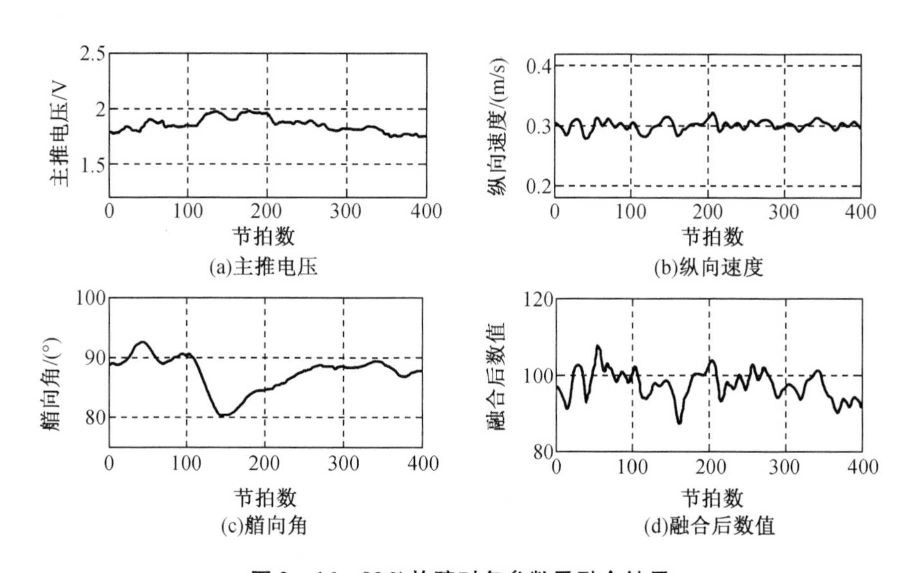

(a)主推电压　(b)纵向速度　(c)艏向角　(d)融合后数值

图 2－16　90%故障时各参数及融合结果

表 2-3 AUV 状态参数及融合结果

参数名称	均值	方差
主推电压/V	1.854 3	0.003 9
纵向速度/(m/s)	0.301 1	6.5537×10^{-5}
艏向角/(°)	87.383 5	8.521 6
融合后数值	97.551 7	13.342 2

分析表 2-3 可知,相比其余两个状态量而言,艏向角信号的均值和方差均最大,说明该角度波动最严重。从表 2-3 中各状态量的均值及方差结果来看,艏向角度对融合结果的贡献最大,在均值和方差上分别占了 89.6%、63.9%;而主推电压和纵向速度对融合结果的贡献均低于 2.0%。

基于以上分析可知,直接使用 D-S 证据理论进行数据融合后得到的一维当量信号与融合前均值、方差越大的信号相似程度越高(均值、方差越大的信号对融合结果的贡献越大)。

③D-S 证据理论存在的问题原因分析

本书基于 D-S 证据理论,分析产生上述问题的原因,分析认为:当出现故障时(第 100 个节拍),由于故障较小且 AUV 自身惯性较大,从 AUV 的控制结果来看,该推进器弱故障对纵向速度的影响较小,最大速度差异小于 0.05 m/s;而对艏向角的影响较大,最大角度差异近 10°。而传统 D-S 证据理论在进行数据融合时,变化幅度较大的数据在融合过程中往往占的权值也相对较大,因此在对 AUV 上述状态量进行融合时,艏向角信号对融合结果的贡献最大,进而导致融合后的信号与艏向角在幅值均值及幅值变化的方差上较相似,致使主推电压及纵向速度中包含的故障信息被掩盖,失去了数据融合存在的意义。

本小节对直接使用 D-S 证据理论进行数据融合时存在的问题及产生该问题的原因进行了研究。下面针对该问题及产生该问题的原因,提出本书改进的 D-S 证据理论算法。

(4)本书提出的 D-S 证据理论与信号变换的数据融合方法

①归一化解决时存在的问题

针对使用 D-S 证据理论进行数据融合时存在的问题及原因分析,本书首先想到使用归一化方法对融合前的数据进行处理。在 AUV 推进器弱故障诊断的情况下,本书在采用归一化后的数据进行融合时发现,特征提取后无弱故障和无故障特征点分布范围更加离散,特征点分布更加无规律。

②归一化存在问题的原因分析

本书分析认为,归一化虽然能使 AUV 推进器的主推电压、纵向速度、艏向角信号幅值处在相同区间,但归一化处理过程中分母为数据的最大值与最小值之差,就 AUV 推进器弱故障数据而言,上述纵向速度和主推电压均很小,基本保持稳定,导致归一化计算时分母很小,原信号乘以一个大于 1 的实数,从而致使归一化后的数值波动很大,最终导致特征提取后特征点分布范围更加离散。

③本书方法的基本思路

基于上述分析,本书提出 D-S 证据理论与信号变换的数据融合方法。

本书方法主要思路为:通过新的信号变换,降低原始数据的变化幅度,同时尽量保持信号原有的变化趋势。文献[24]是通过各样本点数据与该样本最小值间的差值和该样本中最大差值相比来进行归一化,归一化后再进行数据融合。本书方法与文献方法的不同之处在于:本书方法在进行数据融合之前,先计算各个信号偏离期望值程度,再对各个信号的偏离期望值程度进行数据融合,从而减小数据之间变化幅度且尽量保持信号原有的变化趋势。

④本书方法的具体实现过程

在阐述具体实现过程前,先简单介绍传统归一化实现公式,如式(2-15(a))所示:

$$G_i = \frac{x_i - m}{M - m} \tag{2-15(a)}$$

式中,$M = \max\{x_1, x_2, \cdots, x_n\}$;$m = \min\{x_i, i = 1, 2, \cdots, m\}$;$G$ 为归一化后的值;i 为第 i 时刻的值。

为了减小 AUV 推进器弱故障时 G 存在较大波动的问题,同时达到归一化和保留原有数据基本特征的目的,本书在式(2-15(a))的基础上进行改进,具体形式如式(2-15(b))所示:

$$D = \frac{|x_i - E|}{E} \tag{2-15(b)}$$

式中,E 为期望值;i 为第 i 时刻的值;D 为偏离自身期望值程度。

本书方法的实现过程如下:

a. 按式(2-15(b))计算 AUV 纵向速度、艏向角、主推电压信号的偏离自身期望值程度;

b. 使用 D-S 证据理论对上述信号的偏离自身期望值程度进行数据融合,得到一维当量信号。

上述实现过程中,步骤 a 是计算各信号的偏离自身期望值程度;步骤 b 为传统 D-S 证据理论的数据融合步骤,即本书首先计算各信号的偏离自身期望值程度,其次再用这些偏离自身期望值程度进行数据融合得到一维当量信号,最后使用文献[2]中所述 ISOMAP 算法对融合后的一维当量信号进行故障特征提取。

本小节对使用传统 D-S 证据理论进行数据融合时所存在的权值分配差异大的问题进行了改进,提出了本书改进的数据融合算法。下一小节将对本书提出的数据融合算法与改进前算法进行对比实验验证。

3. 水池实验验证

为了验证本书提出的基于 D-S 证据理论与信号变换的数据融合方法的有效性,本书采用直接基于 D-S 证据理论的融合方法进行对比验证;为了验证本书提出的 D-S 证据理论与 ISOMAP 算法相结合的特征提取方法的有效性,本书采用直接基于 ISOMAP 特征提取方法进行对比实验。

(1)改进 D-S 证据理论数据融合效果对比

为了验证本书改进 D-S 证据理论用于 AUV 的数据融合效果,下面对本书提出的数据融合算法和直接基于 D-S 证据理论的数据融合方法进行对比实验验证。

实验条件。本书使用“海狸Ⅱ”号 AUV 实验平台进行水池实验,AUV 做水平直航运动，实验中用到的主要参数为：纵向目标速度为 0.3 m/s，艏向目标角度为 90°，从第 100 个节拍开始出现故障，故障持续到第 400 个节拍消失。推进器故障采用软模拟方式，具体模拟方式如式（2－16）所示。

$$u' = (1 - \lambda)u \tag{2-16}$$

式中，λ 为故障程度；u 和 u' 分别代表控制器的输出电压和故障后的实际电压。

实验步骤。采用本书方法和传统 D－S 证据理论数据融合方法，分别对 AUV 推进器无故障，推力损失 8%、5%、2% 情况下的状态量和特征量进行数据融合，结果如图 2－17 所示。为便于分析，将相关参数整理成表 2－4。

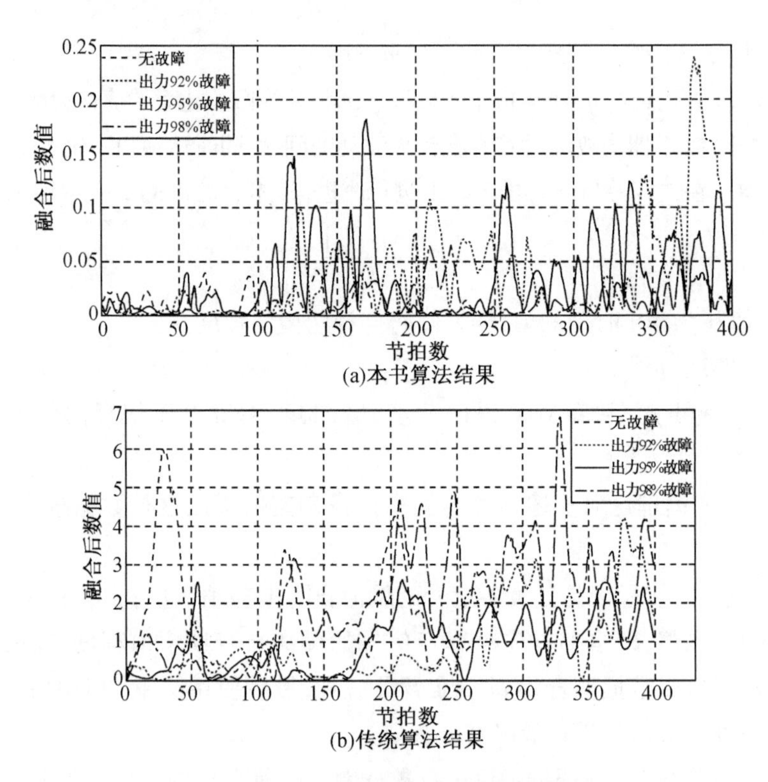

图 2－17　弱故障数据融合结果对比

表 2－4　不同程度融合后数据参数整理表

故障程度		本书算法	传统算法
无故障	平均值	0.010 3	1.458 7
	方差	$1.251\ 3 \times 10^{-4}$	2.187 3
出力 98% 故障	平均值	0.0111	1.9717
	方差	$1.731\ 5 \times 10^{-4}$	1.954 6
出力 95% 故障	平均值	0.034 9	0.942 4
	方差	0.001 4	0.542 3

表 2-4(续)

故障程度		本书算法	传统算法
出力 92% 故障	平均值	0.037 4	0.980 4
	方差	0.002 0	1.050 6

实验结果分析如下。

从图 2-17(a)中可以明显看到本书算法融合后无故障数据基本为 0 且波动幅度极小，其平均值为 0.010 3，方差为 $1.251\ 3\times10^{-4}$，而故障下融合结果，尤其是当推进器推力损失故障大于 5% 时，与无故障时的融合结果在波峰上存在明显的差异；从图 2-17 (b)中可知，传统算法数据融合后无故障数据存在很大的波动，甚至超过故障信号与有故障数据混在一起，无故障时的融合结果的波峰甚至要高于推力损失 8% 的融合结果。

为了能更清楚地展示本书算法在数据融合上的有效性，本书根据表 2-4 中故障程度及其对应的融合后数据的平均值绘制图 2-18。

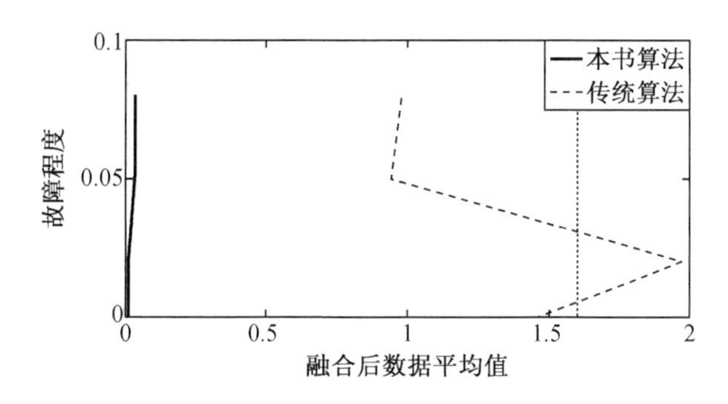

图 2-18　故障程度及其对应的融合后数据平均值

从图 2-18 中可以看出，使用本书算法进行数据融合，融合后得到的一维当量信号的平均值与故障程度始终呈一一对应关系，即融合后得到的一维当量信号平均值与故障程度映射关系始终唯一；使用传统 D-S 证据理论进行数据融合后，得到的一维当量信号平均值和故障程度映射关系不唯一，在区间[0.95,0.98]∪[1.45,1.97]内映射关系不唯一，导致故障在此区间内无法进行区分。

上述对比实验结果验证了本书提出的数据融合算法对弱故障数据进行融合后，故障程度与融合后数据平均值始终呈一一对应关系，具有明显的区分度，效果优于传统算法。

(2)弱故障特征提取效果对比

为了验证本书提出的改进 D-S 证据理论与 ISOMAP 算法相结合的特征提取方法的有效性，本小节将对本书特征提取算法和传统 ISOMAP 算法进行对比实验验证。

实验条件。本书使用“海狸Ⅱ”号 AUV 实验平台进行水池实验，AUV 做水平直航运动，实验中用到的主要参数为：纵向目标速度为 0.3 m/s，艏向目标角度为 90°，从第 100 个节拍开始出现故障，故障持续到第 400 个节拍消失。

实验步骤。基于本书提出的特征提取算法和传统 ISOMAP 算法分别对推进器无故障，推进器出力 92%、95%、98% 故障时融合后的数据进行故障特征提取,特征数据分布情况如图 2-19 所示。

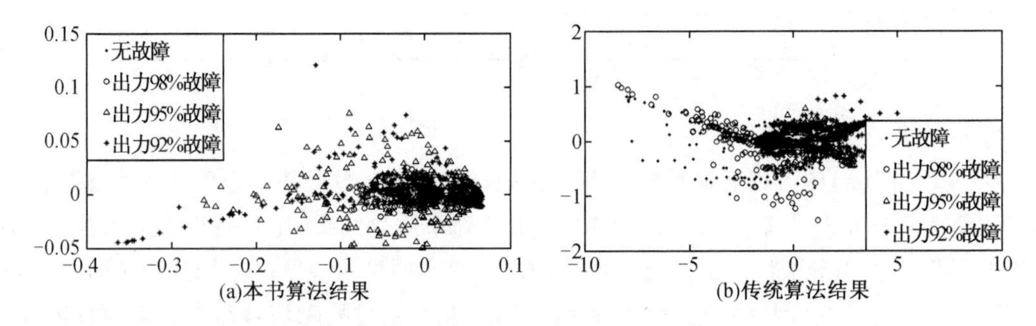

图 2-19　ISOMAP 算法故障特征提取结果

图 2-19 (a)为本书算法进行故障特征提取的结果,从图中可以看出,当推进器正常运行时,其故障特征提取结果主要集中在(0,0)点附近。随着故障程度的增加,故障特征点开始逐渐远离(0,0)点,呈扩散趋势。当故障达到最大时,故障特征点的分布范围也最为广泛。图 2-19 (b)为传统算法进行故障特征提取的结果,可看出不同程度故障的故障特征分布范围大小差距不大,无明显区分度,同时无故障数据的特征点分布广泛,对故障特征点有较大的覆盖,无法使用无故障数据对其他数据进行诊断和辨识。基于图 2-19 对特征点分布范围进行统计,统计结果如表 2-5 所示。

表 2-5　特征点分布范围统计

故障程度		本书算法分布范围	传统算法分布范围
无故障	X 轴	[-0.057 6,0.019 5]	[-8.034 0,2.634 0]
	Y 轴	[-0.010 5,0.018 2]	[-0.979 2,0.804 5]
	范围跨度	0.002 21	19.028 5
出力 98% 故障	X 轴	[-0.093 4,0.020 6]	[-8.429 0,3.576 0]
	Y 轴	[-0.020 5,0.024 3]	[-1.453 0,1.015 0]
	范围跨度	0.005 11	29.628 3
出力 95% 故障	X 轴	[-0.260 9,0.065 6]	[-1.734 0,2.969 0]
	Y 轴	[-0.049 9,0.075 7]	[-0.467 5,0.590 6]
	范围跨度	0.041 02	4.976 2
出力 92% 故障	X 轴	[-0.362 5,0.067 1]	[-1.784 0,5.755 0]
	Y 轴	[-0.044 3,0.119 9]	[-0.596 3,0.823 3]
	范围跨度	0.070 56	10.702 3

从表 2-5 中的分布范围可以看出,传统 ISOMAP 算法提取到的特征点在 AUV 无故障,出力 98%、95%、92% 故障时分布范围跨度分别为 19.028 5、29.628 3、4.976 2、10.702 3,随

着故障程度的增加,特征点不随机分布,规律性较弱;本书算法提取到的特征点在 AUV 无故障,出力 98%、95%、92% 故障时分布范围跨度分别为 0.002 21、0.005 11、0.041 02、0.070 56,随着故障程度的增加,本书算法提取到的特征点分布范围呈增加趋势,本书可以根据这种规律对 AUV 故障进行故障诊断。

上述对比实验结果验证了本书提出的特征提取算法对弱故障进行特征提取后,不同程度故障特征时间具有明显的区分度,同时可明显看出故障程度与故障特征点的分布范围之间存在的规律,效果优于传统算法。

4. 结论

针对使用传统 ISOMAP 算法对 AUV 进行故障特征提取时特征提取结果不稳定,以及对弱故障时特征提取能力较差等问题,本书提出一种改进 D-S 证据理论与 ISOMAP 算法相结合的 AUV 推进器弱故障特征提取方法。实验结果表明,本书提出的改进 D-S 证据理论的数据融合方法能使融合后数据的平均值与故障程度映射始终唯一;本书提出的改进 D-S 证据理论与 ISOMAP 算法相结合的 AUV 推进器弱故障特征提取方法对 AUV 推进器弱故障进行特征提取后,故障特征点随故障程度的增大分布范围呈现出以无故障特征点的中心点为圆心向外逐渐扩散的趋势,不同故障程度下的故障特征点具有明显区分度,可以根据这种规律对 AUV 故障进行故障诊断。水池实验结果反映出本书方法在故障特征提取方面的效果优于传统算法。

2.2 故障程度辨识

故障程度辨识是 AUV 故障诊断的内容之一,典型方法主要有定性故障诊断方法和定量故障诊断方法。定量故障诊断方法又可分为基于解析模型的定量故障诊断方法和基于数据驱动的定量故障诊断方法。这些方法对于故障程度相对较大的 AUV 推进器故障而言,可以从不同方面反映出良好的故障程度辨识效果。但对于 AUV 推进器弱故障而言,由于弱故障特征信号较弱甚至会低于外部干扰,且与外部干扰信号耦合在一起难以剥离等原因,因此直接应用这些方法还难以得到满意的效果。本节结合著者的研究工作,说明两种 AUV 推进器弱故障程度辨识和弱故障程度预测的方法。

2.2.1 基于灰色关联分析的 AUV 推进器弱故障程度辨识

关于 AUV 推进器故障诊断技术的研究受到很多学者的关注,但大多研究的是推进器出力损失较大的故障。推进器出力损失较小的弱故障(出力损失小于或等于 10%)多为早期故障,研究推进器弱故障诊断技术可避免更大事故的发生。推进器故障诊断技术流程主要包括故障特征提取和故障程度辨识两部分,其中弱故障辨识的典型方法有灰色关联分析(grey correlation analysis,GCA)方法、隐马尔可夫模型方法、支持向量域描述方法等。GCA 方法是 AUV 推进器故障程度辨识方法中比较典型的方法,采用该方法进行 AUV 推进器弱故障的程度辨识时发现存在以下问题:(1)各故障信号间的关联度差异较小;(2)各故障信号的关联度计算结果偏低;(3)对 AUV 故障信号关联度处理不当。这些问题导致故障程度辨识误差较大。本书分析产生问题的原因,提出改进方法,通过 AUV 实验样机水池实验,验证本书改进方法的效果。

1. 基于 GCA 方法研究推进器弱故障辨识存在的问题

GCA 方法是 AUV 推进器弱故障辨识比较典型的方法,本书基于该方法进行 AUV 推进器故障辨识时发现,当推进器故障程度较大时,该方法效果较好,但对故障程度较小的弱故障,该方法存在辨识精度较低的问题。

(1)GCA 方法简介

为使本书逻辑完整及方便阐述后面的问题,下面简述 GCA 方法的相关概念和主要步骤。

首先简述 GCA 方法的相关概念。

待辨识信号($\boldsymbol{X}$):表示本书要进行故障程度辨识的未知故障信号。其中,$\boldsymbol{X}$ 由出力 $x\%$ 故障的速度、主推电压、速度误差、艏向角等信号组成,可写为矩阵形式 $\boldsymbol{X}=\{\boldsymbol{x}_1,\boldsymbol{x}_2,\cdots,\boldsymbol{x}_m\}$,$\boldsymbol{x}_i$ 的下角标 i 表示了信号的第 i 种特征向量。

参考信号($\boldsymbol{Y}$):表示本书各已知故障程度(具体分别为出力 100%、90%、80%、70% 故障)的信号,用来辨识待辨识信号的故障程度。其中,$\boldsymbol{Y}$ 的组成信号类型和 $\boldsymbol{X}$ 相同,$\boldsymbol{Y}=\{\boldsymbol{y}_1,\boldsymbol{y}_2,\cdots,\boldsymbol{y}_m\}$。

$\boldsymbol{X}$ 和 $\boldsymbol{Y}$ 中包含的特征向量 $\boldsymbol{x}_i$、$\boldsymbol{y}_i$ 具体为

$$\begin{aligned}\boldsymbol{x}_i&=\{x_i(1),x_i(2),\cdots,x_i(N)\}\\ \boldsymbol{y}_i&=\{y_i(1),y_i(2),\cdots,y_i(N)\}\end{aligned} \tag{2-17}$$

式中,$x_i(k)$ 和 $y_i(k)$ $(i=1,2,\cdots,N)$ 分别为特征向量 $\boldsymbol{x}_i$ 和 $\boldsymbol{y}_i$ 的第 k 个特征量。

接下来简述 GCA 方法的主要步骤。

根据灰色关联理论,$\boldsymbol{x}_i$ 和 $\boldsymbol{y}_i$ 的向量关联度为

$$r_{ij}=\frac{1}{N}\sum_{k=1}^{N}\zeta_{ij}(k)$$

式中,$\zeta_{ij}(k)$ 为第 k 个特征量的相互关联系数。

根据 GCA 中定义的矩阵范数 $\|\boldsymbol{R}\|$,可得出力 $y\%$ 故障信号和出力 $x\%$ 故障信号的关联度为

$$\|\boldsymbol{R}\|=\frac{1}{mn}\sum_{j=1}^{n}\sum_{i=1}^{m}|r_{ij}|$$

式中,$\|\boldsymbol{R}\|$ 表示两故障信号的关联度。

根据 GCA 理论,得到待辨识信号 $\boldsymbol{X}$ 和参考信号 $\boldsymbol{Y}_i$ 的各关联度结果 $\|\boldsymbol{R}\|_i$ 后,找出关联度 $\|\boldsymbol{R}\|_i$ 中最大的两个 $\|\boldsymbol{R}\|_0$ 和 $\|\boldsymbol{R}\|_1$,以 $\|\boldsymbol{R}\|_0$ 和 $\|\boldsymbol{R}\|_1$ 的高低作为参考信号 $\boldsymbol{Y}_0$ 和 $\boldsymbol{Y}_1$ 故障程度的加权平均数的权重,得到该待辨识信号的故障程度为

$$x\%=\frac{y_0\%\cdot\|\boldsymbol{R}\|_0+y_1\%\cdot\|\boldsymbol{R}\|_1}{\|\boldsymbol{R}\|_0+\|\boldsymbol{R}\|_1}$$

式中,$\|\boldsymbol{R}\|_0$ 和 $\|\boldsymbol{R}\|_1$ 表示两个最高的关联度,$y_0\%$ 和 $y_1\%$ 为这两个参考信号 $\boldsymbol{Y}_0$ 和 $\boldsymbol{Y}_1$ 的故障程度。

（2）基于 GCA 方法研究推进器弱故障辨识存在的具体问题

通过实验结果阐述该方法存在的问题。本书基于 GCA 方法，得到 AUV 实验样机某待辨识信号（实际故障程度为理论出力的 92%）和实际故障程度为理论出力的 100%、90%、80%、70% 时参考故障信号的关联度，如表 2－6 所示。

表 2－6　某待辨识信号（出力 92%）和各参考故障信号关联度

参考信号 $\boldsymbol{Y}$ 故障程度	100%	90%	80%	70%
待辨识信号 $\boldsymbol{X}$ 和参考信号 $\boldsymbol{Y}_i$ 关联度 $\lVert\boldsymbol{R}\rVert_i$	0.802 1	0.841 4	0.765 7	0.703 7

根据文献[34]至文献[36]，待辨识信号故障程度为

$$x\% = \frac{y_0\% \cdot \lVert\boldsymbol{R}\rVert_0 + y_1\% \cdot \lVert\boldsymbol{R}\rVert_1}{\lVert\boldsymbol{R}\rVert_0 + \lVert\boldsymbol{R}\rVert_1} = 94.88\% \tag{2-18}$$

式中，$\lVert\boldsymbol{R}\rVert_0$ 和 $\lVert\boldsymbol{R}\rVert_1$ 为两个最高的关联度；y_0 和 y_1 为这两个参考信号 $\boldsymbol{Y}_0$ 和 $\boldsymbol{Y}_1$ 的故障程度。

根据式（2－18）对待辨识信号 $\boldsymbol{X}$ 的故障辨识结果，以及表 2－6 关联度结果，基于 GCA 方法发现 AUV 推进器弱故障辨识时存在的问题如下。

①各故障信号间的关联度差异较小

由表 2－6 可以看出，各故障信号间的关联度差异较小。如出力 90%、92% 的故障信号间关联度结果 0.841 4 和出力 100%、92% 的故障信号间关联度结果 0.802 1 相差不大。根据 GCA 理论，这种关联度结果间差异较小的情况，是不利于出力 90% ~100% 故障信号的弱故障诊断的。

GCA 方法不关注不同故障信号间的差异，而是直接进行归一化处理，导致故障特征矩阵中变动量较小的特征量在故障程度辨识中所占的比重被淡化。

②各故障信号的关联度计算结果偏低

由表 2－6 可以看出，各故障信号的关联度计算结果偏低。如出力 92% 故障的待辨识信号和出力 90% 的故障信号关联度为 0.841 4。理论上，由于 90% 和 92% 的故障程度比较接近，因此出力 90%、92% 的故障信号间差别应该很小，这二者的关联度的计算结果要比预期值 0.841 4 小，这说明对于本书的弱故障信号，该关联度计算方法还有可改进之处。

GCA 方法计算关联度时未考虑不同类型的故障信号之间的差异，将不同类型的故障特征向量的关联度（如纵向速度信号和艏向角信号之间的关联度）都一同计算，导致不同故障程度的参考信号和待辨识信号的关联度计算结果偏低。

③对 AUV 故障信号关联度处理不当

从上面得到的故障辨识结果 94.88% 来看，这种传统 GCA 理论中加权平均处理关联度的方法对弱故障程度的辨识精度有限（误差为 2.88%）。这表明这种处理关联度的方法不准确，应根据信号关联度和故障程度间存在的关联规律寻找更为合适的关联度处理方法。

GCA 方法将待辨识信号和各参考信号的关联度进行加权平均计算，处理不当，不符合作为统计量的 AUV 故障信号的正态分布统计特点，导致辨识误差较大。

本节阐述了基于 GCA 方法发现 AUV 推进器弱故障辨识时存在的三个问题，下面分别

针对这三个问题阐述本书的改进方法。

2. 基于特征值相对变化量的归一化计算方法

针对 GCA 方法各故障信号间的关联度差异较小的问题，本书提出一种基于特征值相对变化量的归一化计算方法。本节分析 GCA 方法计算特征值时存在问题的原因，阐述本书方法的基本思路、与 GCA 方法的不同之处，以及本书方法的具体实现过程。

（1）GCA 方法计算特征值时存在问题的原因分析

针对 GCA 方法各故障信号间的关联度差异较小的问题，本书基于 GCA 理论认为，该方法不关注不同故障信号间的差异，而是直接进行归一化处理，直接对提取的故障特征量进行关联计算，导致变动量较小的特征量在最终辨识结果中所占的比重被淡化，进而导致待辨识信号和各参考信号的关联度差异较小。

接下来，通过本书著者前期研究的实验结果，验证上述原因分析是否正确。AUV 各故障程度下速度信号部分特征值如表 2－7 所示。

表 2－7　AUV 各故障程度下速度信号部分特征值

故障程度	100%	98%	95%	92%	90%	80%	70%
峰度系数 *KR*	3.950 6	3.7974	3.463 7	3.267 6	3.080 9	2.864 0	2.701 1
波动偏差 *STD*	1.865 9	1.958 7	2.067 4	2.186 5	2.365 5	3.626 8	4.763 6
局部极大能量熵 *EOLM*	1.643 2	2.058 9	2.661 6	2.962 0	3.668 6	5.651 3	8.658 7

分析表 2－7，故障程度从出力 100% 故障增加到出力 70% 故障的过程中，信号的各不同特征量的变化量差异较大。如峰度系数 KR 的变动量 $\Delta KR = 1.249\ 5$，波动偏差 STD 的变动量 $\Delta STD = 2.897\ 7$，局部极大能量熵 $EOLM$ 的变动量 $\Delta EOLM = 7.015\ 5$。ΔSTD 约是 ΔKR 的 2.32 倍，$\Delta EOLM$ 约是 ΔKR 的 5.61 倍。通过数据分析可以看出，各不同特征量间存在变化量差异较大的现象。

本书进一步分析各不同特征量间变化量存在较大差异将导致不同信号间的关联度差异较小。GCA 方法直接根据故障特征量计算向量关联度，因为 $\Delta EOLM$ 最大，ΔKR 相对较小，则 $\Delta EOLM$ 对关联度的计算结果影响最大，而 ΔKR 的影响则相对较小，所以 KR 在最终辨识结果中所占的比重被淡化，导致计算出的各不同信号间的关联度差异较小。

基于上述分析，为了合理放大类似 KR 这种变动范围较小的特征量的变化规律，本书提出一种基于特征值相对变化量的归一化计算方法，以解决 GCA 方法中各故障信号间的关联度差异较小的问题。

（2）基于特征值相对变化量的归一化计算方法

针对 GCA 方法各故障信号间的关联度差异较小的问题，根据上述分析，本书提出一种特征值相对变化量的归一化计算方法，接下来阐述本书方法的基本思路与 GCA 方法的不同之处及具体实现过程。

①本书方法的基本思路

本书改进方法的基本思路：由于 GCA 中所用的特征值变化范围差异较大，故本书从消除各特征值间的这种变化范围差异出发，以一种归一化的处理方式将所有特征值不同的变化范围转化为相同的变化范围。从而达到合理放大类似 KR 这种变动范围较小的特征量的变化规律的目的。

②本书方法与 GCA 方法的不同之处

本书方法与 GCA 方法的不同之处在于：GCA 方法直接由提取的信号特征值计算特征向量间的关联度；本书方法则先将特征值转化为相对特征值，将所有不同故障特征的变化范围转化为相同的变化范围，然后对相对特征值进行关联度计算。

③本书方法的具体实现过程

本书根据参考信号的故障程度变化范围，将每项特征量的最大值和最小值作为各自的上下限，对范围内的所有特征量进行相对转化。

本书以特征值波动偏差 FLD 为例（其他特征量计算方式同理，故不再赘述），详细阐述此类由信号特征量得到相对特征量，其定义式如下。

设相对波动偏差为 $\overline{FLD}$，现定义出力 $x\%$ 故障程度的相对波动偏差 $\overline{FLD_x}$ 为

$$\overline{FLD_x} = \frac{DFLD_x}{DFLD_1} = \frac{|FLD_x - FLD_1|}{|FLD_0 - FLD_1|} \tag{2-19}$$

式中，FLD_0 为出力 100% 故障信号的波动偏差；FLD_1 为出力 70% 故障信号的波动偏差；FLD_x 为出力 $x\%$ 故障信号的波动偏差。

（3）本书方法与 GCA 方法的结果对比

本书基于特征值相对变化量的归一化计算方法，将 GCA 方法得到的 AUV 各故障程度下速度信号部分特征值（表 2-7），通过公式（2-19）进行转换，得到相对特征值，如表 2-8 所示。

表 2-8　AUV 各故障程度下速度信号部分相对特征值

故障程度	100%	98%	95%	92%	90%	80%	70%
相对峰度系数 $\overline{KR}$	1.000 0	0.887 4	0.610 3	0.566 5	0.303 9	0.130 4	0.000 0
相对波动偏差 $\overline{STD}$	1.000 0	0.967 9	0.930 4	0.889 4	0.827 6	0.392 6	0.000 0
相对局部极大能量熵 $\overline{EOLM}$	1.000 0	0.940 7	0.854 8	0.812 0	0.711 3	0.428 7	0.000 0

由表 2-8 可看出，在故障程度从出力 100% 增加到出力 70% 故障过程中，这些特征值最大相对变动量都为 1，相比于绝对特征量，所有特征值的变化规律均能通过相对特征量的变化反映出来。以变化范围最大的特征值 $\Delta EOLM$ 为基准，ΔSTD 相对增大了 242%，ΔKR 相对增大了 561%。这说明本书所提出的相对特征量计算方法具有合理放大类似 KR 这种变动范围较小的特征量的变化规律的效果。

为了进一步验证采用相对特征值对各个特征量变化规律的增强效果，将采用本书方法得到的表 2-7 中特征值的相对转化结果和采用 GCA 方法得到的表 2-7 中的原始特征值画在一个图中进行对比，如图 2-20 所示。

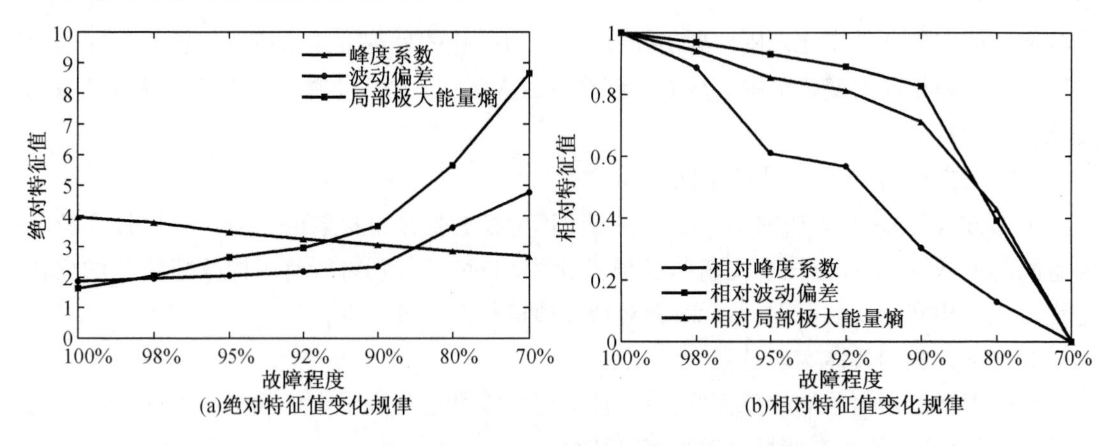

(a)绝对特征值变化规律

(b)相对特征值变化规律

图 2-20　绝对特征值变化规律和相对特征值变化规律对比

分析图 2-20,可以明显看出将绝对特征值转为相对特征值后,所有特征量的变化规律都较好地体现出来。例如,本来变动范围较小的特征量——峰度系数 *KR* 和本来变动范围较大的特征量——局部极大能量熵 *EOLM*,在实现相对转化后,便具有了同样的相对变化范围,以变化范围最大的特征值 $\Delta EOLM$ 为基准,ΔSTD 相对增大了 242%,ΔKR 相对增大了 561%。这证明了本书所提出的相对特征量计算方法,在各信号特征量的归一化处理中,对显示变化范围较小特征量的变化规律具有较好的增强效果。实验结果验证了本书方法的有效性。

3. 基于故障信号类型进行分类关联计算故障特征向量关联度的方法

针对 GCA 方法在计算信号间关联度时未考虑不同故障信号间的差异性问题,本书提出一种基于故障信号类型进行分类关联计算故障特征向量关联度的方法,以增强故障信号间的关联效果。下面分析 GCA 方法中关联度计算存在问题的原因,阐述本书方法的基本思路、与 GCA 方法不同之处及本书方法的具体实现过程。

(1) GCA 方法计算关联度时存在问题的原因分析

传统的 GCA 方法计算关联度时未考虑不同类型故障信号之间的差异性,导致不同故障程度的参考信号和待辨识信号的关联度计算结果偏低,本小节对此问题进行原因分析。

已知由未知故障程度的信号组成的待辨识故障特征矩阵 $\boldsymbol{X}$ 和由故障程度的信号组成的参考故障特征矩阵 $\boldsymbol{Y}$ 分别为

$$\boldsymbol{X}=\begin{bmatrix} \boldsymbol{x}_1(1) & \boldsymbol{x}_1(2) & \cdots & \boldsymbol{x}_1(N) \\ \boldsymbol{x}_2(1) & \boldsymbol{x}_2(2) & \cdots & \boldsymbol{x}_2(N) \\ \vdots & \vdots & & \vdots \\ \boldsymbol{x}_i(1) & \boldsymbol{x}_i(2) & \cdots & \boldsymbol{x}_i(N) \end{bmatrix}$$

$$\boldsymbol{Y}=\begin{bmatrix} \boldsymbol{y}_1(1) & \boldsymbol{y}_1(2) & \cdots & \boldsymbol{y}_1(N) \\ \boldsymbol{y}_2(1) & \boldsymbol{y}_2(2) & \cdots & \boldsymbol{y}_2(N) \\ \vdots & \vdots & & \vdots \\ \boldsymbol{y}_i(1) & \boldsymbol{y}_i(2) & \cdots & \boldsymbol{y}_i(N) \end{bmatrix}$$

传统的 GCA 方法计算所有的 $\boldsymbol{x}_i(i)$ 和 $\boldsymbol{y}_j(i)$ 间的向量关联度，然后将所有的向量关联度的平均数作为参考信号 $\boldsymbol{X}$ 和待辨识信号 $\boldsymbol{Y}$ 的整体关联度，具体计算方式参考文献[10]、文献[11]、文献[12]、文献[34]、文献[35]及文献[36]。

本书分析 GCA 方法计算关联度时存在问题的原因如下。$\boldsymbol{X}$ 和 $\boldsymbol{Y}$ 分别表示参考信号和待辨识信号，二者分别表示两种不同故障程度的信号的特征矩阵；$\boldsymbol{x}_i(i)$ 和 $\boldsymbol{y}_j(i)$ 下角标的 i 和 j 分别表示速度信号和主推电压信号，二者分别表示两种故障程度下的故障矩阵中的不同类型的故障特征向量。当信号故障程度发生改变时，不同类型信号的同一个特征量的变化规律是不同的。但是传统的 GCA 方法计算的是 $\boldsymbol{X}$ 和 $\boldsymbol{Y}$ 两个特征矩阵的整体关联度，并未考虑到 $\boldsymbol{x}_i(i)$ 和 $\boldsymbol{y}_j(i)$ 两种信号的类型差异。即使故障程度相同，但由于 $\boldsymbol{x}_i(i)$ 和 $\boldsymbol{y}_j(i)$ 两种信号的类型不一样，也会导致这两种信号相关性较低，并且在实验研究中发现，不同程度故障对这两者的关联度计算结果的影响较小。因此，在利用 GCA 计算关联度之前需要考虑到信号自身的类型差异，否则无法直接说明是由于不同程度故障引发的信号间关联度低，也就是在进行故障程度辨识时，需基于同类型信号（$\boldsymbol{x}_i(i)$ 和 $\boldsymbol{y}_i(i)$）间的关联度结果。

基于上述分析，针对 GCA 方法在计算信号间关联度时未考虑不同故障信号间的差异性问题，本书提出一种基于故障信号类型进行分类关联计算故障特征向量关联度的方法。

（2）基于故障信号类型进行分类关联计算故障特征向量关联度的方法

针对 GCA 方法计算关联度时未考虑不同类型的故障信号之间的差异性问题，本书提出一种基于信号类型分类计算参考信号和待辨识信号的关联度方法。本小节阐述本书方法的基本思路、与 GCA 方法的不同之处及本书方法的具体实现过程。

①本书方法的基本思路

因为 $\boldsymbol{x}_i$ 和 $\boldsymbol{y}_i$ 是同一类型的特征信号，所以它们之间有相似性，又因故障程度不同而各自独立。因此与传统的 GCA 理论中计算所有 $\boldsymbol{x}_i$ 和 $\boldsymbol{y}_j$ 的相互关联系数不同的是，本书根据 $\boldsymbol{x}_i$ 和 $\boldsymbol{y}_i$ 之间的关联度 r_{ii} 进行故障辨识。

②本书方法与 GCA 方法的不同之处

与传统 GCA 方法在计算参考信号和待辨识信号的整体关联度时，先计算任意两个故障特征向量间的关联度，然后根据所有的关联度计算参考信号和待辨识信号的整体关联度的技术路线不同，本书方法先按照信号的类型对各故障信号分类，然后只计算同类型特征向量间的关联度，再据此计算参考信号和待辨识信号的整体关联度。

③本书方法的具体实现过程

基于上述分析，计算出力 100%、90%、80%、70% 故障信号的相对故障特征矩阵，并作为参考故障特征矩阵 $\boldsymbol{Y}_0$、$\boldsymbol{Y}_1$、$\boldsymbol{Y}_2$、$\boldsymbol{Y}_3$；同样地，计算出力 98%、95%、92% 故障信号的相对故障特征矩阵，标记为比较故障特征矩阵 $\boldsymbol{X}_1$、$\boldsymbol{X}_2$、$\boldsymbol{X}_3$，分别计算 $\boldsymbol{X}_1$、$\boldsymbol{X}_2$、$\boldsymbol{X}_3$ 和参考故障特征矩阵 $\boldsymbol{Y}_0$、$\boldsymbol{Y}_1$、$\boldsymbol{Y}_2$、$\boldsymbol{Y}_3$ 简化后的关联度 $\|\boldsymbol{Rx}\|(i,j)$。中间关联度的具体计算过程不再赘述，在计算故障特征矩阵 $\boldsymbol{X}$ 和 $\boldsymbol{Y}$ 代表的两种故障程度信号间关联度时，本书将关联矩阵简化为一维向量 $\boldsymbol{R}$，即

$$\boldsymbol{R} = [r_{11}, r_{22}, \cdots, r_{ii}]$$

式中，r_{ii} 表示 $\boldsymbol{x}_i$ 和 $\boldsymbol{y}_i$ 之间的关联度。

根据这个按信号类型分类计算特征向量关联度得到的一维向量 $\boldsymbol{R}$,计算一维向量 $\boldsymbol{R}$ 中各元素的平均值,该平均值就是最终得到的关联度结果。

(3)两种关联度计算方法的结果对比

为了验证本书基于故障信号类型进行分类关联计算故障特征向量关联度方法的效果,分别采用本书方法和 GCA 方法计算实验平台 AUV 运行过程的各故障信号的关联度,并将结果进行对比。

根据本书改进的 GCA 方法和传统 GCA 方法所获得的最终关联度结果如表 2-9 所示,其中,$\|\boldsymbol{Rx}\|(i,j)$ 是本书改进的 GCA 方法的结果;$\|\boldsymbol{R0}\|(i,j)$ 是传统 GCA 方法的结果。

表 2-9　改进的 GCA 方法和传统 GCA 方法所获得的最终关联度结果

故障程度	不同方法结果	100% $j=0$	90% $j=1$	80% $j=2$	70% $j=3$
98%	$\|\boldsymbol{R0}\|(1,j)$	0.856 5	0.825 2	0.623 3	0.512 5
	$\|\boldsymbol{Rx}\|(1,j)$	0.893 2	0.863 8	0.767 3	0.598 5
95%	$\|\boldsymbol{R0}\|(2,j)$	0.805 6	0.821 4	0.634 4	0.501 2
	$\|\boldsymbol{Rx}\|(2,j)$	0.875 3	0.896 4	0.735 5	0.603 7
92%	$\|\boldsymbol{R0}\|(3,j)$	0.803 2	0.831 3	0.693 0	0.553 4
	$\|\boldsymbol{Rx}\|(3,j)$	0.864 5	0.915 8	0.784 2	0.622 7

分析表 2-9,对于任意的 $i\in(1,2,3)$,$j\in(1,2,3)$,都有 $\|\boldsymbol{Rx}\|(i,j)>\|\boldsymbol{R0}\|(i,j)$ 成立。在推进器出力 98% 故障时,基于本书方法,该故障与 100% 故障情况的关联度最大,为 0.893 2,相比于传统方法所得的关联度结果 0.856 5 而言,本书方法所得的关联度提高了约 4.3%。在推进器出力 95% 故障时,基于本书方法,该故障与 90% 故障情况的关联度最大,为 0.896 4,相比于传统方法所得的关联度结果 0.821 4 而言,本书方法所得的关联度提高了约 9.1%。在推进器出力 92% 故障时,基于本书方法,该故障与 90% 故障情况的关联度最大,为 0.915 8,相比于传统方法所得的关联度结果 0.831 3 而言,本书方法所得的关联度提高了约 10.2%。综上,实验结果验证了本书方法的有效性。

4. 基于正态分布的关联计算改进

GCA 方法辨识出故障程度和信号的实际故障程度仍有一定的偏差。为了更准确地进行 AUV 未知故障程度的辨识,本小节根据 AUV 故障信号的特点,提出一种基于正态分布模型的关联度处理方法,建立故障信号的关联度正态分布模型,据此进行信号的故障程度辨识。

(1)GCA 方法处理关联度结果时存在问题的原因分析

本书前面已说明,GCA 方法在得到参考信号和待辨识信号的关联度后,按照关联度的大小对参考信号的故障程度进行加权平均处理,从而得到信号的故障辨识结果,但往往会导致辨识误差较大。

接下来本书分析产生上述问题的原因。受样本大小限制，无法对所有推进器故障建立数据库，本书是故障程度每隔 10% 建立一个参考信号，在对未在数据库中的推进器故障进行辨识时，根据常规的 GCA 所辨识的结果只能落在与样本数据库的关联度最大的参考信号中，也就会存在一个辨识误差，虽然通过加权平均处理能有所改善，但它忽略了作为统计量的 AUV 故障信号的正态分布统计特点，进而导致辨识误差仍较大。

基于上述分析，本书在 GCA 中用到的各信号故障特征值，是将 AUV 的各故障信号看作一段时间内的统计量计算而来的，所以这些故障信号及其特征值应该符合一定的统计学规律。因此 AUV 的状态量和控制量在一段时间内的统计值都应该满足统计学上的正态分布规律，即各类信号统计值都在该类信号的期望值处集中分布，越远离期望值，信号点越少。

基于上述分析，针对 GCA 辨识出故障程度和信号的实际故障程度仍有一定的偏差问题，本书提出一种基于正态分布处理关联度结果的方法。

(2)基于正态分布处理关联度结果的方法

根据上述分析，针对 GCA 方法处理关联度时存在辨识出故障程度和信号的实际故障程度仍有一定的偏差的问题，本书提出一种基于正态分布处理关联度结果的方法。

①本书方法的基本思路

本书根据 AUV 故障信号的正态分布规律，即各类信号统计值都在该类信号的期望值处集中分布，越远离期望值，信号点越少，研究推进器故障辨识问题。

②本书方法与 GCA 方法的不同之处

与传统 GCA 方法按照关联度的大小对参考信号的故障程度进行加权平均处理，从而得到待辨识信号的故障程度的技术路线不同，本书方法基于正态分布模型表达不同故障程度信号的关联度分布，从而根据参考信号的关联度正态分布模型计算待辨识信号的故障程度。

③本书方法的具体实现过程

为了介绍本书基于正态分布的关联计算方法，本书以出力 90% 故障信号特征值分布为例，详细阐述本书方法的具体实现过程。

a. 绘制出力 90% 故障的信号特征值的正态分布

根据正态分布一般图像，以及在出力 90% 故障下信号有一个稳定的集中“期望值”的特点，绘制出力 90% 故障信号特征值分布，如图 2－21 所示。在图 2－21 中，理论上出力 90% 故障信号的特征值的统计结果应该位于该故障程度曲线中心“期望值”处。或者可以理解为，如果实际统计的特征值离期望值越远，说明该信号的实际故障程度离出力 90% 这一数值越远。

b. 基于关联度大小得到与故障辨识相关的距离

将图 2－21 中的函数定义量——信号特征值变换为信号与出力 90% 故障信号之间的关联度，则图 2－21 就变为出力 90% 故障信号的关联度分布曲线，利用信号关联度的数值大小，描述待辨识信号的故障程度和出力 90% 这一故障程度间的距离。

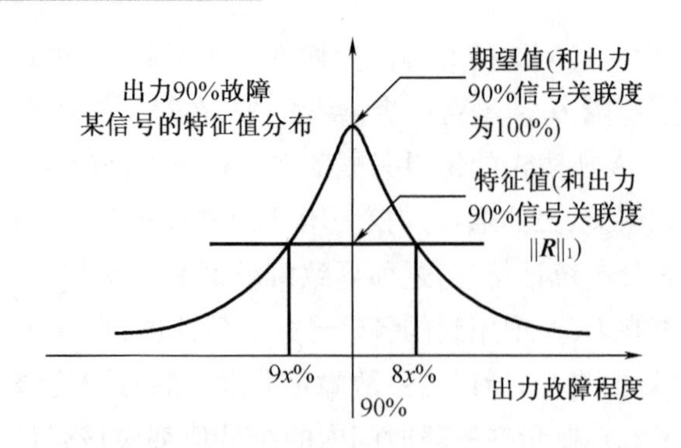

图 2-21　出力 90% 故障的信号特征值的正态分布

例如，出力 90% 故障信号和出力 90% 故障信号间关联度理论上为 100%，未知故障程度信号和出力 90% 故障信号关联度越小，表明该信号故障程度具体数值和出力 90% 相差越大。假设现在有一未知故障程度信号和出力 90% 故障信号间关联度为 $\|\boldsymbol{R}\|_1$，如图 2-21 所示，该信号的关联度和出力 90% 故障信号关联分布曲线有两个交点，意味着该信号的实际出力故障程度有两个不确定量，可能是出力 $9x\%$，也可能是出力 $8x\%$（$x \in (0,10)$）。

c. 根据待辨识故障信号与另一个参考信号的关联度确定故障辨识结果的区间

为了确定待辨识故障信号的故障程度在出力故障程度区间上是落在 90% 左边还是右边，即是 $9x\%$ 还是 $8x\%$，需引入另一个已知故障程度的参考信号。参考本书最初设置的参考信号的故障程度分别为出力 100%、出力 90%、出力 80%、出力 70%，当一个待辨识信号作为比较信号分别和这四个参考信号进行灰色关联分析后，可得到关联度最高的两个参考信号。例如，以关联度最高的两个参考信号出力 100% 和出力 90% 为例进行说明：比较信号的故障程度和出力 100% 和出力 90% 的故障程度最接近，则可以确定比较信号的故障程度就位于出力 100% 和出力 90% 这两个参考信号的故障程度之间，具体如图 2-22 所示。

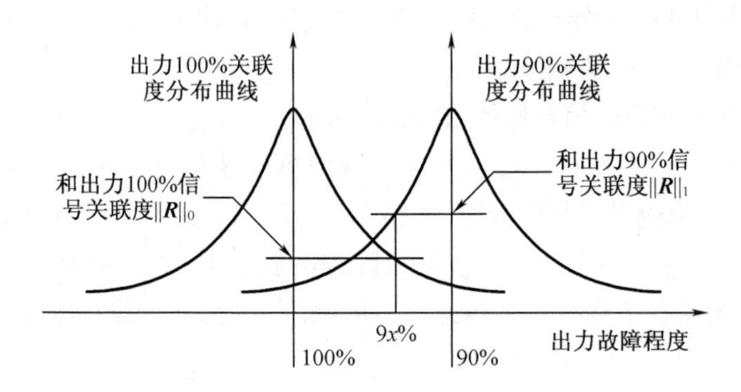

图 2-22　出力 90% 和出力 100% 故障信号的关联度分布曲线

d. 确定最终辨识结果

分析图 2-22，当确定了各故障程度的关联度分布曲线的正态分布模型后，根据出力 $9x\%$ 信号和出力 100% 信号关联度 $\|\boldsymbol{R}\|_0$，可得到出力 $9x\%$ 在关联度分布曲线上距出力

100%分布曲线中心的距离 d_0；同样，根据 $\|\boldsymbol{R}\|_1$，也可得到出力9x%距出力90%分布曲线中心的距离 d_1。则根据 d_0 和 d_1，给出本书求取9x%的计算方法，即最终辨识结果为

$$9x\% = 90\% + \frac{d_1}{d_0 + d_1} \cdot 100\%$$

式中，d_1 为9x%距出力90%正态分布中心的距离；d_0 为9x%距出力100%正态分布中心的距离。

(3)两种关联度处理方法的故障辨识结果对比

为了验证本书所提基于正态分布模型方法进行推进器故障辨识方面的有效性，分别采用本书方法和传统GCA方法求取故障程度辨识结果，并将结果与实际AUV故障信号的故障程度进行对比。

根据表2-9给出的AUV各故障程度下速度信号部分相对特征值，计算本书方法和传统GCA方法的推进器故障辨识结果，如表2-10所示。

表2-10　AUV各信号故障程度辨识结果　%

故障程度	实际故障程度	98	95	92
GCA方法	辨识结果	95.08	94.94	94.85
	辨识误差	2.92	0.06	2.85
本书方法	辨识结果	96.32	94.75	93.47
	辨识误差	1.68	0.25	1.47

从表2-10中可看出，传统GCA方法在98%、95%、92%故障信号的辨识结果分别为95.08%、94.94%、94.85%，均向故障程度区间的中点(95%)处集中，且辨识误差分别为2.92%、0.06%、2.85%；而本书方法在98%、95%、92%故障信号的辨识结果分别为96.32%、94.75%、93.47%，辨识误差分别为1.68%、0.25%、1.47%。本书方法在98%、92%故障信号下的辨识误差相比于传统GCA方法分别降低了42.5%、48.4%，但是本书方法在95%故障信号下的辨识结果要差于传统GCA方法，这主要是由传统GCA方法辨识结果在95%处集中导致的。因此，实验结果验证了本书方法在对未在故障库中的推进器故障辨识方面的有效性。

5.结论

本书基于GCA方法研究AUV推进器弱故障辨识问题，通过问题分析和实验验证可以得出以下结论。

针对GCA方法直接进行归一化处理导致故障特征矩阵中变动量较小的特征量在故障程度辨识中所占比重被淡化的问题，本书提出一种基于特征值相对变化量的归一化计算方法。AUV实验样机水池实验结果验证了本书方法在AUV推进器弱故障辨识中增强变化范围较小特征量变化规律的有效性。

针对GCA方法在计算关联度时未考虑不同类型的故障信号之间的差异，导致不同故障程度的参考信号和待辨识信号的关联度计算结果偏低的问题，本书提出一种基于故障信号

类型进行分类关联计算故障特征向量关联度的方法。AUV 实验样机水池实验结果验证了本书方法在 AUV 推进器弱故障辨识中增强故障信号的关联效果方面的有效性。

针对 GCA 方法将待辨识信号和各参考信号的关联度进行加权平均计算,导致辨识误差较大的问题,本书提出一种基于正态分布函数处理不同故障信号间关联度的方法。AUV 实验样机水池实验结果验证了本书方法在对未在故障库中的推进器故障辨识方面的有效性。

2.2.2 基于灰色预测模型的 AUV 推进器弱故障程度预测方法

采用传统灰色 GM(1,1)方法预测 AUV 推进器弱故障程度时,存在预测误差较大的问题。针对此问题,本书提出一种灰色预测模型的 AUV 推进器弱故障程度预测方法,对传统灰色 GM(1,1)方法中的灰色背景值构造、白化方程求解、预测序列构造这三个步骤进行改进。之后,采用本书改进后的三个步骤,和传统灰色 GM(1,1)方法中其他未改进的步骤结合在一起,构成本书基于灰色预测模型的 AUV 推进器弱故障程度预测方法。通过 AUV 实验样机推进器故障水池实验,针对本书方法和传统灰色 GM(1,1)方法关于在推进器弱故障程度预测方面的效果进行对比实验验证。

1.引言

AUV 工作在复杂多变的海洋环境中,可靠的安全性是 AUV 工作的前提,状态监测与故障诊断是保障 AUV 安全性的基础和关键技术。AUV 由多个部件构成,其中推进器是其关键部件也是负荷最重的部件,研究推进器故障诊断技术对于提高 AUV 安全性具有重要意义。在海洋环境中,一方面存在海流等外部随机干扰和较强的测量噪声;另一方面 AUV 自身又是一个具有大惯性、大时滞特性的强非线性系统,这使得推进器故障诊断的理论和方法与陆地及航天机器人的研究有较大差异。很多学者在 AUV 推进器故障诊断技术方面取得了很好的研究成果,但大都关注推进器硬故障,以及出力损失程度较大的故障,只有较少学者研究出力损失程度小于或等于总出力 10% 的、故障程度较小的弱故障。

对于推进器弱故障诊断技术而言,当 AUV 在线运行时,实际获取到的传感器信号信噪比较低、故障特征微弱。同时,AUV 闭环控制器的补偿作用会削弱推进器的弱故障特征,导致推进器发生程度较大的故障时,故障诊断理论和方法都难以直接诊断弱故障。因此,AUV 推进器弱故障诊断技术是目前该领域研究的热点和难点问题之一,且尚无成熟的理论和一致认可的解决方法。

为了更好地预测推进器未来的故障程度及其发展趋势,能够为 AUV 主动容错控制器动态重构提供决策依据,本书著者在定量辨识推进器故障程度方法的基础上,进一步研究了如何应用定量辨识的结果来预测 AUV 推进器弱故障程度及未来变化趋势。

目前针对故障预测的典型方法主要有时间序列分析方法、回归分析方法、神经网络方法、支持向量机方法、传统灰色 GM(1,1)方法等。时间序列分析方法和回归分析方法具有简单、易实现的优势,这类方法的本质是对故障数据序列统计规律进行建模,但应用这些方法来预测 AUV 推进器弱故障程度时,会存在两个问题:一是外部干扰对故障数据序列统计规律的不确定性影响,导致预测精度较低、预测误差较大的问题;二是神经网络方法和支持向量机方法都具有预测精度相对较高的优势，但这两种方法需要预先获取一定数量的 AUV 故障样本进行训练后才能进行预测，而 AUV 故障样本较难获取且数量相对较少，使得神经网络方法和支持向量机方法直接应用于 AUV 推进器弱故障程度预测时，存在神经网络泛化能力下降和最优分类超平面难以划分等问题。

传统灰色 GM(1,1)方法的优势在于，所需 AUV 故障样本数据量相对较少，仅需 4 个及以上样本就可以进行建模预测，中短期预测精度相对较高，比较适合 AUV 故障样本较少的推进器弱故障程度预测。目前，传统灰色 GM(1,1)方法已在 AUV 故障诊断中得到应用。

本书在基于传统灰色 GM(1,1)方法预测 AUV 推进器弱故障程度的实验研究中发现如下问题：

当采用传统灰色 GM(1,1)方法预测 AUV 推进器弱故障程度时，预测误差较大。其具体表现为在灰色背景值构造阶段，灰色背景值与真实值存在偏差；在白化方程求解阶段，白化方程的解存在偏差；在预测序列构造阶段，当传统灰色 GM(1,1)方法得到累加序列的预测序列以后，原始序列的预测序列已被确定，即使知道预测序列与累加序列存在较大的偏差也无法更正，预测结果不具备可调整性。

产生上述问题的原因如下：

在灰色背景值构造阶段，由于采用一次累加生成序列的紧邻等权生成来逼近灰色背景值，因此导致灰色背景值与真实值存在偏差；在白化方程求解阶段，由于将已知序列的初始点设置为白化方程解的初始值，因此导致白化方程的解存在偏差；在预测序列构造阶段，由于缺乏调节机制，因此导致即使知道预测序列与累加序列存在较大的偏差也无法更正，预测结果不具备可调整性。这些原因导致采用传统灰色 GM(1,1)方法预测 AUV 推进器弱故障程度时，预测误差较大。

针对传统灰色 GM(1,1)方法预测误差较大的问题，目前典型的改进方法有采用三角函数逼近灰色背景值、先对待预测序列进行线性平滑处理再进行灰色建模、采用智能算法求解灰色发展系数和灰色作用量等，本书分别采用这些改进方法进行了实验，研究发现如下。

采用上述方法进行水池实验的结果并不理想，文献[51]中采用三角函数逼近灰色背景值的方法能够解决灰色背景值与真实值存在偏差的问题，但最终的预测误差仍较大；文献[52]中先对待预测序列进行线性平滑处理再进行灰色建模的方法，可有效提高受外部干扰影响程度不大、局部波动相对较小的数据预测精度，但对于外部干扰强度相对较强的 AUV 实验数据，最终的预测误差仍较大；文献[53]中采用智能算法求解灰色发展系数和灰色作用量的方法预测效果最好，但由于弱故障程度并非单调线性变化，因此存在局部的数据波动，在该方法的预测结果中，均方差比值和小误差概率仍很大，不能满足 AUV 推进器弱故障程度预测的精度要求。

在上述分析和实验研究的基础上，针对采用传统灰色 GM(1,1)方法解决关于预测 AUV 推进器弱故障程度的问题时，仍存在预测误差较大的问题。本书提出一种灰色预测模型 AUV 推进器弱故障程度预测方法，对传统灰色 GM(1,1)方法中的灰色背景值构造方法、白化方程求解方法、预测序列构造方法分别进行改进。通过 AUV 实验样机推进器故障水池实验，对本书所提出的方法和传统灰色 GM(1,1)方法在 AUV 推进器弱故障程度预测方面的效果进行对比实验与验证。

2. 传统灰色 GM(1,1)方法预测 AUV 推进器弱故障程度时存在的问题和原因分析

(1)传统灰色 GM(1,1)方法的基本原理和过程

为了能够清晰阐述本书所提出的灰色预测模型 AUV 推进器弱故障程度预测方法的基本思路,以及本书方法与传统灰色 GM(1,1)方法的具体不同之处,本小节首先简述基于传统灰色 GM(1,1)方法预测 AUV 推进器弱故障程度的基本原理与主要步骤。

基于传统灰色 GM(1,1)方法预测 AUV 推进器弱故障程度的基本原理如下:

随着 AUV 推进器弱故障的不断演化,其故障程度随之连续变化,即未来的故障程度与之前的故障程度高度相关。基于这个特点,通过建立故障程度发展趋势的灰色微分方程,并求解该灰色微分方程的白化方程,即可得到任意未知时刻的故障程度。

基于传统灰色 GM(1,1)方法预测 AUV 推进器弱故障程度的主要步骤如下:

①采用滑动窗口方法截取 AUV 推进器弱故障程度数据的原始序列;

②对原始序列进行一次累加生成;

③通过累加生成序列构造灰色背景值;

④通过灰色背景值建立灰色 GM(1,1)预测模型;

⑤对传统灰色 GM(1,1)预测模型进行白化方程求解;

⑥对白化方程的解进行累减生成,通过累减生成序列构造预测序列;

⑦预测序列的值即为 AUV 推进器弱故障的故障程度和未来的变化趋势。

(2)传统灰色 GM(1,1)方法预测 AUV 推进器弱故障程度时存在的问题

为了清晰阐述基于传统灰色 GM(1,1)方法预测 AUV 推进器弱故障程度时存在的问题,这里首先简要说明本书所采用的评价指标。AUV 推进器弱故障程度预测常用的评价指标有:

①平均相对误差:预测误差与多次测量的平均值的比值。

②平均关联度:预测序列与真实序列的相似程度。

③均方差比值:预测残差的方差与原始序列方差的比值。

④小误差概率:预测误差较小的预测结果占所有预测结果的比例。

这四个评价指标按预测精度等级又分为一级至四级四个等级。其中,一级预测精度最高(预测误差最小),四级预测精度最低(预测误差最大)。

本书利用上述评价指标,分析采用传统灰色 GM(1,1)方法预测 AUV 推进器弱故障程度的实验结果时,发现如下问题。

预测数据与真实数据的平均相对误差、平均关联度、均方差比值的预测精度等级可达到一级;但小误差概率,预测精度等级又仅为四级,不能达到故障预测精度要达到一级的要求。预测精度达不到一级,说明预测结果与真实值之间的误差较大,即存在预测误差较大的问题。

(3)原因分析

本小节来分析产生上述问题的原因。

上面阐述了传统灰色 GM(1,1)方法的主要步骤。其中,灰色背景值构造、白化方程求

解、预测序列构造这三个步骤是该方法的核心步骤。本书针对这三个步骤进行分析，找出其预测误差较大的原因。

具体分析如下：

①灰色背景值构造过程存在偏差

在灰色背景值构造过程中，传统灰色 GM(1,1)方法在构造灰色背景值时，采用原始序列的一次累加生成序列的紧邻等权生成作为灰色背景值，当原始序列以单调趋势变化且变化速率较为缓慢时，这种采用紧邻等权生成等价逼近的灰色背景值构造方法是可行的，但受随机外部干扰影响下的 AUV，其故障状态数据呈现非单调趋势变化且变化速率相对较快，采用紧邻等权生成等价逼近策略构造的灰色背景值与真实背景值之间存在一定偏差，进而增大了最终的预测误差。

②白化方程求解过程存在偏差

在白化方程求解过程中，传统灰色 GM(1,1)方法在求解灰色微分方程的白化方程时，将待预测的原始序列的初始点作为白化方程解的初始条件，当原始序列的初始点与后续点之间的幅值变化不大时，这种近似处理方法是可行的，但由于 AUV 受外部干扰的影响，AUV 推进器弱故障程度数据中附加了未知程度的外部干扰，使得原始序列的初始点与后续点之间的幅值变化存在不确定性。当这种幅值变化较大的时候，直接采用原始序列的初始点作为白化方程的初始解，会将附加在原始序列初始点上的外部干扰引入预测序列，进而导致产生较大的预测误差。

③预测序列构造结果不可调整

在预测序列构造过程中，传统灰色 GM(1,1)方法求解出灰色微分方程的白化方程的解之后，得到的是原始序列的累加生成序列的预测值，因此还要对含预测值的累加生成序列进行累减生成，才能得到原始序列的预测值，即最终预测结果。当灰色 GM(1,1)方法得到累加序列的预测值以后，原始序列的预测值已被确定，即使知道预测序列与累加序列存在较大的偏差也无法更正，预测结果不可调整。实验研究发现，AUV 推进器弱故障程度呈现非单调性变化趋势，这种变化趋势使得在弱故障程度发生较大变化的曲线拐点处，预测结果会显著偏离真实的故障程度，若此预测结果不进行二次调整会导致较大的预测误差。

归纳上述分析，基于传统灰色 GM(1,1)方法预测 AUV 推进器弱故障程度时预测误差较大的原因如下：

由于传统灰色 GM(1,1)方法构造的灰色背景值存在偏差，因此增大了最终的预测误差；由于传统灰色 GM(1,1)方法求解得到的白化方程的初始解存在偏差，因此产生了较大的预测误差；由于传统灰色 GM(1,1)方法的预测结果无法调整，即使知道预测序列与累加序列存在较大的偏差也无法更正，因此产生了较大的预测误差。

3. 本书基于灰色预测模型的 AUV 推进器弱故障程度预测方法

本书方法的出发点是针对基于传统灰色 GM(1,1)方法进行预测 AUV 推进器弱故障程度时存在预测误差较大的问题，研究其改进算法。

在分析传统灰色 GM(1,1)方法产生较大预测误差原因的基础上，针对基于传统灰色 GM(1,1)方法预测 AUV 推进器弱故障程度时存在预测误差较大的问题，本节提出基于灰色预测模型的 AUV 推进器弱故障程度预测方法。

本书方法的基本思路是围绕传统灰色 GM(1,1)方法的三个核心步骤(灰色背景值构造、白化方程求解、预测序列构造)进行改进,之后采用改进的三个核心步骤,和传统灰色 GM(1,1)方法中其他未改进的步骤一起,构成本书基于灰色预测模型的 AUV 推进器弱故障程度预测方法。

下面将详细阐述本书对传统 GM(1,1)方法中灰色背景值构造、白化方程求解、预测序列构造这三个核心步骤的改进方法。

(1)本书改进的灰色背景值构造方法

采用传统灰色 GM(1,1)方法预测 AUV 推进器弱故障程度时,在灰色背景值构造阶段,灰色背景值存在偏差,针对此问题,本书提出一种改进的灰色背景值构造方法。该方法与传统灰色背景值构造方法的不同之处在于,传统灰色背景值构造方法采用一次累加生成序列的紧邻等权生成来逼近灰色背景值,而本书所提方法是通过计算一次累加生成序列的紧邻积分作为灰色背景值。

①本书方法的基本思路

传统灰色背景值构造方法的出发点为采用逼近的策略,通过计算一次累加生成序列的紧邻等权生成作为灰色背景值。

本书对灰色背景值构造方法的改进思路为不采用逼近的策略,而是通过计算一次累加生成序列的紧邻积分来降低所构造的灰色背景值与真实灰色背景值之间的偏差,以降低最终的预测误差。

②本书方法与传统方法的比较

传统灰色背景值构造方法的流程如图 2-23 虚线部分所示;本书所提出改进的灰色背景值构造方法的流程如图 2-23 实线部分所示。

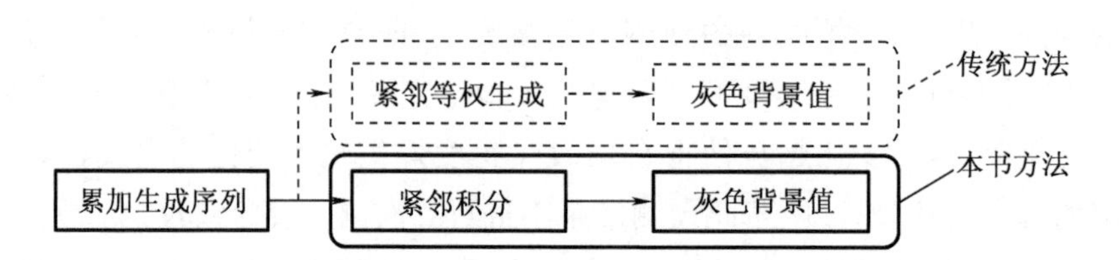

图 2-23 灰色背景值构造方法流程对比

本书方法与传统灰色背景值构造方法的不同之处在于,传统灰色背景值构造方法采用一次累加生成序列的紧邻等权生成来逼近灰色背景值;本书方法通过计算一次累加生成序列的紧邻积分作为灰色背景值。

③本书方法具体实现过程及分析

下面阐述本书灰色背景值构造方法的具体实现过程,并对比分析本书方法与传统灰色背景值构造方法的不同之处。

在本书方法实现的过程中,原始数列累加生成方式如式(2-20)所示:

$$X^{(1)}(k) = \sum_{i=1}^{k} X^{(0)}(i) \tag{2-20}$$

其中,$X^{(1)}(k)$为累加生成序列;$X^{(0)}(i)$为原始序列。

该步骤本书方法与传统灰色背景值构造方法相同。

构造灰色背景值,如式(2-21)所示:

$$Z^{(1)}(k) = \int_{k-1}^{k} x^{(1)}(t)\mathrm{d}t \tag{2-21}$$

其中,$Z^{(1)}(k)$为灰色背景值序列;$x^{(1)}(t)$为累加生成序列中的元素。该步骤,本书方法与传统背景值构造方法不同。对比分析本书方法与传统灰色背景值构造方法如下。

传统灰色背景值构造方法如式(2-22)所示:

$$Z^{(1)}(k) = \frac{1}{2}(X^{(1)}(k) + X^{(1)}(k-1)) \tag{2-22}$$

为说明传统灰色背景值构造方法所构造的灰色背景值,与实际灰色背景值相比较产生偏差的原因,首先需要求解实际灰色背景值,求解过程如下。

传统灰色背景值构造方法中的灰色微分方程,即GM(1,1)模型,如式(2-23)所示:

$$x^{(0)}(k) + az^{(1)}(k) = b \tag{2-23}$$

其中,$x^{(0)}(k)$为原始序列;$z^{(1)}(k)$为灰色背景值序列中的元素;a为灰色发展系数;b为灰色作用量。其原始形式为$x^{(0)}(k) + ax^{(1)}(k) = b$。其中,$x^{(1)}(k)$为累加生成序列中的元素。则其白化方程可以写为$\frac{\mathrm{d}x^{(1)}(t)}{\mathrm{d}t} + ax^{(1)}(k) = b$。为求解灰色背景值$z^{(1)}(k)$,对白化方程在$[k-1,k]$区间求积分,得到

$$\int_{k-1}^{k} \frac{\mathrm{d}x^{(1)}(t)}{\mathrm{d}t}\mathrm{d}t + a\int_{k-1}^{k} x^{(1)}(t)\mathrm{d}t = b \tag{2-24}$$

由于式(2-24)中的积分项可以进一步求解,因此对式(2-24)中左侧的积分项进行求解,得到

$$x^{(1)}(k) - x^{(1)}(k-1) + a\int_{k-1}^{k} x^{(1)}(t)\mathrm{d}t = b \tag{2-25}$$

式(2-25)的前两项可以用式(2-24)给出的累加生成计算方法进一步求解,得到

$$x^{(0)}(k) + a\int_{k-1}^{k} x^{(1)}(t)\mathrm{d}t = b \tag{2-26}$$

式(2-26)中的$\int_{k-1}^{k} x^{(1)}(t)\mathrm{d}t$项,即为实际灰色背景值,本书将其写成式(2-21)的形式。

实际灰色背景值与传统灰色背景值的对比如图2-24所示。

比较式(2-21)和式(2-22)发现,传统灰色背景值构造方法(式(2-22))构造的灰色背景值,与实际灰色背景值(式(2-21))之间,存在一个误差,这个误差是由用一阶线性微分方程式(2-24)的解,即式(2-22)中的$\frac{1}{2}(X^{(1)}(k) + X^{(1)}(k-1))$项,去逼近式(2-21)中的$\int_{k-1}^{k} x^{(1)}(t)\mathrm{d}t$项所导致的,该误差如图2-24中阴影部分所示。

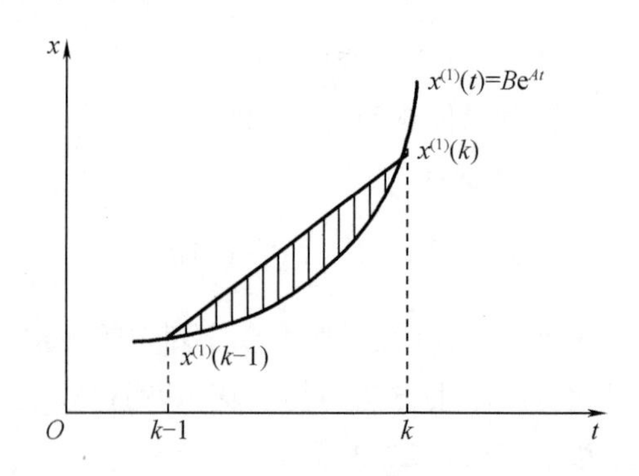

图 2－24　实际灰色背景值与传统灰色背景值的对比图

进一步探讨本书改进的灰色背景值方法在灰色背景值构造方面的误差。对比本书改进的灰色背景值、传统灰色背景值，两者分别与实际灰色背景值相比差值的大小发现，本书改进的灰色背景值，即式（2－21），理论上与实际灰色背景值之间不存在误差；传统灰色背景值，即式（2－22），理论上与实际灰色背景值之间存在如图 2－24 所示阴影部分的误差。理论定性分析结果表明，本书方法在灰色背景值构造方面的效果优于传统灰色背景值构造方法。

综上所述，针对传统灰色背景值构造方法存在偏差的问题，本书提出一种改进的灰色背景值构造方法，与传统灰色背景值构造方法采用一次累加生成序列的紧邻等权生成来逼近灰色背景值不同，本书所提出的方法通过计算一次累加生成序列的紧邻积分作为灰色背景值，以降低所构造的灰色背景值与实际灰色背景值之间的偏差。本书将在下面进行实验来验证所构造的灰色背景值对弱故障程度预测结果精度的影响。

（2）本书改进的白化方程求解方法

采用传统灰色背景值构造方法预测 AUV 推进器弱故障程度时，在白化方程求解阶段，白化方程初始解存在偏差，针对此问题，本书提出一种改进的白化方程求解方法。本书方法的出发点与传统白化方程求解方法的不同之处在于，传统白化方程求解方法将原始序列的初始值作为白化方程解的初始值；本书方法通过累加序列预测值与累加序列实际值之间的差值来确定预测残差最小的点，将预测误差最小的点所对应的累加序列值作为白化方程解的初始值。

①本书方法的基本思路

传统白化方程求解方法的出发点为采用近似求解的策略，假设预测序列一定通过原始序列的初始点，将原始序列的初始值作为白化方程解的初始值。

本书对白化方程求解方法的改进思路和出发点为不采用近似求解的策略，通过计算预测残差来确定白化方程初始解对应的累加序列值，以降低最终的预测误差。

②本书方法与传统方法的不同之处

传统白化方程求解方法的流程如图 2－25 虚线部分所示。本书所提出改进的白化方程求解方法的流程如图 2－25 实线部分所示。

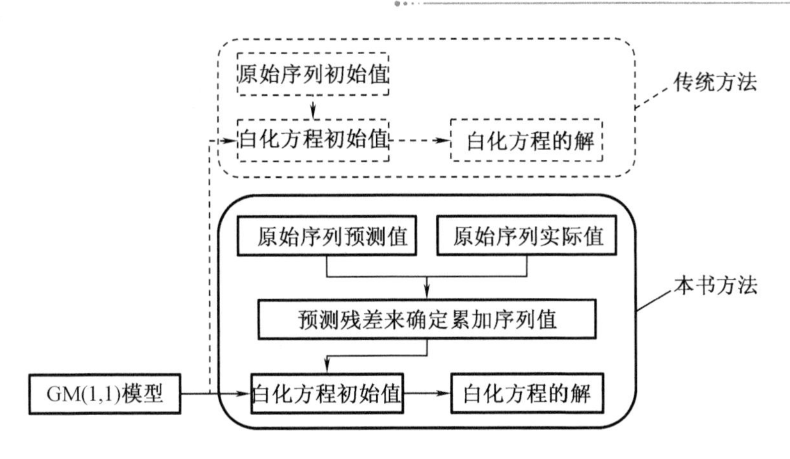

图 2-25 白化方程求解方法流程对比

本书方法与传统白化方程求解方法的不同之处在于，求解灰色微分方程的白化方程时，传统白化方程求解方法将原始序列的初始值作为白化方程解的初始值；本书所提出的方法通过累加序列预测值与累加序列实际值之间的差值来确定预测残差最小的点，将预测误差最小的点对应的累加序列值作为白化方程解的初始值。

③本书方法具体实现过程及分析

下面阐述本书白化方程求解方法具体实现过程，并对比分析本书方法与传统白化方程求解方法的不同之处。

在本书方法实现过程中，改进后的白化方程的解如式(2-27)所示：

$$\hat{X}^{(1)}(k+1)=\left(X^{(0)}(l)-\frac{b}{a}\right)\mathrm{e}^{-a(k-l+1)}+\frac{b}{a} \tag{2-27}$$

其中，$\hat{X}^{(1)}(k+1)$ 为 $k+1$ 时刻累加序列的预测值；$X^{(0)}(l)$ 为序列号为 l 的原始序列值，其中序列号 l 由式(2-28)得到：

$$l=find(\min(\hat{X}^{(0)}(i)-X^{(0)}(i))) \tag{2-28}$$

其中，$\hat{X}^{(0)}(i)$ 为原始序列的预测值；$X^{(0)}(i)$ 为原始序列的真实值。

对比分析本书方法与传统白化方程求解方法如下。

传统白化方程的解如式(2-29)所示：

$$\hat{X}^{(1)}(k+1)=\left(X^{(0)}(1)-\frac{u}{a}\right)\mathrm{e}^{-ak}+\frac{u}{a} \tag{2-29}$$

其中，$\hat{X}^{(1)}(k+1)$ 为 $k+1$ 时刻的预测值；$X^{(0)}(1)$ 为原始序列的初始值；u 为灰色作用量；a 为灰色发展系数。

由本书改进后的白化方程的解（式(2-27)）及传统白化方程的解（式(2-29)），得到采用改进的白化方程求解方法得到的预测值、传统白化方程求解方法得到的预测值的对比图，如图 2-26 所示。

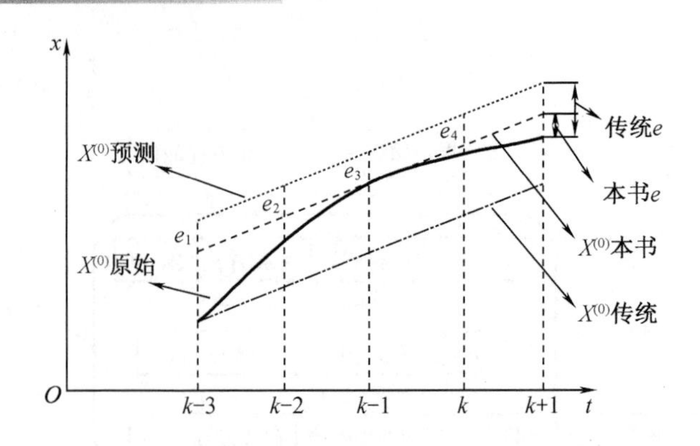

图 2-26　改进的与传统白化方程求解方法对比图

对比分析图 2-26 中本书方法与传统白化方程求解方法的预测结果。在图 2-26 中，传统白化方程求解方法，设定预测序列必须通过原始序列的初始点，即图 2-26 中的 $k-3$ 处，其预测结果与原始序列未来时刻值之间的偏差为图 2-26 中的传统 e；本书所提出改进的白化方程求解方法，首先计算预测序列与原始序列之间的偏差 e_1、e_2、e_3、e_4，比较发现 e_3 为偏差最小值，所以将 e_3 对应的点($k-1$)作为预测序列的必须通过点，本书方法预测结果与原始序列未来时刻之间的偏差为图 2-26 中的"本书 e"。

定性比较图 2-26 中本书方法和传统方法预测结果与原始序列未来时刻值之间的偏差。在图 2-26 中，传统方法的偏差(传统 e)的取值范围大于本书方法的偏差(本书 e)的取值范围，说明传统的白化方程求解方法所导致的误差大于本书的方法。理论定性分析结果表明，本书方法在白化方程解方面的效果优于传统白化方程求解方法。

综上所述，针对传统方法构造白化方程的解存在偏差的问题，本书提出一种改进后的白化方程求解方法，与传统白化方程求解方法采用强制预测序列通过原始序列初始点的策略不同，本书所提出的方法通过计算预测序列与原始序列的偏差，将偏差最小的点作为白化方程解的初始值，以降低白化方程求解阶段的误差。本书将在下一节进行实验来验证所提出的白化方程求解方法对弱故障程度预测结果精度的影响。

(3)本书改进的预测序列构造方法

采用传统灰色 GM(1,1)方法预测 AUV 推进器弱故障程度时，在预测序列构造阶段，存在预测序列构造结果无法调整的问题，针对此问题，本书提出一种改进的预测序列构造方法。本书方法出发点及其与传统预测序列构造方法的不同之处在于，在预测序列构造阶段，传统预测序列构造方法预测结果不具备可调整性。与其技术路线不同，本书所提方法基于预测序列与原始序列的残差序列进行二次预测，基于二次预测得到的残差序列对原始序列的预测序列进行修正，使得预测结果具有可调整性。

①本书方法的基本思路

传统预测序列构造方法的出发点为：对累加生成序列的预测序列进行累减生成，得到原始序列的预测序列，即最终预测值不具备可调整性。

本书对预测序列构造方法的改进思路和出发点为：在得到最终预测值之前，对原始序列的预测序列进行一次误差修正，以降低最终的预测误差。

②本书方法与传统方法的不同之处

传统预测序列构造方法的流程如图2－27虚线部分所示。本书所提出改进后的预测序列构造方法的流程如图2－27实线部分所示。

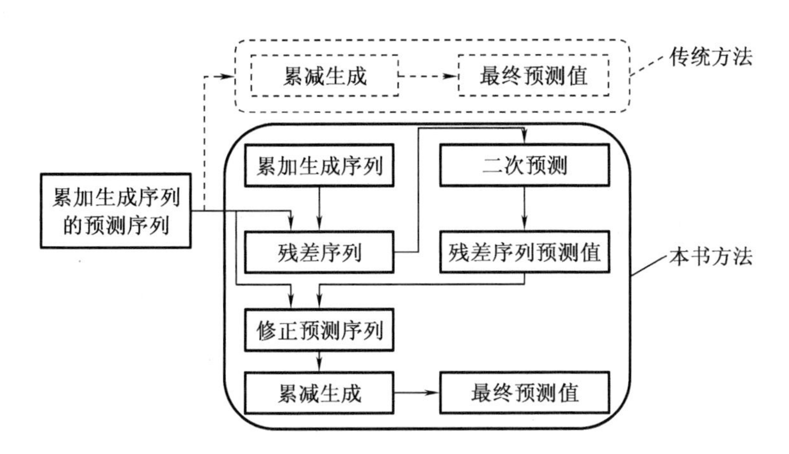

图2－27　预测序列构造方法流程对比

本书方法与传统预测序列构造方法的不同之处在于，在预测序列构造阶段，传统预测序列构造方法的预测结果不具备可调整性，与传统预测序列构造方法不同，本书所提出改进后的预测序列构造方法是基于预测序列与原始序列的残差序列进行二次预测，基于二次预测得到的残差序列对原始序列的预测序列进行修正，使得预测结果具有可调整性。

③本书方法具体实现过程及分析

下面阐述本书预测序列构造方法具体实现过程，并分析本书方法与传统预测序列构造方法的不同之处。

a. 本书方法实现过程

本书方法改进后的原始序列的预测序列如式(2－30)所示：

$$\hat{X}^{(0)}(k+1)=(1-\mathrm{e}^{a})\left(X^{(0)}(l)-\frac{u}{a}\right)\mathrm{e}^{-ak}-\mathrm{sgn}(\hat{\xi}(k+1))\cdot|\hat{\xi}(k+1)| \quad (2-30)$$

其中，$\hat{\xi}(k+1)$为$k+1$时刻累加序列预测值与累加序列的差值，由式(2－31)所得：

$$\hat{\xi}(k+1)=X^{(1)}(k+1)-\hat{X}^{(1)}(k+1) \quad (2-31)$$

b. 对比分析本书方法与传统方法

在传统预测序列构造方法中，通过累减生成得到的原始序列的预测序列如式(2－32)所示：

$$\hat{X}^{(0)}(k+1)=\hat{X}^{(1)}(k+1)-X^{(1)}(K)=\left(1-\mathrm{e}^{a})(X^{(0)}(l)-\frac{u}{a}\right)\mathrm{e}^{-ak} \quad (2-32)$$

其中，$\hat{X}^{(0)}(k+1)$为$k+1$时刻原始序列的预测值；$\hat{X}^{(1)}(k+1)$为$k+1$时刻累加序列预测值。

由本书改进后的预测序列构造方法及传统预测序列构造方法，得到本书方法改进的预测序列构造方法得到的预测结果、传统预测序列构造方法得到的预测结果对比图，如图2－

28 所示。

对比分析图 2 - 28 中本书方法与传统预测序列构造方法的预测结果。在图 2 - 28 中，累加序列 $X^{(1)}(k+1)$ 与其预测序列 $\hat{X}^{(1)}(k+1)$ 之间存在偏差 $\hat{\xi}(k+1)$。传统预测序列构造方法未考虑这些偏差，直接采用累减生成方法，基于预测序列 $k+1$ 时刻值与累加序列 k 时刻值，得到原始序列 $k+1$ 时刻值；本书所提出的预测序列构造方法，首先计算累加生成序列 $X^{(1)}(i)(i=k-3,k-2,k-1,k)$ 与其预测序列 $\hat{X}^{(1)}(i)$ 之间的偏差 $\xi(k-3)$、$\xi(k-2)$、$\xi(k-1)$、$\xi(k)$，以及基于该偏差序列预测 $k+1$ 时刻的偏差值 $\hat{\xi}(k+1)$，并将该偏差值引入原始序列的预测序列，累加序列偏差值的引入使得预测结果具备了可调整性，降低了最终的预测误差。理论定性分析结果表明，本书方法在累加序列预测结果误差方面的效果优于传统预测序列构造方法。

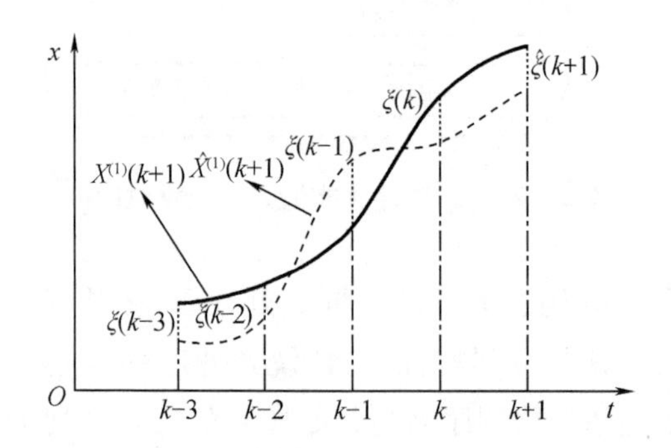

图 2 - 28　改进后的与传统预测序列构造方法得到的预测结果对比图

综上所述，针对传统方法存在预测序列构造结果无法调整的问题，本书提出一种改进的预测序列构造方法，与传统预测序列构造方法不具备可调整性的技术路线不同，本书所提出的方法基于预测序列与原始序列的残差序列进行二次预测，基于二次预测得到的残差序列对原始序列的预测序列进行修正，使得预测结果具有可调整性。下面将通过实验来验证所提预测序列构造方法对弱故障程度预测结果精度的影响。

4. 水池实验验证

为验证本书所提基于灰色预测模型的 AUV 推进器弱故障程度预测方法在推进器弱故障程度预测方面的效果，本书采用如图 2 - 29 所示的“海狸Ⅱ”号 AUV 实验样机进行水池实验；通过推进器故障模拟方法，模拟左主推进器故障，在如图 2 - 30 所示的实验水池和流场环境下进行实验，基于水池实验结果验证本书所提方法与典型灰色 GM(1, 1)方法在弱故障预测方面的效果。

针对采用传统灰色 GM(1,1)方法预测 AUV 推进器弱故障程度时，存在预测误差较大的问题，本书提出了基于灰色预测模型的 AUV 推进器弱故障程度预测方法。本书所提方法的内涵是对传统灰色 GM(1,1)方法中的灰色背景值构造、白化方程求解、预测序列构造三个步骤进行改进。这三个改进的步骤和其他未改进的步骤结合在一起，才是完整的本书基于灰色预测模型的 AUV 推进器弱故障程度预测方法。因此，本小节采用本书所提出的基于灰色预测模型方法与传统灰色 GM(1,1)方法进行 AUV 推进器弱故障程度预测实验，通过对比实验结果,验证本书方法的有效性。

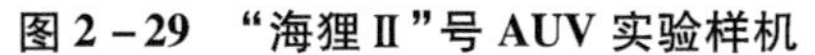
图2-29 “海狸Ⅱ”号 AUV 实验样机

图2-30 实验水池和水下造流装置

当 AUV 推进器发生故障时,其故障程度的变化趋势有多种可能性。为了验证本书方法的有效性,本书针对相对较为典型的两种故障变化趋势:弱故障程度单调变化和弱故障程度非单调变化,来验证本书方法和传统方法在推进器弱故障程度预测方面的效果。

本书分别做了以下对比实验验证:

(1)弱故障程度单调变化趋势预测结果对比实验验证

采用“海狸Ⅱ”号 AUV 实验样机进行水池实验,对比本书所提出的基于灰色预测模型方法与传统灰色 GM(1,1)方法在 AUV 推进器弱故障程度单调变化趋势预测方面的效果,验证本书方法的有效性。

①实验过程与实验结果

a. 弱故障变化趋势设定方法

根据参考文献[24]给出的两种典型的推进器故障变化趋势,为更真实地模拟推进器弱故障程度单调变化趋势,本书采取向变化趋势中附加强度不同的扰动的方式,来验证本书方法和传统方法在推进器弱故障程度预测方面的效果。

本书设计的推进器弱故障程度单调变化趋势的具体实现方式如式(2-33)所示:

$$K = A(t - T_0) + B\sin(w_1(t - T_0)), \quad T_0 < t \tag{2-33}$$

式中,K 为推力损失程度;A、B、w_1 均为可调参数。

式(2-33)中的参数 B 代表附加扰动强度的幅值,w_1 为附加扰动变化的频率,通过改变 A、B、w_1 的大小即可模拟不同推力损失程度、不同变化趋势的推进器弱故障;T_0 为大于零的常数,通过改变其大小可改变故障发生时间;当式(2-33)不含干扰项 $B\sin(w_1(t-T_0))$ 时,式(2-33)变成一条单调变化的直线,可以模拟更一般的弱故障形式。

b. 具体实验过程

根据上一小节的具体实现过程对 AUV 推进器弱故障程度进行预测,得到最终预测结果。

c. 实验相关参数

AUV 做水平直航运动，纵向目标速度为0.3 m/s，艏向目标角度为230°。本书著者依据多次水池实验过程中外部干扰对弱故障的影响规律，并参考文献[56]中的外部干扰设置方式，将式(2－33)中参数的具体值分别设置为：$A=2.25\times10^{-3}$，$w_1=\pi/10$，$T_0=0$，从第0 s到第80节拍，设定附加在故障上的扰动强度 B 分别为0.005、0.01、0.02、0.03。

d. 实验结果

基于上述具体实验过程，本书做了附加在故障上的扰动强度 B 分别为0.005、0.01、0.02、0.03 的推进器弱故障水池实验，以下以 $B=0.02$ 的实验过程为例进行阐述。$B=0.02$ 实验中获取的 AUV 推进器弱故障程度的真实变化趋势、传统灰色 GM(1,1)方法的预测结果、本书所提出的改进灰色预测模型 AUV 推进器弱故障程度预测方法的预测结果，如图2－31所示。

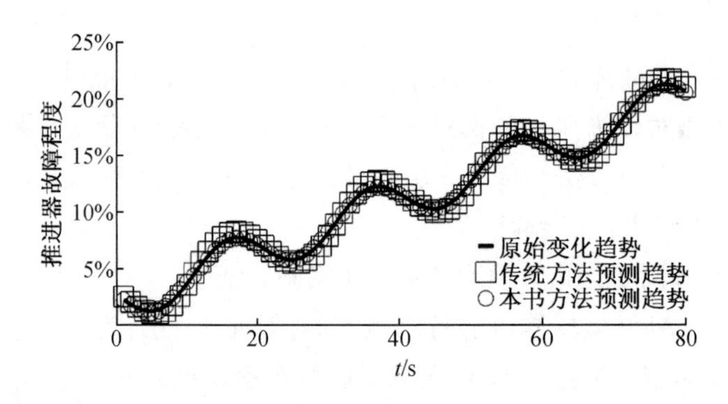

图2－31　本书方法与传统方法单调变化趋势预测结果对比

e. 评价指标

本书在上面定性说明了评价预测效果常用的四个指标，即平均相对误差、均方差比值、关联度、小误差概率。为便于定量对比本书所提出的预测方法与传统灰色 GM(1,1)方法在弱故障程度预测方面的效果，在此，本书引入对应这四个评价指标的具体精度检验等级参照表，如表2－11所示。

表2－11　精度检验等级参照表

精度等级	临界值			
	平均相对误差	均方差比值	关联度	小误差概率
一级	0.010 0	0.350 0	0.900 0	0.950 0
二级	0.050 0	0.500 0	0.800 0	0.800 0
三级	0.100 0	0.650 0	0.700 0	0.700 0
四级	0.200 0	0.800 0	0.600 0	0.600 0

分析表2－11中四个评价指标的数值大小与精度等级之间的对应关系。对于平均相对

误差、均方差比值这两个评价指标，随着其数值的减小，精度等级越高，预测效果越好；对于关联度、小误差概率这两个评价指标，随着其数值的增大，精度等级越高，预测效果越好。

②实验结果对比分析

为更清晰地表达出本书所提方法与传统灰色 GM(1,1)方法在弱故障程度预测方面的区别，本书根据表2－11中的平均相对误差、均方差比值、关联度、小误差概率四个指标，将图2－31中本书方法与传统方法的预测结果进行归纳总结，具体实验结果对比如表2－12所示。

表2－12 本书方法与传统方法单调变化趋势预测结果对比

附加扰动强度	采用方法	平均相对误差	均方差比值	关联度	小误差概率
$B=0.005$	传统方法	0.009 1	$2.908\ 3\times10^{-4}$	0.999 9	0.810 0
	本书方法	0.002 4	$7.169\ 2\times10^{-6}$	1.000 0	1.000 0
$B=0.01$	传统方法	0.019 1	$1.276\ 4\times10^{-4}$	0.999 5	0.810 0
	本书方法	0.014 9	$3.348\ 4\times10^{-5}$	1.000 0	1.000 0
$B=0.02$	传统方法	0.042 9	$4.566\ 2\times10^{-4}$	0.998 4	0.810 0
	本书方法	0.015 5	$1.674\ 8\times10^{-4}$	0.999 8	1.000 0
$B=0.03$	传统方法	0.089 3	$7.565\ 0\times10^{-4}$	0.996 8	0.620 0
	本书方法	0.070 2	$6.283\ 8\times10^{-4}$	0.998 6	0.975 3

本书分别采用平均相对误差、均方差比值、关联度、小误差概率四个指标，并结合表2－11中给出的精度检验等级参照表来对比分析本书方法与传统灰色 GM(1,1)方法在弱故障程度预测方面的效果。

a. 对比分析表2－12中的平均相对误差。当 B 分别为0.005、0.01、0.02、0.03时，在平均相对误差方面，本书方法相比传统方法分别降低了73.63%、21.99%、63.87%、21.39%。

b. 对比分析表2－12中的均方差比值。当 B 分别为0.005、0.01、0.02、0.03时，在均方差比值方面，本书方法相比传统方法分别降低了97.53%、73.77%、63.32%、16.94%。

c. 对比分析表2－12中的关联度。当 B 分别为0.005、0.01、0.02、0.03时，在关联度方面，本书方法相比传统方法分别提高了0.01%、0.05%、0.14%、0.18%。

d. 对比分析表2－12中的小误差概率。当 B 分别为0.005、0.01、0.02、0.03时，在小误差概率方面，本书方法相比传统方法分别提高了23.46%、23.46%、23.46%、57.31%。

e. 结合表2－12的预测结果与表2－11的精度检验等级参照表，对比分析本书方法与传统灰色 GM(1,1)方法的预测精度等级。从表2－12中可以看出，随着附加扰动强度 B 的增大，本书所提出的方法的小误差概率评价指标的预测精度等级仍为一级；而传统方法的小误差概率评价指标的预测精度等级随附加扰动强度 B 的增大，由一级降低为四级。

上述实验结果反映出，对于不同附加扰动强度下的弱故障程度单调变化趋势，在平均相对误差、均方差比值、关联度、小误差概率、预测精度等级方面，本书方法均优于传统灰色 GM(1,1)方法。

f. 本书做了附加在故障上的扰动强度 B 分别为 0.005、0.01、0.02、0.03 的推进器弱故障水池实验，下面以 $B=0.02$ 为例，通过平均相对误差、均方差比值、关联度、小误差概率四个指标，对比分析本书方法与传统灰色 GM(1,1) 方法在弱故障程度预测方面的效果。

本书著者在整理水池实验数据时还发现，附加扰动强度 B 的大小对预测效果的影响具有一定的规律。表 2－12 中的平均相对误差、均方差比值、关联度、小误差概率四个评价指标，随附加扰动强度的增加，未呈现线性变化规律。当附加扰动强度最小时，本书方法的平均相对误差、均方差比值两个评价指标相比传统方法分别提高了 73.63%、97.53%，相对提高的程度最大，反映出在附加扰动最小时，在平均相对误差、均方差比值方面，本书方法的效果优于传统灰色 GM(1,1) 方法；当附加扰动强度最大时，本书方法的关联度、小误差概率两个评价指标相比传统方法分别提高了 0.18%、57.31%，相对提高的程度最大，反映出在附加扰动最大时，在关联度、小误差概率方面，本书方法的效果优于传统灰色 GM(1,1) 方法。

上述实验结果表明，对于推进器弱故障程度单调变化趋势，不同附加扰动强度下，在平均相对误差、均方差比值、关联度、小误差概率、预测精度等级方面，本书方法均优于传统灰色 GM(1,1) 方法；并且，在附加扰动强度最小时，本书方法在降低平均相对误差、均方差比值方面比传统灰色 GM(1,1) 方法的效果更明显；在附加扰动强度最大时，本书方法在增大关联度、小误差概率方面比传统灰色 GM(1,1) 方法的效果更明显。

(2) 弱故障程度非单调变化趋势预测效果对比实验验证

本小节将通过 AUV 实验样机推进器弱故障程度非单调变化趋势水池实验，对比本书所提出的基于灰色预测模型方法与传统灰色 GM(1,1) 方法在 AUV 推进器弱故障程度非单调变化趋势预测方面的效果，进一步验证本书方法的有效性。

①实验过程与实验结果

a. 弱故障变化趋势设定方法

根据参考文献[24]给出的两种典型的推进器故障变化趋势，以及向变化趋势中附加强度不同的扰动，本书设计的推进器弱故障程度非单调变化趋势的具体实现方式如式(2－34)和式(2－35)所示：

$$K=A(t-T_0)+B\sin(w_1(t-T_0)),\quad T_0<t\leqslant T_1 \tag{2-34}$$

$$K=A(T_1-T_0)+B\sin(w_2(t-T_0)),\quad t>T_1 \tag{2-35}$$

式中，K 为推力损失程度；A、B、w_1 和 w_2 均为可调参数。

式(2－34)和式(2－35)中的参数 B 代表附加扰动强度的幅值，w_1、w_2 为附加扰动变化的频率，通过改变 A、B、w_1、w_2 的大小即可模拟不同推力损失程度、不同变化趋势的推进器弱故障；T_0、T_1 为大于零的常数，通过改变其大小可改变故障发生时间；当式(2－34)、式(2－35)不含干扰项 $B\sin(w_1(t-T_0))$ 和 $B\sin(w_2(t-T_0))$ 时，式(2－34)、式(2－35)变成一条先单调增加再稳定不变的曲线，可以模拟更一般的弱故障形式。

b. 具体实验过程

本书根据上面的具体实现过程对 AUV 推进器弱故障程度进行预测，得到最终预测结果。

c. 实验相关参数

AUV 做水平直航运动，纵向目标速度为0.3 m/s，艏向目标角度为230°。本书著者依据多次水池实验过程中外部干扰对弱故障的影响规律，并参考文献[56]中的外部干扰设置方式，将式(2-34)和式(2-35)中参数的具体值分别设置为 $A=2.25\times10^{-3}$，$w_1=\pi/10$，$w_2=\pi/20$，$T_0=0$，$T_1=30$，从第0 s 到第80 节拍，设定附加在故障上的扰动 B 分别为0.005、0.01、0.02、0.03。

d. 实验结果

基于上述实验过程，本书做了附加在故障上的扰动强度 B 分别为0.005、0.01、0.02、0.03 的推进器弱故障水池实验，以下以 $B=0.01$ 的实验过程为例进行阐述。$B=0.01$ 实验中获取的 AUV 推进器弱故障程度的真实变化趋势、传统灰色 GM(1,1)方法的预测结果、本书所提出的改进灰色预测模型 AUV 推进器弱故障程度预测方法的预测结果，如图2-32 所示。

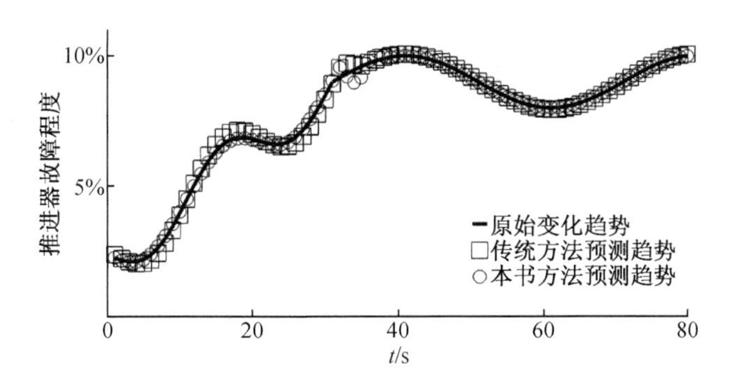

图2-32　本书方法与传统方法非单调变化趋势预测结果对比

②实验结果对比分析

为更清晰地表达出本书所提方法与传统灰色 GM(1,1)方法在弱故障程度预测方面的区别，本书根据表2-11 中的平均相对误差、均方差比值、关联度、小误差概率四个指标，将图2-32 中本书方法与传统方法的预测结果进行归纳总结，具体实验结果对比如表2-13 所示。

表2-13　本书方法与传统方法非单调变化趋势预测结果对比

附加扰动强度	采用方法	平均相对误差	均方差比值	关联度	小误差概率
$B=0.005$	传统方法	0.008 0	$8.432\,4\times10^{-5}$	0.999 4	0.500 0
	本书方法	0.003 4	$2.359\,7\times10^{-7}$	0.999 5	0.827 2
$B=0.01$	传统方法	0.016 2	$3.661\,2\times10^{-4}$	0.998 6	0.510 0
	本书方法	0.005 7	$5.981\,9\times10^{-6}$	0.999 2	0.839 5
$B=0.02$	传统方法	0.036 4	$5.782\,3\times10^{-4}$	0.996 7	0.520 0
	本书方法	0.016 0	$5.389\,7\times10^{-5}$	0.998 3	0.851 9
$B=0.03$	传统方法	0.079 5	$2.992\,8\times10^{-4}$	0.994 4	0.540 0
	本书方法	0.070 0	$4.271\,7\times10^{-5}$	0.996 5	0.876 5

接下来，本书分别采用平均相对误差、均方差比值、关联度、小误差概率四个指标，并结合表2－11中给出的精度检验等级参照表来对比分析本书方法与传统灰色 GM(1,1)方法在弱故障程度预测方面的效果。

a. 对比分析表2－13中的平均相对误差。当 B 分别为0.005、0.01、0.02、0.03时，在平均相对误差方面，本书方法相比传统方法分别降低了57.50%、64.81%、56.04%、85.73%。

b. 对比分析表2－13中的均方差比值。当 B 分别为0.005、0.01、0.02、0.03时，在均方差比值方面，本书方法相比传统方法分别降低了99.72%、98.37%、90.68%、85.73%。

c. 对比分析表2－13中的关联度。当 B 分别为0.005、0.01、0.02、0.03时，在关联度方面，本书方法相比传统方法分别提高了0.01%、0.06%、0.16%、0.21%。

d. 对比分析表2－13中的小误差概率。当 B 分别为0.005、0.01、0.02、0.03时，在小误差概率方面，本书方法相比传统方法分别提高了65.44%、64.61%、63.83%、62.31%。

e. 结合表2－13的预测结果与表2－11的精度等级参照表，对比分析本书方法与传统灰色 GM(1,1)方法的预测精度等级。从表2－13中可以看出，对于推进器弱故障程度非单调变化趋势而言，无论附加扰动强度 B 如何变化，本书所提方法的小误差概率评价指标的预测精度等级始终能保持在二级，而传统方法的小误差概率评价指标的预测精度等级仅为四级。

上述实验结果反映出，对于不同附加扰动强度下的弱故障程度非单调变化趋势，在平均相对误差、均方差比值、关联度、小误差概率、预测精度等级方面，本书方法均优于传统灰色 GM(1,1)方法。

f. 本书做了附加在故障上的扰动强度 B 分别为0.005、0.01、0.02、0.03的推进器弱故障水池实验，以 $B=0.02$ 为例，通过平均相对误差、均方差比值、关联度、小误差概率四个指标，对比分析了本书方法与传统灰色 GM(1,1)方法在弱故障程度预测方面的效果。

本书著者在整理水池实验数据时还发现，附加扰动强度 B 的大小对预测效果的影响具有一定的规律。表2－13中的平均相对误差、均方差比值、关联度、小误差概率四个评价指标，随附加扰动强度的增加，未呈现线性变化规律。当附加扰动强度最小时，本书方法的平均相对误差、关联度两个评价指标相比传统方法分别提高了57.50%、0.01%，相对提高的程度最大，反映出在附加扰动强度最小时，在平均相对误差、关联度方面，本书方法的效果优于传统灰色 GM(1,1)方法；当附加扰动强度最大时，本书方法的均方差比值、小误差概率两个评价指标相比传统方法分别提高了85.73%、62.31%，相对提高的程度最大，反映出在附加扰动强度最大时，在均方差比值、小误差概率方面，本书方法的效果优于传统 GM(1,1)方法。

上述实验结果表明，对于弱故障程度非单调变化趋势，在不同附加扰动强度下，在平均相对误差、均方差比值、关联度、小误差概率、预测精度等级方面，本书方法均优于传统灰色 GM(1,1)方法；并且，与弱故障程度单调变化时的附加扰动强度变化对预测效果的影响规律不同，在附加扰动强度最大时，本书方法在平均相对误差、关联度方面的效果优于传统灰色 GM(1,1)方法；在附加扰动强度最小时，本书方法在均方差比值、小误差概率方面的效果优于传统灰色 GM(1,1)方法。

5.结论

针对采用传统灰色 GM(1,1)方法预测 AUV 推进器弱故障程度时存在的预测误差较大的问题,本书基于灰色预测理论和水池实验数据,分析归纳产生上述问题的原因。在分析归纳出上述问题原因的基础上,本书提出了一种改进灰色预测模型 AUV 推进器弱故障程度预测方法,AUV 实验样机水池实验结果表明:

推进器弱故障程度单调变化,当附加扰动强度 B 分别为 0.005、0.01、0.02、0.03 时,本书方法与传统灰色 GM(1,1)方法相比较,平均相对误差分别降低了 73.63%、21.99%、63.87%、21.39%;均方差比值分别降低了 97.53%、73.77%、63.32%、16.94%;关联度分别提高了 0.01%、0.05%、0.14%、0.18%;小误差概率分别提高了 23.46%、23.46%、23.46%、57.31%。

对于弱故障程度非单调变化趋势,在不同附加扰动强度下,在平均相对误差、均方差比值、关联度、小误差概率、预测精度等级方面,本书方法均优于传统灰色 GM(1,1)方法;并且,在附加扰动强度最大时,本书方法在关联度、小误差概率方面的效果优于传统灰色 GM(1,1)方法,在附加扰动强度最小时,本书方法在平均相对误差、均方差比值方面的效果优于传统灰色 GM(1,1)方法。

推进器弱故障程度非单调变化,当附加扰动强度 B 分别为 0.005、0.01、0.02、0.03 时,本书方法与典型的故障预测方法灰色 GM(1,1)方法相比较,平均相对误差分别降低了 57.50%、64.81%、56.04%、85.73%;均方差比值分别降低了 99.72%、98.37%、90.68%、85.73%;关联度分别提高了 0.01%、0.06%、0.16%、0.21%;小误差概率分别提高了 65.44%、64.61%、63.83%、62.31%。在不同附加扰动强度下,在平均相对误差、均方差比值、关联度、小误差概率、预测精度等级方面,本书方法均优于传统灰色GM(1,1)方法;并且,与弱故障程度单调变化时的附加扰动强度变化对预测效果的影响规律不同,在附加扰动强度最大时,本书方法在平均相对误差、关联度方面的效果优于传统灰色 GM(1,1)方法,在附加扰动强度最小时,本书方法在均方差比值、小误差概率方面的效果优于传统灰色 GM(1,1)方法。

参考文献

[1] BRITO M P, GRIFFITHS G, CHALLENOR P. Risk analysis for autonomous underwater vehicle operations in extreme environments[J]. Risk Analysis, 2010, 30(12): 1771-1788.

[2] ZHANG M J, YIN B J, LIU W X, et al. Thruster fault feature extraction for autonomous underwater vehicle in time-varying ocean currents based on single-channel blind source separation[J]. Proceedings of the Institution of Mechanical Engineers, Part I: Journal of Systems and Control Engineering, 2016, 230(11): 46-57.

[3] WANG G B, HE Z J, CHEN X F, et al. Basic reserch on machinery fault diagnosis: What is the prescription[J]. Journal of Mechanical Engineering, 2013, 49(1): 63-72.

[4] DEARDEN R, ERNITS J. Automated fault diagnosis for an autonomous underwater vehicle [J]. IEEE Journal of Oceanic Engineering, 2013, 38(3): 484 -499.

[5] ZHANG M J, LIU X, YIN B J, et al. Adaptive terminal sliding mode based thruster fault tolerant control for underwater vehicle in time-varying ocean currents[J]. Journal of The Franklin Institute-Engineering and Applied Mathematics, 2015, 352(11): 4935 -4961.

[6] 万磊, 杨勇, 李岳明. 水下机器人执行器的高斯粒子滤波故障诊断方法[J]. 上海交通大学学报, 2013, 47(7): 1072 -1076.

[7] ZHANG M J, WU J, CHU Z Z. Multi-fault diagnosis for autonomous underwater vehicle based on fuzzy weighted support vector domain description[J]. China Ocean Engineering, 2014, 28(5): 599 -616.

[8] OLSHAUSEN B A, FIELD D J. Emergence of simple-cell receptive field properties by learning a sparse code for natural images[J]. Nature, 1996, 381(6583): 607 -609.

[9] SMITH E C, LEWICKI M S. Efficient auditory coding[J]. Nature, 2006, 439(7079): 978 -982.

[10] LIU H, LI Y, NAN L, et al. Robust visual monitoring of machine condition with sparse coding and self-organizing map[C] // International Conference on Intelligent Robotics & Applications. Springer-Verlag, 2010.

[11] LEE H, BATTLE A, RAINA R, et al. Efficient sparse coding algorithms[J]. Advances in Neural Information Processing Systems, 2007, 19: 801 -808.

[12] TANG H, CHEN J, DONG G. Sparse representation based latent components analysis for machinery weak fault detection[J]. Mechanical Systems and Signal Processing, 2014, 46(2): 373 -388.

[13] GAJJAR S, KULAHCI M, PALAZOGLU A. Selection of non-zero loadings in sparse principal component analysis[J]. Chemometrics & Intelligent Laboratory Systems, 2017, 162: 160 -171.

[14] HAO Y S, SONG L Y, KE Y L, et al. Diagnosis of compound fault using sparsity promoted-based sparse component analysis[J]. Sensors, 2017, 17(6): 1307.

[15] YANG B, LIU R, CHEN X. Fault diagnosis for wind turbine generator bearing via sparse representation and shift-invariant K-SVD [J]. IEEE Transactions on Industrial Informatics, 2017, 13(3): 1321 -1331.

[16] KREUTZ -DELGADO K, MURRAY J F, RAO B D, et al. Dictionary learning algorithms for sparse representation[J]. Neural Computation, 2003, 15(2): 349 -396.

[17] 张铭钧, 王玉甲, 朱大奇, 等. 水下机器人故障诊断理论与技术[M]. 哈尔滨: 哈尔滨工程大学出版社, 2016.

[18] XIANG XB, LAPIERRE L, JOUVENCEL B. Smooth transition of AUV motion control: From fully-actuated to under-actuated configuration[J]. Robot Auton Syst, 2015, 67: 14 -22.

[19] NEWMAN P, WESTWOOD R AND WESTWOOD J. Market prospects for AUVs[J]. Marine Technology Reporter. Hydro International, 2007,50:22 - 24.

[20] 李娟,周东华,司小胜,等. 微小故障诊断方法综述[J]. 控制理论与应用, 2012, 29(12): 1517 - 1529.

[21] OMERDIC E , ROBERTS G. Thruster fault diagnosis and accommodation for open-frame underwater vehicles[J]. Control Eng Pract, 2004,12: 1575 - 1598.

[22] ZHAO B, SKJETNE R, BLANKE M, et al. Particle filter for fault diagnosis and robust navigation of underwater robot [J]. Control Systems Technology, 2014, 22: 2399 - 2407.

[23] ZHU D, SUN B. Information fusion fault diagnosis method for unmanned underwater vehicle thrusters[J]. IET Electrical Systems in Transportation,2013,3: 102 - 111.

[24] 孙斌,薛广鑫. 基于等距特征映射和支持矢量机的转子故障诊断方法[J]. 机械工程学报, 2012,48(9):129 - 135.

[25] COSTA S G, CAMINHAS W M, PALHARES R M. Artificial immune systems applied to fault detection and isolation: A brief review of immune response-based approaches and a case study[J]. Applied Soft Computing,2017,57: 118 - 131.

[26] 徐玉如,李彭超. 水下机器人发展趋势[J]. 自然杂志, 2011, 33(3): 125 - 132.

[27] ZHANG M J, PENG S Q, CHU Z Z, et al. Motion planning of underwater vehicle-manipulator system with joint limit[J]. Applied mechanics and materials, 2012, 220 - 223: 1767 - 1771.

[28] ISMAIL Z H. Fault-tolerant region-based control of an underwater vehicle with kinematically redundant thrusters[J]. Mathematical problems in engineering, 2014(4):1 - 12.

[29] BRITO M, GRIFFITHS G, FERGUSON J, et al. A behavioral probabilistic risk assessment framework for managing autonomous underwater vehicle deployment [J]. Journal of atmospheric and oceanic technology, 2012, 29 (11): 1689 - 1703.

[30] ABED W, SHARMA S K, SUTTON R, et al. An unmanned marine vehicle thruster fault diagnosis scheme based on OFNDA[J]. Journal of marine engineering & technology, 2017, 16(1): 37 - 44.

[31] DENG W, YAO R, ZHAO H M, et al. A novel intelligent diagnosis method using optimal LS-SVM with improved PSO algorithm[J]. Soft computing, 2019, 23(7):2445 - 2462.

[32] SHEN G X, HAN C Y, CHEN B K, et al. Fault analysis of machine tools based on grey relational analysis and main factor analysis[J]. Journal of physics: conference series, 2018, 1069: 012112.

[33] YIN B J, YAO F, WANG Y J, et al. Fault degree identification method for thruster of autonomous underwater vehicle using homomorphic membership function and low frequency trend prediction[J]. Proceedings of the institution of mechanical engineers, part C: Journal of mechanical engineering science, 2019, 233(4): 1426 - 1440.

[34] 殷宝吉. 水下机器人推进器故障特征分离与故障程度辨识方法研究[D]. 哈尔滨: 哈尔滨工程大学, 2016.

[35] CAO M X, DANG Y G, MI C M. An improvement on calculation of absolute degree of grey incidence [C]. Proceedings of 2006 IEEE International Conferenceon Systems, 2006.

[36] 崔杰, 党耀国, 刘思峰. 几类关联分析模型的新性质[J]. 系统工程, 2009, 27(4): 65 -70.

[37] 刘思峰, 谢乃明, JEFFERY F. 基于相似性和接近性视角的新型灰色关联分析模型[J]. 系统工程理论与实践, 2010, 30(5): 881 -887.

[38] ZINODINY S, REZAEI S, NADARAJAH S. Bayes minimax estimation of the mean matrix of matrix-variate normal distribution under balanced loss function[J]. Statistics & probability letters, 2017,125: 110 -120.

[39] Brito M P, Griffiths G, Challenor P. Risk analysis for autonomous underwater vehicle operations in extreme environments[J]. Risk Analysis, 2010, 30(12): 1771 -1788.

[40] YUSOFF MAM, ARSHAD MR, ZAKARIA M. Diagnosis of thruster fault condition using statistical design of experiment[J]. Indian Journal of Geo-Marine Sciences, 2012, 41 (6): 550 -556.

[41] 王国彪, 何正嘉, 陈雪峰, 等. 机械故障诊断基础研究"何去何从"[J]. 机械工程学报, 2013, 49(1): 63 -72.

[42] ZHANG M J, WANG Y J, XU J N, et al. Thruster fault diagnosis in autonomous underwater vehicle based on grey qualitative simulation[J]. Ocean Engineering, 2015, 105: 247 -255.

[43] ZHANG M J, YIN B J, LIU X, et al. Thruster fault identification method for autonomous underwater vehicle using peak region energy and least square grey relational grade[J]. Advances in Mechanical Engineering, 2015, 7(12): 21 -32.

[44] TIAN Z D, LI S J, WANG Y H, et al. Network traffic prediction based on empirical mode decomposition and time series analysis[J]. Control and Decision, 2015, 30(5): 905 -910.

[45] WANG X S, KANG M, FU X Q, et al. Prediction model of surface roughness in lenses precision turning[J]. Journal of Mechanical Engineering, 2013, 49(15): 192 -198.

[46] SHANG Y L, ZHANG C H, CUI N X, et al. State of charge estimation for lithium-ion batteries based on extended Kalman filter optimized by fuzzy neural network[J]. Control Theory & Applications, 2016, 33(2): 212 -220.

[47] TANG Z J, REN F, PENG T, et al. A least square support vector machine prediction algorithm for chaotic time series based on the iterative error correction[J]. Acta Phys. Sin, 2014, 63(5): 78 -87.

[48] YANG H L, LIU J X, ZHENG B. Improvement and application of grey prediction

GM(1,1) model[J]. Mathematics in Practice and Theory, 2011, 41(23): 39 -46.

[49] WANG X T, XIONG W. Dynamic customer requirements analysis based on the improved grey forecasting model[J]. Systems Engineering-Theory & Practice, 2010, 30(8): 1380 - 1388.

[50] 周媛, 朱大奇. 水下机器人传感器故障诊断的灰色预测模型[J]. 中国造船, 2011, 52(1): 137 -144.

[51] XU N, DANG Y G, DING S. Optimization method of background value in GM(1,1) model based on least error[J]. Control and Decision, 2015, 30(2): 283 -288.

[52] ZENG X Y, XIAO X P. Improvement of GM(1,1) model and its application region[J]. Systems Engineering, 2009, 27(1): 103 -107.

[53] 张可, 刘思峰. 基于粒子群优化算法的广义累加灰色模型[J]. 系统工程与电子技术, 2010, 7(32): 1437 -1440.

[54] 邓聚龙. 灰色预测与决策[M]. 武汉:华中理工大学出版社, 1988.

[55] CHEN Y N, XU Z, ZHAO S L, et. al. Research on least-squares fitting calculation of the field-effect mobility[J]. Acta Physica Sinica, 2010, 59(11): 8113 -8117.

[56] 周关林, 李钢虎, 成静. 海洋环境噪声背景下水声信号检测的新方法[J]. 声学与电子工程, 2009(2): 21 -23,27.

第 3 章　自主式潜水器容错控制

由于水下机器人是目前唯一能够在深海环境下工作的载体,其已广泛应用在海底地形勘测、资源探测、水下管路跟踪及目标物搜索等作业任务中,因此在海洋开发领域发挥着不可替代的作用。AUV 工作在复杂多变的海洋环境中,安全性和可靠性的高低是决定 AUV 能否顺利完成作业任务的前提。容错控制是保障 AUV 安全和可靠的关键技术之一。推进器是 AUV 的主要动力驱动装置,也是负荷最重的部件,同时是最容易发生故障的部件,推进器一旦发生故障,系统稳定性将被破坏,控制性能显著降低,甚至可能导致 AUV 的丢失。因此,针对 AUV 推进器故障的容错控制是目前该领域的研究热点之一。

容错控制方法大体可分为主动容错控制和被动容错控制两种。目前,在 AUV 容错控制研究领域,主要以主动容错控制为主,其中包括基于推力重分配的主动容错控制和自适应容错控制。基于推力重分配的主动容错控制是在控制器给出各自由度所需期望力/力矩后,在对这些期望力/力矩向各推进器进行映射/分配的过程中,融入故障诊断系统提供的故障信息,寻找满足代价函数下的一组最优解,以达到容错控制的目的。上述这类基于推力重分配的主动容错控制研究,大都假设故障诊断能及时且准确地提供故障信息,且所考虑的故障均为常值。然而,在实际应用过程中,受海流等外部干扰的影响,故障诊断系统可能会出现误诊或漏诊现象,并且对于缓变故障而言,故障诊断系统的准确性、及时性及实时性都有待进一步提高。为了减少对故障诊断系统的依赖,学者开始研究自适应容错控制,该容错控制策略是将推进器故障视为一种广义不确定性项的一部分,利用自适应理论及观测器理论来补偿/隐藏推进器故障对容错控制效果(主要体现在跟踪误差上)的不良影响。

3.1　故障重构与容错控制

在 AUV 推进器自适应容错控制方面,2015 年 Zhang 等提出了基于自适应终端滑模容错控制方法;2017 年 Zhang 等提出了基于反演设计的自适应区域跟踪容错控制方法。上述两种方法均通过自适应机制分别估计了海流干扰,以及模型不确定性对水下机器人影响的上界、推进器故障所引发的推力分配矩阵变化的上界,进而达到容错控制的目的。2015 年 Wang 等提出了基于自适应神经网络的 AUV 推进器容错控制方法,该方法将推进器故障与海流干扰、模型不确定性等视为一个广义不确定性项,并通过神经网络进行在线估计。从上述文献的自适应容错控制结果可以看出,在 AUV 不存在初始位置偏差(AUV 初始点与期望轨迹初始点相同)或者初始位置偏差较小时,整体的容错控制效果较好。但是,本书著者基于上述方法进行仿真研究时发现:AUV 初始状态越偏离于期望值(初始偏差越大),控制器输出的变化程度更加剧烈,一旦该控制器输出的变化程度超过推进器变化率饱和约束,跟踪误差越大,甚至会发生控制失效的问题。

下面分析产生上述问题的原因。现有的自适应容错控制方法是采用单闭环控制策略,即 AUV 实际轨迹与期望轨迹的偏差直接反馈至控制器中,控制器基于这个偏差,产生控制推进器的电压。在 AUV 初始状态越偏离于期望初始状态的情况下,基于单闭环控制策略的自适应容错控制器往往会将初始偏差等效为由于自身控制能力不足而产生的跟踪误差,进而误导自适应容错控制对不确定性项边界的上界的估计值进行调整,以增大控制系统的保守性(控制输出的幅值会大于所需推力)来换取对未知推进器故障的鲁棒性(抵抗故障对跟踪效果影响的能力)。基于单闭环控制策略的结果往往有如下表现。

自适应控制器会随着 AUV 初始偏差的增大而过度地调整其控制器参数(特别是在初期阶段),导致控制输出变化程度更加剧烈。该变化程度可能会超出推进器本身的输出响应(推进器变化率饱和约束),若长期处于该状态,AUV 系统的控制输入则不能对跟踪误差进行有效调节,跟踪误差由于没有得到有效控制,将逐渐向发散状态发展,而该发散的跟踪误差又会作用在控制器的输出上,进一步加剧控制输出产生急剧变化问题的严重性,最终导致控制完全失效。

针对上述问题及产生该问题的原因进行分析,本书提出一种基于虚拟闭环伴随系统的 AUV 容错控制方法。与现有的单闭环控制策略实现自适应容错控制的思路不同,本书从初始偏差转移的角度出发研究自适应容错控制问题,构建虚拟闭环伴随系统,在该虚拟闭环伴随系统中采用固定增益的控制器,避免出现单闭环控制策略的自适应容错控制系统因初始偏差出现控制参数误调整的问题;并将虚拟闭环伴随系统中的状态作为真实系统的“虚拟期望”,自适应容错控制器估计的输入是 AUV 真实状态与虚拟期望间的差值,而非真实跟踪误差;此外,基于真实系统与虚拟系统之间必然存在差异这一特性,采用神经网络的补偿控制器,弥补模型差异对 AUV 跟踪结果的影响,以实现大初始偏差下的 AUV 跟踪误差的指数收敛。

通过 ODIN AUV 仿真对比实验,对本书方法与传统基于单闭环控制策略的自适应容错控制方法进行对比实验,验证本书方法在跟踪误差及控制输出平滑方面的有效性。

AUV 工作在复杂的海洋环境中,自适应容错控制虽不需要故障诊断为其提供保障信息,但 AUV 作为一个系统而言,实时掌握故障发生与否,以及定量获取故障程度等信息有利于保障 AUV 的安全,如根据故障信息来实现轨迹的重新规划。关于故障信息的定量获取,目前已有多种方法,如残差法与故障重构方法等。故障重构方法由于其主要通过状态观测器实现故障信息的定量获取,在实时性上具有一定的优势。目前的 AUV 故障重构方法主要针对非容错控制这一情况,而自适应容错控制的补偿作用会削弱或隐藏推进器故障特征,导致原有的 AUV 故障重构方法的结果存在较大的偏差。因此,本书研究 AUV 自适应容错控制下的故障重构问题,以定量获取推进器故障信息。

AUV 领域关于故障重构的文献较少,本书先从其他(AUV 之外的)非线性系统的故障重构方法开始分析。

2007 年 Yan 等针对单关节机械手提出了基于滑模观测器和等效输出注入的故障重构方法,其中通过估计误差的线性项和符号项作为反馈律来设计观测器;2014 年 Veluvolu 等同样采用估计误差的线性项和符号项作为观测器的反馈律,针对单关节机械手,研究了基于等效输出注入的故障重构方法,该研究所得的结果并未对故障与模型不确定性、外部干扰进行分离;2015 年 Laghrouche 等基于文献给出的二阶滑模观测器结构和等效输出注入方法,研究了 PEM 燃料电池供气非线性系统的故障重构问题。针对 AUV 的故障重构问题,2014 年 Chu 等基于文献给出的观测器结构,提出了基于自适应终端滑模观测器的推进器故障重构方法,首先该方法通过两个神经网络对动力学模型中两个未知的非线性函数进行在线估计,然后利用自适应终端滑模观测器实现 AUV 状态估计误差的有限时间收敛,最后基于位置估计误差等效输出注入的方式获得 AUV 推进器故障估计值。

上述文献均是在固定增益的状态反馈控制下研究的故障重构问题,该固定增益的状态反馈控制器不会隐藏故障对控制效果的影响,因此上述文献的故障重构方法取得了较好的结果。然而,本书著者在直接基于文献的方法进行自适应容错控制下的推进器故障重构的仿真实验研究时发现:现有故障重构方法在自适应容错控制框架下,存在故障估计误差较大的问题。

接下来,分析产生上述问题的原因。自适应容错控制会削弱/隐藏推进器故障对控制效果(跟踪误差)的影响,进而导致现有的故障重构方法不能准确估计出故障。此外,在上述故障重构方法中,观测器的设计要么假定系统的动力学模型已知,要么直接全程采用神经网络来估计动力学模型。由于海流干扰,以及 AUV 自身各自由度的强耦合特性,难以建立一个准确的 AUV 动力学模型,若全程采用神经网络对 AUV 动力学模型的未知函数进行在线估计,该神经网络会学到含有故障信息的 AUV 动力学模型,进而影响故障重构的效果。在上述故障重构的研究中,大都只涉及加性故障,加性故障对动力学模型的影响与控制器输出无关,而在 AUV 领域,推进器故障往往是一种乘性故障,乘性故障对动力学模型的影响一般与控制器输出有关,进而导致现有故障重构方法在自适应容错控制框架下故障估计误差较大的问题。

针对现有故障重构方法在自适应容错控制框架下故障估计误差较大的问题,基于上述问题及原因分析,本书提出一种基于高阶滑模观测器的推进器故障重构方法。现有的故障重构方法的基本思路是以故障幅值有界为出发点,通过构建有限时间收敛的 AUV 状态观测器,从观测器的动态估计误差方程中采用等效输出注入的方式提取故障估计值。本书方法与现有的故障重构方法的基本思路不同,该方法以推进器故障幅值及变化率有界为出发点,其基本思路为:本书从高阶滑模角度研究故障重构问题,基于推进器故障幅值及变化率有界的特性,将观测器动态估计误差方程由二维扩展至含有故障估计误差的四维向量;此外,在推进器故障重构过程中,本书采用学习模型,以及模型参数传递的方式,先将故障发生前该学习的模型参数传递至观测器的神经网络模型中,避免观测器的神经网络模型学习到故障后的模型参数,提高推进器故障重构精度。

通过 ODIN AUV 仿真对比实验,对本书方法与现有故障重构方法的故障估计效果进行了对比实验,验证本书方法在自适应容错控制下故障重构方面的有效性。

3.1.1 AUV 推进器故障重构与自适应容错控制

AUV 自适应容错控制虽不需要故障诊断为其提供故障信息,但 AUV 作为一个系统而言，实时掌握故障发生与否，以及定量获取故障程度等信息有利于保障 AUV 的安全。在现有的故障诊断方法中，故障重构方法主要通过状态观测器来实现故障信息的定量获取，由于滑模观测器具有快速收敛的特性，因此基于滑模观测器的故障重构方法在实时性上具有一定的优势。所以，本项目研究采用的是基于滑模观测器的 AUV 故障重构方法。

在现有 AUV 故障重构方法中，典型的有基于终端滑模的 AUV 故障重构方法。本研究直接基于终端滑模观测器故障重构方法，进行自适应容错控制下的推进器故障重构的仿真研究时发现：该方法在自适应容错控制框架下，虽然 AUV 状态估计误差很小，但是通过误差等效输出注入方式获得的估计误差却较大，即给出的故障重构值严重偏离于推进器真实的故障值。

下面分析产生上述问题的原因。

通过分析该方法的实施过程及得到的实验数据，本研究认为产生上述问题的原因是：典型的故障重构方法是在固定增益的状态反馈控制器下研究的，固定增益的状态反馈控制器不会隐藏故障对控制效果的影响，而自适应容错控制器可通过在线调整自身控制器参数来削弱/隐藏推进器故障对控制效果（跟踪误差）的影响。此外，在 AUV 状态观测器的设计过程中，全程采用神经网络来估计 AUV 动力学模型的未知参数，在估计过程中，神经网络会学到推进器故障对 AUV 动力学模型的影响；进而会在观测器状态估计中，神经网络的估计值就含有推进器故障对 AUV 产生的影响，进一步隐藏推进器故障对观测器估计的影响，导致基于误差等效输出注入的故障重构方法的故障估计误差较大。综上，上述原因导致了在自适应容错控制框架下故障估计误差较大的问题。

基于上述分析，为实现自适应容错控制框架下准确的故障重构，本书提出一种基于高阶滑模观测器的推进器故障重构方法。

接下来，阐述本书关于推进器故障重构方法的基本思路。推进器故障影响往往是以故障损失程度与控制输出相乘的形式体现，由于故障损失程度，以及控制输出的幅值及变化率均有界，因此推进器故障影响亦有界。本研究以推进器故障影响的幅值及变化率有界为出发点，通过高阶滑模观测器的角度，即提高观测器的阶数研究故障重构问题。

在高阶滑模观测器的研究过程中，本研究通过 AUV 位姿、速度状态量设计观测器的反馈律，将观测器动态估计误差方程由二维扩展至含有故障估计误差的四维向量，并利用反馈律的非线性结构实现高阶滑模观测器的有限时间估计；在故障重构过程中，为避免观测器的神经网络模型学习到故障后的 AUV 推进器故障信息，本研究采用两个神经网络间的权值传递方式，将故障发生前的学习型神经网络权值传递至观测器的神经网络中，以提高推进器故障重构精度。

下面是本研究方法与典型故障重构方法的不同之处。典型故障重构方法是以故障幅值有界为出发点，仅根据 AUV 位置估计误差的符号函数，以及分数幂函数设计观测器的反馈律，并全程采用神经网络来估计 AUV 动力学模型中的未知函数，实现 AUV 状态估计误差的有限时间收敛，再从观测器的动态估计误差方程中采用等效输出注入的方式提取故障估计值。本研究方法与典型方法的技术路线不同。本研究方法是以推进器故障幅值及变化率有界为出发点，通过位置和速度估计误差的比例项、符号项或分数幂项及前三项各自的积分项来设计观测器反馈律,并通过反馈律中的积分项将状态估计误差动态方程由二维向量扩展至含有故障估计误差的四维向量,实现状态估计误差的有限时间收敛;此外,本研究在 AUV 控制闭环系统和故障重构系统之外,还搭建了一个基于回归型神经网络的 AUV 动力学模型,在故障发生前,将该模型中的参数传递至观测器估计系统中,以避免神经网络学习了含故障的 AUV 动力学映射关系,导致隐藏推进器的故障系数。

下面是本研究方法的具体实现过程及理论分析。

1. 高阶滑模观测器设计

本节主要阐述高阶滑模观测器设计的过程。首先通过 AUV 状态量的线性转换,AUV 动力学模型中的非零特征矩阵转换为零特征矩阵;然后通过观测器反馈律的设计达到有限时间收敛的目的。

(1)对 AUV 状态量进行线性转换

本小节直接参考典型方法中采用的线性转换方法对 AUV 状态量进行线性转换,为后续构建具有有限时间收敛特性的高阶滑模观测器做准备,实现方法简述如下。

AUV 模型中的位置和速度可按式(3-1)进行线性转换,即

$$\boldsymbol{\zeta}=\boldsymbol{T}[\boldsymbol{\eta};\dot{\boldsymbol{\eta}}]^{\mathrm{T}} \tag{3-1}$$

式中,$\boldsymbol{T}=\begin{bmatrix}\boldsymbol{I}_{6\times6} & \boldsymbol{O}_{6\times6}\\ -\boldsymbol{T}_2 & \boldsymbol{I}_{6\times6}\end{bmatrix}$。

通过式(3-1)的变换,AUV 动力学模型可以转换成如下形式:

$$\dot{\boldsymbol{\zeta}}=\boldsymbol{A\zeta}+\overline{\boldsymbol{F}}(\boldsymbol{\zeta}_1,\boldsymbol{\zeta}_2)-\bar{\boldsymbol{f}}_{\mathrm{th}}+\overline{\boldsymbol{G}}\boldsymbol{u} \tag{3-2}$$

其中,$\boldsymbol{\zeta}=[\boldsymbol{\zeta}_1^{\mathrm{T}}\quad\boldsymbol{\zeta}_2^{\mathrm{T}}]^{\mathrm{T}}$;$\boldsymbol{A}=\begin{bmatrix}\boldsymbol{T}_2 & \boldsymbol{I}_{6\times6}\\ -\boldsymbol{T}_2^2 & -\boldsymbol{T}_2\end{bmatrix}\in\mathbf{R}^{12\times12}$;$\boldsymbol{T}_2=\mathrm{diag}\{a_1,a_2,\cdots,a_6\}$,$a_i$ 为正常数;$\overline{\boldsymbol{F}}(\boldsymbol{\zeta}_1,\boldsymbol{\zeta}_2)=\begin{bmatrix}0\\ \boldsymbol{F}(\boldsymbol{\eta},\dot{\boldsymbol{\eta}},\boldsymbol{V}_{\mathrm{c}})\end{bmatrix}$;$\bar{\boldsymbol{f}}_{\mathrm{th}}=\begin{bmatrix}0\\ \boldsymbol{f}_{\mathrm{th}}\end{bmatrix}$;$\overline{\boldsymbol{G}}=\begin{bmatrix}0\\ \boldsymbol{G}\end{bmatrix}$。其中,$\boldsymbol{I}_{6\times6}$和 $\boldsymbol{O}_{6\times6}$分别为六阶单位阵和零矩阵。

(2)构建高阶滑模观测器

AUV 状态量进行线性转换后,就需要构建高阶滑模观测器。构建高阶滑模观测器的目的是实现 AUV 状态估计误差达到有限时间收敛,同时重构出 AUV 推进器故障。本节主要阐述本研究所设计的高阶滑模观测器结构。

下面是本研究高阶滑模观测器设计的思路。与典型观测器结构中反馈律仅含位置估计误差的比例项、符号项及分数幂项不同,为提高自适应容错控制框架下 AUV 推进器故障重构的精度,本研究方法通过位置和速度估计误差的比例项、符号项或分数幂项及前三项各自的积分项来设计观测器反馈律,并通过反馈律中的积分项,将状态估计误差动态方程由二维向量扩展至含有故障估计误差的四维向量。

基于上述思路,本研究所构建的高阶滑模观测器结构如式(3-3)所示:

$$\begin{aligned}\dot{\hat{\boldsymbol{\zeta}}}_1&=\boldsymbol{T}_2\hat{\boldsymbol{\zeta}}_1+\hat{\boldsymbol{\zeta}}_2+\boldsymbol{\mu}_1\\ \dot{\hat{\boldsymbol{\zeta}}}_2&=-\boldsymbol{T}_2^2\hat{\boldsymbol{\zeta}}_1-\boldsymbol{T}_2\hat{\boldsymbol{\zeta}}_2+\hat{\boldsymbol{F}}(\hat{\boldsymbol{\zeta}}_1,\hat{\boldsymbol{\zeta}}_2)+\boldsymbol{G}(\boldsymbol{\zeta}_1)\boldsymbol{u}+\boldsymbol{\mu}_2\end{aligned} \tag{3-3}$$

其中，$\hat{\zeta}_1$ 和 $\hat{\zeta}_2$ 为 ζ_1 和 ζ_2 的估计值；$\hat{F}(\hat{\zeta}_1,\hat{\zeta}_2)$ 是从学习神经网络接收权值后给出的 AUV 动力学模型未知函数估计值；$\boldsymbol{\mu}_1$ 和 $\boldsymbol{\mu}_2$ 为本研究所设计的观测器反馈律，由位置和速度估计误差的比例项、符号项或分数幂项及前三项各自的积分项构成，其具体形式如式(3－4)所示：

$$\begin{aligned}\boldsymbol{\mu}_1 &= -(\boldsymbol{L}_1+\boldsymbol{k}_b)\boldsymbol{\Delta}_1-\boldsymbol{k}_a|\boldsymbol{\Delta}_1|^{0.5}\mathrm{sign}(\boldsymbol{\Delta}_1)-\int(\boldsymbol{k}_c\boldsymbol{\Delta}_1+\boldsymbol{k}_d\mathrm{sign}(\boldsymbol{\Delta}_1)+\\&\quad\boldsymbol{k}_e|\boldsymbol{\Delta}_1|^{0.5}\mathrm{sign}(\boldsymbol{\Delta}_1))\mathrm{d}t-\boldsymbol{L}_3\mathrm{inv}(\boldsymbol{P}_2)\int(\boldsymbol{k}_c+\boldsymbol{k}_d+\boldsymbol{k}_e)\boldsymbol{\Delta}_2\mathrm{d}t\\\boldsymbol{\mu}_2 &= -\boldsymbol{L}_2\boldsymbol{\Delta}_1-\boldsymbol{k}_1|\boldsymbol{\Delta}_2|^{0.5}\mathrm{sign}(\boldsymbol{\Delta}_2)-\boldsymbol{k}_2\boldsymbol{\Delta}_2-\\&\quad\int(\boldsymbol{k}_3\boldsymbol{\Delta}_2+\boldsymbol{k}_4\mathrm{sign}(\boldsymbol{\Delta}_2)+\boldsymbol{k}_5|\boldsymbol{\Delta}_2|^{0.5}\mathrm{sign}(\boldsymbol{\Delta}_2))\mathrm{d}t-\boldsymbol{L}_3\mathrm{inv}(\boldsymbol{P}_2)\cdot\\&\quad\int(\boldsymbol{k}_c\boldsymbol{\Delta}_1+\boldsymbol{k}_d\mathrm{sign}(\boldsymbol{\Delta}_1)+\boldsymbol{k}_e|\boldsymbol{\Delta}_1|^{0.5}\mathrm{sign}(\boldsymbol{\Delta}_1))\mathrm{d}t\end{aligned}\tag{3-4}$$

其中，$\boldsymbol{k}_a$，$\boldsymbol{k}_b$，$\boldsymbol{k}_c$，$\boldsymbol{k}_d$，$\boldsymbol{k}_e$，$\boldsymbol{k}_1$，$\boldsymbol{k}_2$，$\boldsymbol{k}_3$，$\boldsymbol{k}_4$，$\boldsymbol{k}_5$，$\boldsymbol{L}_1$，$\boldsymbol{L}_2$，$\boldsymbol{L}_3$ 均为正定对角阵；$\boldsymbol{\Delta}_1=\hat{\zeta}_1-\zeta_1$；$\boldsymbol{\Delta}_2=\hat{\zeta}_2-\zeta_2$。

2. 推导故障重构方法

在获得上述 AUV 状态观测器之后，本小节主要阐述故障重构方法。

下面是本研究关于故障重构的思路。与依据观测器估计误差有限时间收敛于零，再利用等效输出注入的方式获得故障估计值的路线不同，本研究方法在先获得观测器估计误差动态方程之后，通过本研究反馈律中的积分项，将状态估计误差动态方程由二维向量扩展至含有故障估计误差的四维向量，通过获得扩展后的四维估计误差的有限时间收敛，即可推出故障重构表达式。

基于上述思路，本研究故障重构方法的具体实现过程如下。

首先，基于上述得到的自适应滑模观测器，推导观测器估计误差的动态方程。将本研究所构建的高阶滑模观测器式(3－3)和 AUV 动力学模型转换后的二阶动力学方程式(3－2)相减，得到观测器估计误差动态方程，如式(3－5)所示：

$$\begin{aligned}\boldsymbol{\Delta}_1 &= (\boldsymbol{T}_2-\boldsymbol{L}_1)\boldsymbol{\Delta}_1+\boldsymbol{\Delta}_2-\boldsymbol{k}_b\boldsymbol{\Delta}_1-\boldsymbol{k}_a|\boldsymbol{\Delta}_1|^{0.5}\mathrm{sign}(\boldsymbol{\Delta}_1)-\\&\quad\int(\boldsymbol{k}_c\boldsymbol{\Delta}_1+\boldsymbol{k}_d\mathrm{sign}(\boldsymbol{\Delta}_1)+\boldsymbol{k}_e|\boldsymbol{\Delta}_1|^{0.5}\mathrm{sign}(\boldsymbol{\Delta}_1))\mathrm{d}t-\boldsymbol{L}_3\mathrm{inv}(\boldsymbol{P}_2)\int(\boldsymbol{k}_c+\boldsymbol{k}_d+\boldsymbol{k}_e)\boldsymbol{\Delta}_2\mathrm{d}t\\\boldsymbol{\Delta}_2 &= -(\boldsymbol{T}_2^2+\boldsymbol{L}_2)\boldsymbol{\Delta}_1-\boldsymbol{T}_2\boldsymbol{\Delta}_2+\hat{\boldsymbol{F}}(\hat{\zeta}_1,\hat{\zeta}_2)-\boldsymbol{F}(\zeta_1,\zeta_2)-\boldsymbol{k}_1|\boldsymbol{\Delta}_2|^{0.5}\mathrm{sign}(\boldsymbol{\Delta}_2)-\\&\quad\int(\boldsymbol{k}_3\boldsymbol{\Delta}_2+\boldsymbol{k}_4\mathrm{sign}(\boldsymbol{\Delta}_2))\mathrm{d}t-\boldsymbol{k}_2\boldsymbol{\Delta}_2+\boldsymbol{f}_{th}-\int\boldsymbol{k}_5|\boldsymbol{\Delta}_2|^{0.5}\mathrm{sign}(\boldsymbol{\Delta}_2)\mathrm{d}t-\boldsymbol{L}_3\mathrm{inv}(\boldsymbol{P}_2)\cdot\\&\quad\int(\boldsymbol{k}_c\boldsymbol{\Delta}_1+\boldsymbol{k}_d\mathrm{sign}(\boldsymbol{\Delta}_1)+\boldsymbol{k}_e|\boldsymbol{\Delta}_1|^{0.5}\mathrm{sign}(\boldsymbol{\Delta}_1))\mathrm{d}t\end{aligned}\tag{3-5}$$

然后，根据观测器反馈律中的积分项和故障变化率有界的特性，将式(3－5)的二维动态方程扩展四维动态方程，如式(3－6)所示，即在式(3－5)中增加两个变量，利用该变量将各等式的积分项扩展为该变量的动态方程，如式(3－6)中第二、四个等式所示：

$$
\begin{cases}
\dot{\boldsymbol{\Delta}}_1 = (\boldsymbol{T}_2 - \boldsymbol{L}_1)\boldsymbol{\Delta}_1 + \boldsymbol{\Delta}_2 - \boldsymbol{k}_a |\boldsymbol{\Delta}_1|^{0.5}\text{sign}(\boldsymbol{\Delta}_1) - \boldsymbol{k}_b\boldsymbol{\Delta}_1 + \boldsymbol{\varphi}_1 \\
\dot{\boldsymbol{\varphi}}_1 = -\boldsymbol{k}_c\boldsymbol{\Delta}_1 - \boldsymbol{k}_d\text{sign}(\boldsymbol{\Delta}_1) - \boldsymbol{k}_e|\boldsymbol{\Delta}_1|^{0.5}\text{sign}(\boldsymbol{\Delta}_1) - \\
\qquad \boldsymbol{L}_3\text{inv}(\boldsymbol{P}_2)(\boldsymbol{k}_c + \boldsymbol{k}_d + \boldsymbol{k}_e)\boldsymbol{\Delta}_2 \\
\dot{\boldsymbol{\Delta}}_2 = -(\boldsymbol{T}_2^2 + \boldsymbol{L}_2)\boldsymbol{\Delta}_1 - \boldsymbol{T}_2\boldsymbol{\Delta}_2 + \hat{\boldsymbol{F}}(\hat{\boldsymbol{\zeta}}_1, \hat{\boldsymbol{\zeta}}_2) - \boldsymbol{F}(\boldsymbol{\zeta}_1, \boldsymbol{\zeta}_2) - \\
\qquad \boldsymbol{k}_1|\boldsymbol{\Delta}_2|^{0.5}\text{sign}(\boldsymbol{\Delta}_2) - \boldsymbol{k}_2\boldsymbol{\Delta}_2 + \boldsymbol{\varphi}_2 \\
\dot{\boldsymbol{\varphi}}_2 = \dot{\boldsymbol{f}}_{th} - \boldsymbol{k}_3\boldsymbol{\Delta}_2 - \boldsymbol{k}_4\text{sign}(\boldsymbol{\Delta}_2) - \boldsymbol{k}_5|\boldsymbol{\Delta}_2|^{0.5}\text{sign}(\boldsymbol{\Delta}_2) - \\
\qquad \boldsymbol{L}_3\text{inv}(\boldsymbol{P}_2)(\boldsymbol{k}_c\boldsymbol{\Delta}_1 + \boldsymbol{k}_d\text{sign}(\boldsymbol{\Delta}_1) + \boldsymbol{k}_e|\boldsymbol{\Delta}_1|^{0.5}\text{sign}(\boldsymbol{\Delta}_1))
\end{cases}
\tag{3-6}
$$

最后，在得到四维动态方程后，接下来的主要任务为论证上述四维变量的有限时间收敛特性。若能论证式(3－6)中的四个变量 $\dot{\boldsymbol{\varphi}}_1$，$\dot{\boldsymbol{\Delta}}_1$，$\dot{\boldsymbol{\varphi}}_2$ 和 $\dot{\boldsymbol{\Delta}}_2$ 均能在有限时间内收敛至很小的范围，即可得到推进器故障重构值，如式(3－7)所示：

$$
\hat{\boldsymbol{f}}_{th} = \int(\boldsymbol{k}_3\boldsymbol{\Delta}_2 + \boldsymbol{k}_4\text{sign}(\boldsymbol{\Delta}_2))\text{d}t + \int\boldsymbol{k}_5|\boldsymbol{\Delta}_2|^{0.5}\text{sign}(\boldsymbol{\Delta}_2)\text{d}t + \boldsymbol{L}_3\text{inv}(\boldsymbol{P}_2) \cdot
\int(\boldsymbol{k}_c\boldsymbol{\Delta}_1 + \boldsymbol{k}_d\text{sign}(\boldsymbol{\Delta}_1) + \boldsymbol{k}_e|\boldsymbol{\Delta}_1|^{0.5}\text{sign}(\boldsymbol{\Delta}_1))\text{d}t \tag{3-7}
$$

通过 ODIN AUV 的仿真实验，对比本研究所提出的基于高阶滑模观测器的 AUV 推进器故障重构方法与典型的故障重构方法的仿真效果，来验证本研究方法的有效性。

3. 仿真对比实验论证

为验证本研究所提出方法的有效性，本研究在模拟海流的环境下，利用 ODIN AUV 进行三维轨迹跟踪控制仿真实验，针对本研究所提出的基于虚拟闭环伴随系统的 AUV 容错控制方法与典型的基于神经网络的 AUV 直接自适应容错控制方法进行对比仿真验证，同时针对本研究所提出的基于高阶滑模观测器的推进器故障重构方法和典型的基于终端滑模 AUV 推进器故障重构方法进行对比仿真验证。

(1) ODIN AUV 简要介绍

本研究选用 ODIN AUV 作为仿真实验载体。ODIN AUV 是开架式 AUV 中的一个典型代表，目前该 AUV 已在多篇文献中作为研究对象进行仿真实验。ODIN AUV 水平面和垂直面均有四个推进器，设定其推力输出极限值为 ±200 N，初始位置设定为 $\eta(0) = [1,1,-1,\pi/18,\pi/18,2\pi/9]$；初始速度设定为 $\dot{\eta}(0) = [0.2,0.2,0.2,0.2,0.2,0.2]$。

(2) 海流干扰模拟

基于典型的海流模拟方法，本研究采用一阶高斯－马尔科夫过程来模拟海流，具体表达如式(3－8)所示：

$$
\dot{\boldsymbol{V}}_c + \mu_c\boldsymbol{V}_c = \boldsymbol{\omega}_c \tag{3-8}
$$

其中，$\boldsymbol{V}_c$ 为模拟的海流；$\mu_c = 3$；$\boldsymbol{\omega}_c$ 为均值为 1.5，方差为 1 的高斯白噪声；海流所涉及的两个角度为 β_c 和 α_c，其中 β_c 是由均值为 0，方差为 50 的高斯白噪声的积分所得；$\alpha_c = \beta_c/2$。

(3) 推进器故障模拟

推进器故障形式一般包括缓变故障、突变故障及间歇故障等。本研究直接采用某文献给出的三种不同推进器故障模拟方式进行仿真实验，具体形式如式(3－9)所示。其中，故障发生的位置为推进器 T1，故障发生时间为仿真开始后的第 70 s，持续至仿真结束。

$$k_{11}=\begin{cases}0 & t<70\\ \dfrac{0.29}{80}(t-70)+0.01\sin\left(\dfrac{\pi}{5}(t-70)\right) & 70\leqslant t<150\\ 0.29+0.01\sin\left(\dfrac{\pi}{10}(t-150)\right) & t\geqslant 150\end{cases}\tag{3-9(a)}$$

$$k_{11}=\begin{cases}0 & t<70\\ 0.2 & 70\leqslant t<120\\ 0 & 120\leqslant t<150\\ 0.4 & 150\leqslant t\end{cases}\tag{3-9(b)}$$

$$k_{11}=\begin{cases}0 & t<70\\ f & t\geqslant 70\end{cases}\tag{3-9(c)}$$

（4）参数的选择方法

本研究方法涉及多个参数，参数选取的结果直接影响控制效果，下面简要介绍各参数的选择方法。

①路径参考模型中的参数选择

参考相关文献，本研究构建的路径参考模型中的参数如下：

$$\omega_{\mathrm{n}}=3,\quad \xi=0.8$$

②RBF 神经网络估计部分的参数选择

参考相关文献，得到的具体参数的输入层、隐层和输出层节点数分别为 12，30，12；隐层到输出层之间的权值 W 的初值为 0；径向基函数的宽度为 0.1；中心为[-0.1，0.1]的均匀分布。

③观测器的参数选择

参考相关文献，选择观测器中状态量线性转换部分的参数，再根据 LMI 工具箱计算出正定阵 $\boldsymbol{P}$，$\boldsymbol{L}_1$ 及 $\boldsymbol{L}_2$ 的值。观测器中具体参数如下：

$$\boldsymbol{P}=1.5\cdot\begin{bmatrix}17.4178\boldsymbol{I}_{6\times6} & 0.8662\boldsymbol{I}_{6\times6}\\ 0.8662\boldsymbol{I}_{6\times6} & 1.9730\boldsymbol{I}_{6\times6}\end{bmatrix},\Lambda_{\mathrm{k}}=1/34.0663,\Lambda_{\mathrm{w}}=5,$$

$$\boldsymbol{L}_1=2.5\boldsymbol{I}_{6\times6},\boldsymbol{L}_2=-0.222\boldsymbol{I}_{6\times6},\boldsymbol{P}_1=1.1546\boldsymbol{I}_{6\times6},\boldsymbol{P}_2=1.4845\boldsymbol{I}_{6\times6},$$

$$\boldsymbol{k}_{\mathrm{a}}=4\boldsymbol{P}_1,k_{\mathrm{c}}=25,\boldsymbol{k}_{\mathrm{b}}=1.5(\boldsymbol{T}_2-\boldsymbol{L}_1)+0.3\boldsymbol{I}_{6\times6},k_{\mathrm{d}}=0.25\times0.5,k_{\mathrm{e}}=50,W_1=1,$$

$$\boldsymbol{k}_{10}=6\boldsymbol{P}_2,\ \boldsymbol{k}_3=20\boldsymbol{I}_{6\times6},\boldsymbol{k}_{20}=-0.1\boldsymbol{T}_2+0.02\boldsymbol{I}_{6\times6},\boldsymbol{k}_4=10\boldsymbol{I}_{6\times6},\boldsymbol{k}_5=5\boldsymbol{k}_1\boldsymbol{k}_2,W_2=4.5,$$

$$\boldsymbol{L}_3=\boldsymbol{I}_{6\times6},\hat{\boldsymbol{\xi}}_1(0)=[2,\ 2,\ -2,\ \pi/9,\ \pi/9,\ 2\pi/9],\hat{\boldsymbol{\xi}}_2(0)=[0.4,0.4,0.4,0.4,0.4,0.4]$$

④控制器内部的参数选择

参考相关文献，采用试凑的方式选择控制器参数，即先选用较小的参数，获得仿真结果后，再根据跟踪误差对控制器内部的参数进行调整，最终确定控制器内部的参数如下：

$$\lambda_{\varphi}=0.2,\ \boldsymbol{K}_{\mathrm{p1}}=\mathrm{diag}(30,\ 30,\ 30,\ 70,\ 70,\ 70),$$

$$\boldsymbol{K}_{\mathrm{i1}}=\mathrm{diag}(2.5,\ 2.5,\ 2.5,\ 2.5,\ 2.5,\ 2.5),$$

$$\boldsymbol{K}_{\mathrm{p2}}=\mathrm{diag}(400,\ 400,\ 400,\ 8100,\ 8100,\ 8100),$$

$$K_{d2}=\mathrm{diag}(10,\ 10,\ 10,\ 10,\ 10,\ 10),$$
$$K_{i2}=\mathrm{diag}(2.5,\ 2.5,\ 2.5,\ 2.5,\ 2.5,\ 2.5)$$

广义饱和函数的表达形式如式(3－10)所示：

$$s_a(\chi)=s_p(\chi)=\begin{cases}\chi & |\chi|\leqslant L_p\\ \mathrm{sign}(\chi)L_p+(M_p-L_p)\tanh\left(\dfrac{\chi-\mathrm{sign}(\chi)L_p}{M_p-L_p}\right) & |\chi|>L_p\end{cases}\tag{3-10}$$

与上述参数选择方式相似，在广义饱和函数参数的选取上，最终确定的参数如下。

在 $s_a(\hat{\chi})$ 中，L_p 和 M_p 分别为 1 和 2；在函数 $s_p(K_{p1}e_{s1}+K_{i1}\int e_{s1}\mathrm{d}t)$ 和 $s_p(K_{i1}\int e_{s1}\mathrm{d}t)$ 中，L_p 和 M_p 分别为[2, 2, 2, 3, 3, 3]，[3, 3, 3, 5, 5, 5] 和 [4, 4, 4, 6, 6, 6]，[6, 6, 6, 10, 10, 10]；在函数 $s_p(K_{p2}e_{s1}+K_{d2}e_{s2}+K_{i2}\int e_{s1}\mathrm{d}t)$ 和 $s_p(K_{p2}e_{s1}+K_{d2}e_{s2}+K_{i2}\int e_{s2}\mathrm{d}t+K_{i2}\int e_{s1}\mathrm{d}t)$ 中，L_p 和 M_p 分别为[3, 3, 3, 7, 7, 7]，[4, 4, 4, 10, 10, 10] 和 [7.5, 7.5, 7.5, 17.5, 17.5, 17.5]，[10, 10, 10, 25, 25, 25]。

⑤期望路径

参考相关文献，设定跟踪直线轨迹期望路径如式(3－11)所示：

$$r_{com}=\begin{cases}[1.5+0.2t,\ -2,\ -2,0,0,0] & t\leqslant 100\\ [21.5,\ -2+0.2(t-100),\ -2,0,0,0] & 100<t\leqslant 150\\ [21.5+0.2(t-150),8,\ -2,0,0,0] & t>150\end{cases}\tag{3-11}$$

(5)故障重构对比实验结果

本研究将从以下两方面来论证所提出方法的有效性：

一是 AUV 容错控制方法的对比仿真验证；

二是 AUV 推进器故障重构方法的对比仿真验证。

为验证本研究所提出的基于高阶滑模观测器的 AUV 故障重构方法在提高自适应容错控制框架下的 AUV 推进器故障估计精度方面的有效性，采用文献[12]提出的基于终端滑模观测器的 AUV 推进器故障重构方法(如式(3－12)所示)与本研究方法进行对比仿真实验。在仿真实验过程中，推进器 T1 在第 70 s 处发生 30% 推力损失缓变故障，持续至仿真结束。

$$\begin{cases}\dot{\hat{\zeta}}_1=T_2\hat{\zeta}_1+\hat{\zeta}_2-L_1\Delta_1-\alpha\mathrm{sign}(\Delta_1)\\ \dot{\hat{\zeta}}_2=-T_2\cdot T_2\hat{\zeta}_1-T_2\hat{\zeta}_2+\hat{F}(\hat{\zeta}_1,\hat{\zeta}_2)+G(\zeta_1)u-\beta(\Delta_1)^{\frac{q}{p}}\end{cases}\tag{3-12(a)}$$

$$\hat{f}_{th}=-\beta|\Delta_1|^{\frac{q}{p}}\frac{\Delta_1}{\|\Delta_1\|+0.05}\tag{3-12(b)}$$

其中，$T_2=I_{6\times6}$；$L_1=2.5I_{6\times6}$；$L_2=-0.222I_{6\times6}$；$P_2=1.4845I_{6\times6}$；$\beta=2P_2^{(-3/7)}$；$\alpha=0.5$；$q=1$；$p=7$。

本研究方法和典型的基于终端滑模观测器的 AUV 故障重构方法在推进器 T1 发生 30% 推力损失缓变故障的情况下位置估计误差和故障重构结果如图 3－1 和图 3－2 所示。

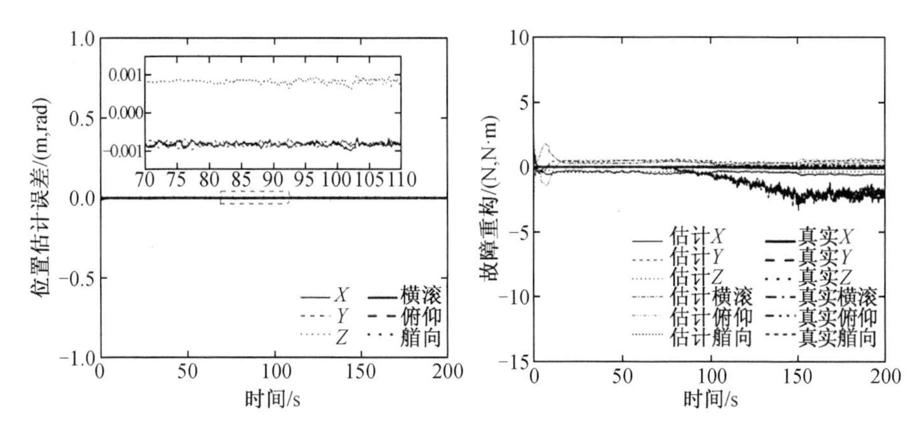

图 3-1 本研究方法位置估计误差和故障重构结果图

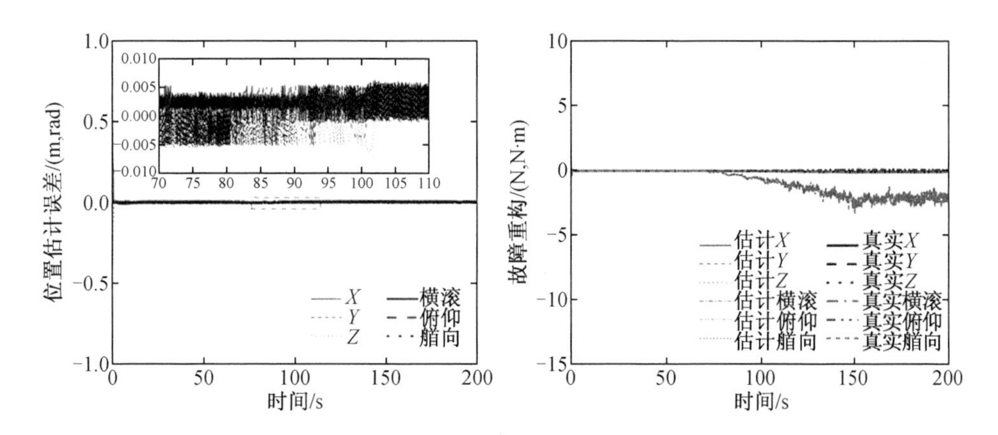

图 3-2 文献典型位置估计误差和故障重构结果图

本研究采用绝对估计误差均值、均方差来衡量观测器状态估计效果;采用故障发生后的故障重构绝对误差均值、均方差来衡量故障重构效果。

为方便分析以上问题,将图 3-1 和图 3-2 中的观测器的绝对估计误差均值、均方差,故障发生后故障重构的绝对估计误差均值、均方差等数据整理至表 3-1 中。

表 3-1 30%推进器缓变故障下两种不同方法的对比结果

		观测器的绝对估计误差		故障发生后故障重构的绝对估计误差	
		均值	均方差	均值	均方差
本研究方法	X/m	0.001 5	$0.364\ 5\times10^{-3}$	0.426 6	0.007 0
	Y/m	0.001 5	$0.364\ 6\times10^{-3}$	0.481 9	0.007 0
	Z/m	0.001 5	$0.359\ 5\times10^{-3}$	0.378 2	0.000 0
	横滚/rad	0.000 9	$0.006\ 9\times10^{-3}$	0.309 7	0.012 5
	俯仰/rad	0.000 9	$0.007\ 0\times10^{-3}$	0.346 8	0.013 1
	艏向/rad	0.000 8	$0.001\ 2\times10^{-3}$	0.155 3	0.021 5

表 3-1(续)

		观测器的绝对估计误差		故障发生后故障重构的绝对估计误差	
		均值	均方差	均值	均方差
传统方法	X/m	0.004 7	0.001 8	0.039 1	0.000 7
	Y/m	0.004 6	0.001 8	0.056 4	0.001 0
	Z/m	0.004 1	0.001 5	0.011 2	0.000 1
	横滚/rad	0.002 8	0.000 1	0.057 6	0.001 3
	俯仰/rad	0.002 8	0.000 1	0.069 9	0.001 2
	艏向/rad	0.003 0	0.000 1	1.410 4	0.596 0

从观测器的绝对估计误差、故障发生后故障重构绝对估计误差两方面对比分析本研究方法与典型基于终端滑模观测器的 AUV 故障重构方法的仿真结果。

①从观测器的绝对估计误差方面分析

从表 3-1 可以看出,本研究方法相比于典型基于终端滑模观测器的 AUV 故障重构方法,在 X, Y, Z, 横滚,俯仰,艏向六个自由度方向上,绝对估计误差均值分别降低了 68.09%,67.39%,63.42%,67.86%,67.86%,73.33%;绝对估计误差的均方差分别降低了 79.75%,79.74%,76.03%,93.10%,93.00%,98.80%。

②从故障发生后故障重构绝对估计误差方面分析

从图 3-1 和图 3-2 中真实的 AUV 故障大小可以看出,推进器 T1 故障的影响主要集中在艏向,其余自由度虽有影响,但影响很小。由表 3-1 可知,本研究方法在艏向自由度上的故障重构的绝对估计误差为 0.155 3;典型的基于终端滑模观测器的 AUV 故障重构方法在艏向自由度上的故障重构的绝对估计误差为 1.410 4,远大于本研究方法的结果。同时从图 3-2 可以看出,典型的基于终端滑模观测器的 AUV 故障重构方法不能跟随推进器故障对艏向自由度的影响。

本研究方法的不足是在除艏向自由度外的故障重构的绝对估计误差要大于典型的基于终端滑模观测器的 AUV 故障重构方法的结果,但本研究方法的故障重构的绝对估计误差仍均低于 0.5。

综上,在推进器 T1 发生 30% 推力损失缓变故障下,相比于典型的基于终端滑模观测器的 AUV 故障重构方法,在受推进器 T1 故障影响较大的自由度上,本研究方法的故障重构的绝对估计误差要显著低于对比方法的结果。但是在受推进器 T1 故障影响较小的自由度上,本研究方法的故障重构的绝对估计构误差要略大。

此外,为了能够充分说明本研究方法在跟踪误差和故障重构方面的有效性,本研究还进行了推进器 T1 分别发生间歇故障、20% 突变故障以及 40% 突变故障情况下的仿真实验,图 3-3 至图 3-5 为本研究方法的仿真结果。

a. 从跟踪误差方面分析

从图 3-3 至图 3-5,本研究方法在推进器 T1 间歇故障、20% 突变故障以及 40% 突变故障的情况下,其方法均具有与图 3-1 中跟踪误差相似的结果(故障发生后的最大跟踪误差低于0.002,精度较高)。以上说明本研究所提出的基于虚拟闭环伴随系统的容错控制方法在容纳未知推进器故障方面的有效性。

b.从故障重构方面分析

从图3－3至图3－5中真实的故障影响可以看出,本研究仿真所模拟的推进器T1故障对艏向自由度的影响较大,对其余自由度的影响较小(大小在0.5以内),本研究方法在艏向上的故障重构的绝对估计误差均值在0.15左右,而典型的基于终端滑模观测器的AUV故障重构方法在艏向上的故障重构的绝对估计误差均值在1.4以上。与典型的基于终端滑模观测器的AUV故障重构方法相比,本研究方法在受推进器T1故障对艏向影响较大的自由度上,故障重构的绝对估计误差要显著低于对比方法的结果。

本研究方法在受推进器T1故障影响较小的自由度上的故障重构的绝对估计误差略大,但在这些自由度上的重构结果(维持在[－1,1]内)仍与受推进器T1故障影响较大的自由度上的故障重构结果(维持在2以上)有较明显的区分,因此可以通过选定阈值的方法来避免出现误诊。

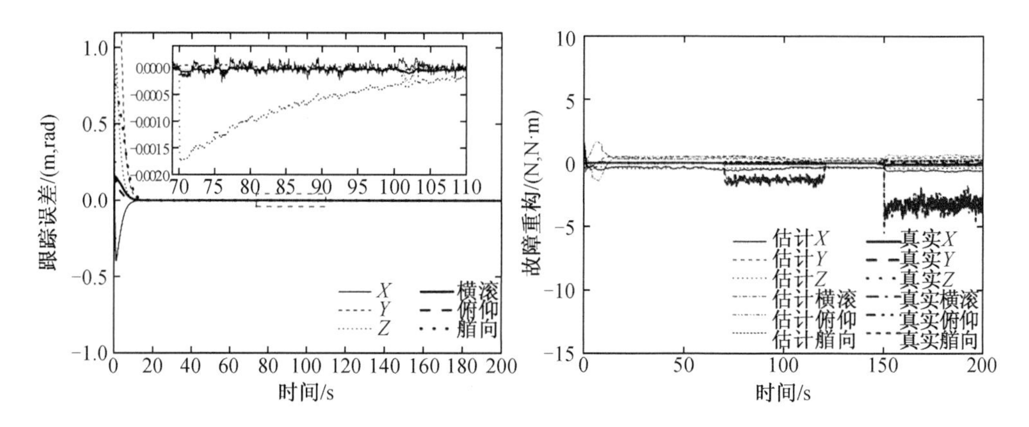

图3－3　推进器T1间歇故障下本研究方法的跟踪误差和故障重构效果

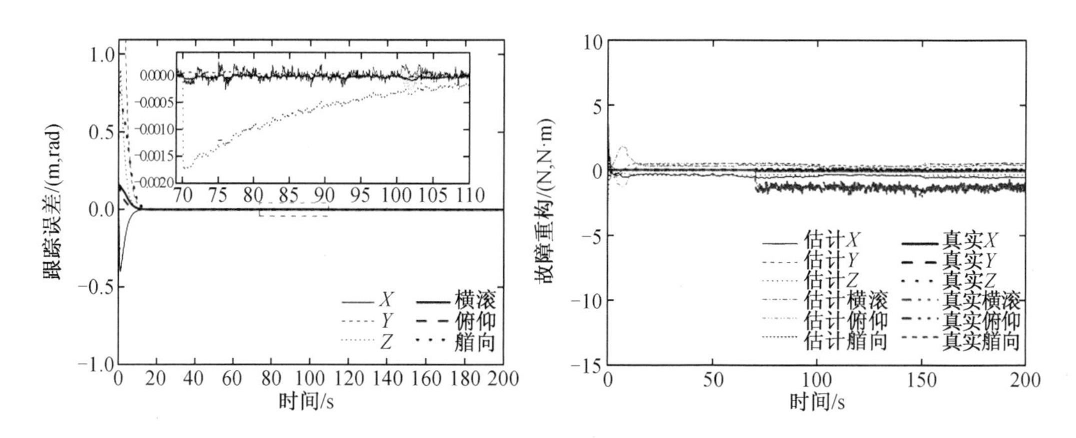

图3－4　推进器T1在20%突变故障下本研究方法的跟踪误差和故障重构效果

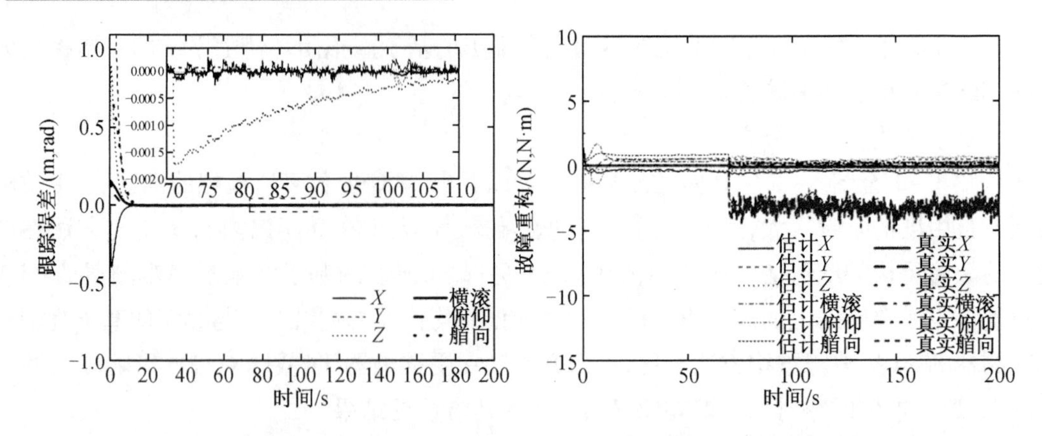

图 3-5　推进器 T1 在 40%突变故障下本研究方法的跟踪误差和故障重构效果

(6)容错控制对比实验结果

为验证本研究所提出的基于虚拟闭环伴随系统的 AUV 容错控制方法在提高 AUV 跟踪精度以及降低控制输出抖振方面的有效性,本研究采用典型的基于神经网络的 AUV 自适应容错控制方法进行对比仿真实验。

在仿真实验过程中,推进器 T1 在第 70 s 处发生 30% 推力损失缓变故障,持续至仿真结束。

$$\boldsymbol{u}=[\boldsymbol{O}_{6\times8}\quad \boldsymbol{G}]^{+}(\boldsymbol{A}_{\mathrm{r}}\boldsymbol{x}_{\mathrm{r}}+\boldsymbol{B}_{\mathrm{r}}\boldsymbol{r}-\boldsymbol{F}_{0}(\boldsymbol{\eta},\dot{\boldsymbol{\eta}})-\boldsymbol{\varphi}\mathrm{sat}(\boldsymbol{x}_{\mathrm{e}}))-\boldsymbol{G}^{+}\widetilde{\boldsymbol{F}}^{\mathrm{e}}(\boldsymbol{\eta},\dot{\boldsymbol{\eta}}) \tag{3-13(a)}$$

$$\begin{cases}\dot{\boldsymbol{W}}=-a_1\cdot \boldsymbol{s}\boldsymbol{Q}^{\mathrm{T}}\\ \dot{\boldsymbol{V}}=-a_2(\boldsymbol{x}_{\mathrm{e}}\boldsymbol{s}^{\mathrm{T}}\hat{\boldsymbol{W}}\boldsymbol{Q}_{\mathrm{V}})^{\mathrm{T}}\\ \dot{\hat{\boldsymbol{m}}}=-a_3(\boldsymbol{s}^{\mathrm{T}}\hat{\boldsymbol{W}}\boldsymbol{Q}_{\mathrm{m}})^{\mathrm{T}}\\ \dot{\hat{\boldsymbol{\mu}}}=-a_4(\boldsymbol{s}^{\mathrm{T}}\hat{\boldsymbol{W}}\boldsymbol{Q}_{\mu})^{\mathrm{T}}\\ \dot{\hat{\boldsymbol{\varphi}}}=a_5|\boldsymbol{x}_{\mathrm{e}}|\end{cases} \tag{3-13(b)}$$

其中,$\widetilde{\boldsymbol{F}}^{\mathrm{e}}(\boldsymbol{\eta},\dot{\boldsymbol{\eta}})$为 RBF 神经网络的输出;$\boldsymbol{x}_{\mathrm{e}}=[\boldsymbol{e}_1,\ \boldsymbol{e}_2]$;$\boldsymbol{Q}$ 为神经网络的隐层输出;$a_1=a_2=a_5=3$;$a_3=a_4=2$;$\boldsymbol{s}=\boldsymbol{e}_1+\boldsymbol{e}_2$;$\mathrm{sat}(\boldsymbol{x}_{\mathrm{e}})=\begin{cases}\boldsymbol{x}_{\mathrm{e}}/\zeta, & \|\boldsymbol{x}_{\mathrm{e}}\|<0.5\\ \mathrm{sign}(\boldsymbol{x}_{\mathrm{e}}), & \|\boldsymbol{x}_{\mathrm{e}}\|\geqslant 0.5\end{cases}$。

以上是推进器 T1 发生 30% 推力损失缓变故障下两种方法的实验结果。

以下是本研究方法和对比方法在推进器 T1 发生 30% 推力损失缓变故障情况下的控制效果,如图 3-6 和图 3-7 所示。

本研究选用绝对跟踪误差均值、均方差,以及故障发生后的最大跟踪误差三个指标来衡量跟踪效果,采用控制输出的抖振值来衡量降低抖振方面的效果。

为方便分析以上问题,本研究将图 3-6 和图 3-7 中故障发生后的绝对跟踪误差均值、均方差、故障发生后的最大绝对跟踪误差,以及控制输出的抖振值等数据整理并归纳至表 3-2 中。

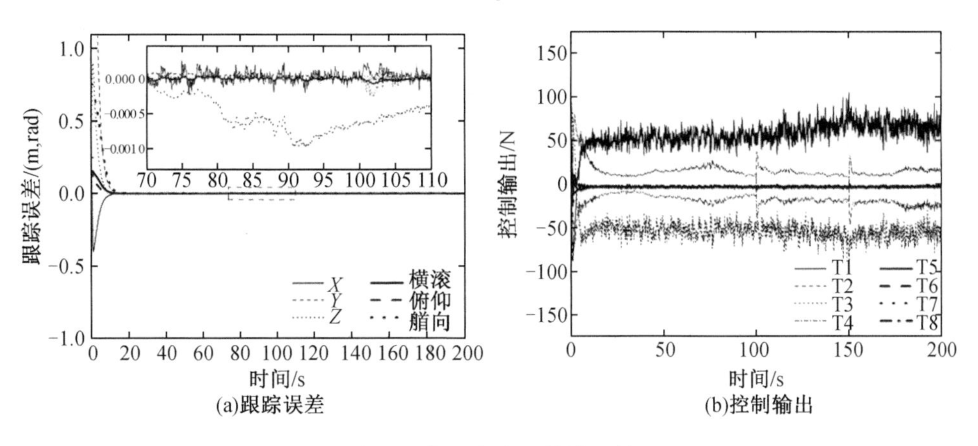

(a)跟踪误差 (b)控制输出

图3-6 本研究方法的控制效果

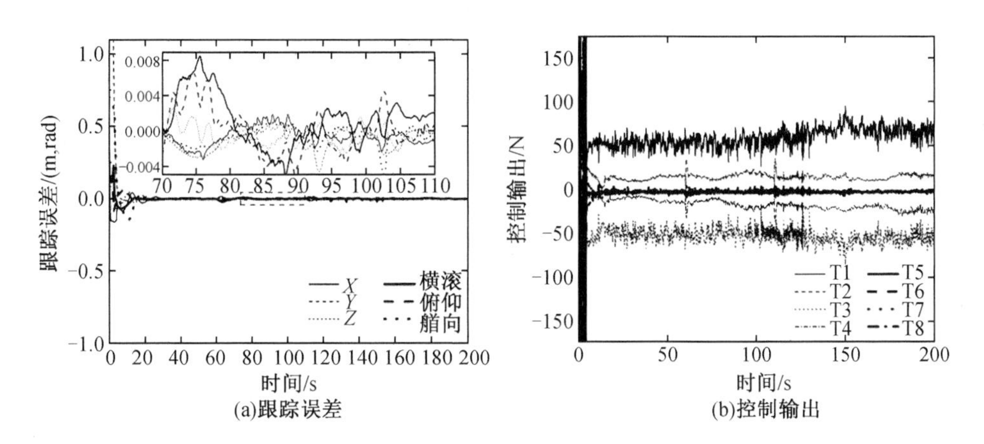

(a)跟踪误差 (b)控制输出

图3-7 典型方法的控制效果

表3-2 30%推进器缓变故障下两种不同方法的对比结果

		绝对跟踪误差			控制输出的抖振值
		均值	均方差	故障发生后的最大绝对跟踪误差	
本研究方法	X/m	0.0624×10^{-3}	0.0229×10^{-7}	0.2857×10^{-3}	4.5240×10^{4}
	Y/m	0.0597×10^{-3}	0.0225×10^{-7}	0.2783×10^{-3}	
	Z/m	0.0144×10^{-3}	0.0012×10^{-7}	0.0624×10^{-3}	
	横滚/rad	0.0215×10^{-3}	0.0023×10^{-7}	0.0965×10^{-3}	
	俯仰/rad	0.0188×10^{-3}	0.0023×10^{-7}	0.0863×10^{-3}	
	艏向/rad	0.2532×10^{-3}	0.6076×10^{-7}	0.9950×10^{-3}	
传统方法	X/m	0.001 7	0.0494×10^{-4}	0.013 7	8.4948×10^{4}
	Y/m	0.001 2	0.0134×10^{-4}	0.006 3	
	Z/m	0.001 0	0.0050×10^{-4}	0.004 7	
	横滚/rad	0.001 7	0.0308×10^{-4}	0.009 1	
	俯仰/rad	0.002 3	0.0600×10^{-4}	0.013 6	
	艏向/rad	0.003 2	0.2753×10^{-4}	0.027 7	

从控制器的绝对跟踪误差以及控制输出的抖振值这两方面，对比分析本研究方法与基于神经网络的 AUV 自适应容错控制方法的仿真结果。

①从绝对跟踪误差方面分析

从表 3 - 1 可以看出，在故障发生后，本研究方法相比于基于神经网络的 AUV 自适应容错控制方法，在 X,Y,Z，横滚，俯仰，艏向六个自由度方向上，绝对跟踪误差均值分别降低了 96.33%，95.03%，98.56%，98.74%，99.18%，92.09%；绝对跟踪误差的均方差分别降低了 99.95%，99.83%，99.98%，99.99%，99.99%，99.78%；此外，在故障发生后，本研究方法在 X,Y,Z，横滚，俯仰，艏向六个自由度方向上的最大绝对跟踪误差分别降低了 97.92%，95.58%，98.67%，98.94%，99.37%，96.41%。

本研究方法的不足可以从图 3 - 6 和图 3 - 7 中看出，本研究方法收敛时间为 15 s 左右；而基于神经网络的 AUV 自适应容错控制方法收敛时间仅为 10 s 左右，相比于基于神经网络的 AUV 自适应容错控制方法，本研究方法的跟踪误差在收敛速度上略慢。

②从控制输出的抖振值方面分析

从表 3 - 2 可以看出，本研究方法相比于基于神经网络的 AUV 自适应容错控制方法在控制输出的抖振值方面降低了 46.74%。

综上，在推进器 T1 出现 30% 缓变故障下，本研究方法在绝对跟踪误差均值、均方差，以及控制输出的抖振值上均要优于基于神经网络的 AUV 自适应容错控制方法，但本研究方法在收敛速度上略差。

4. 结论

针对受海流等外部干扰影响的 AUV 推进器容错控制及故障重构问题，本研究提出了 AUV 的自适应容错控制问题，以及自适应容错控制下的推进器故障重构方法。通过理论及仿真实验得出以下结论。

(1) 针对目前比较典型的基于终端滑模观测器的 AUV 故障重构方法在 AUV 自适应容错控制下的故障重构误差较大的问题，本研究提出了一种基于高阶滑模观测器的 AUV 推进器故障重构方法。通过李雅普诺夫(Lyapunov)稳定性理论证明了本研究所提出的故障重构方法能在有限时间内实现状态估计误差以及故障重构误差收敛于一个较小的范围；通过 ODIN AUV 的仿真对比实验结果表明，在模拟的推进器故障和海流干扰下，与基于终端滑模观测器的 AUV 故障重构方法相比，本研究方法在受推进器故障影响较大的自由度上，故障重构误差要显著低于对比方法的误差。此外，本研究方法在受推进器故障影响较小的自由度上的故障重构误差略大，但在这些自由度上的重构结果仍与受推进器故障影响较大的自由度上的故障重构结果有较明显的区分，因此可以通过阈值的方法来避免出现误诊。

(2) 针对目前比较典型的基于神经网络的 AUV 自适应容错控制方法在 AUV 存在较大初始偏差时，绝对跟踪误差均值、均方差，以及控制输出抖振值均较大等问题，本研究提出了一种基于虚拟闭环伴随系统的 AUV 容错控制方法。从理论上证明了本研究所提出的间接自适应容错控制方法能实现跟踪误差的渐近收敛；通过 ODIN AUV 的仿真对比实验结果表明，在模拟的推进器故障和海流干扰下，与基于神经网络的 AUV 自适应容错控制方法相比，本研究方法在绝对跟踪误差均值、均方差，以及控制输出抖振值上均要优于对比方法的结果,但本研究方法在收敛速度上略差。

3.1.2 基于虚拟闭环系统的 AUV 容错控制

AUV 成功完成任务,需要使用高可靠性和高性能的跟踪控制系统。PID 控制器结构简单,一直是 AUV 的基础控制器。为了提高 PID 控制器的控制性能,Campos 等设计了一种基于变参数饱和函数的非线性 PD 控制器。Martin 等通过对比实验结果验证了基于模型的 PD 控制器的跟踪误差远小于基于无模型的 PD 控制器的跟踪误差。

除 PID 控制器外,Campos 还提出了其他控制算法以确保 AUV 成功完成任务。由于对外部干扰和建模不确定性具有鲁棒性,滑模算法与自适应技术或其他智能算法被广泛应用于 AUV 的控制器设计中。为了更有效地抑制外部干扰和建模不确定性的影响,Santos 等将反步技术引入滑模控制算法中来设计 AUV 的非线性控制器。此外,针对外部干扰问题,提出了许多基于观测器估计的非线性输出反馈跟踪控制算法。在实际应用中,由于有效载荷的变化或未知故障,AUV 的动力学特性也会随之发生变化。Ghavidel 等设计了一种自适应模糊估计控制器来抵消未知的不确定性,但他在控制律中引入了一个不连续项,为了给 AUV 提供连续控制律,在控制器中引入了辅助跟踪误差的特征函数积分,以补偿不确定性。此外,Rout 等提出了一种 AUV 自校正控制器,利用非线性回归模型辨识 AUV 在每个时刻的动力学特性。针对 AUV 具有感知范围极限的特点,Shen 等将路径规划与跟踪控制相结合,设计了基于 MPC 的轨迹跟踪控制器。

在 AUV 作业部署过程中,由于洋流等外界干扰,很可能会出现 AUV 初始状态与期望轨迹上的初始状态严重偏离的情况。因此本研究针对上面问题提出了一种新的控制器设计方法。通常来说,这种初始跟踪误差会导致控制输入在初始阶段出现高频抖振现象,本研究的数字实验也证明了这一点。这种抖振现象会给推进器带来一些如磨损、泄漏或缩短推进器使用时间的问题。

基于上述考虑,本研究研究了具有非零初始状态、外部干扰和建模不确定性的 AUV 轨迹跟踪控制问题,提出了一种基于虚拟闭环系统的 AUV 轨迹跟踪控制策略。由于 AUV 的动力学模型可以通过许多分析或实验方法获得,例如拖曳水池法,因此我们可以用近似的动态模型结合固定反馈控制器和参考模型来构造虚拟闭环系统。然后将基于广义饱和函数的鲁棒控制器与 RBF 神经网络(RBFNN)相结合,使 AUV 能够跟踪虚拟闭环系统产生虚拟参考轨迹。本研究的主要贡献如下。

(1)为了实现具有初始跟踪误差的轨迹跟踪控制,模型参考自适应控制是一种常用的控制算法,该算法采用辨识得到的 AUV 动力学模型作为参考模型,且该辨识得到的模型的初始状态与真实系统的初始状态相同。然而,本研究的数字实验证明其在控制输入的初始阶段存在高频抖振现象。针对 AUV 存在初始跟踪误差的情况,提出了一种基于虚拟闭环系统的轨迹跟踪控制方案。与模型参考自适应控制不同,本研究控制器中加入了虚拟闭环系统,即所提出的控制器是使 AUV 遵循虚拟闭环系统生成的虚拟参考轨迹,而不是原始的期望轨迹。在虚拟闭环系统中,采用固定反馈控制器来消除初始跟踪误差引起的控制输入抖振现象。

(2)在实际闭环系统中,将广义饱和函数的鲁棒控制器与神经网络估计相结合,以抵消由建模不确定性和海流干扰导致的 AUV 动态模型与实际模型之间的差异。基于神经网络的控制器中通常采用自适应技术来估计神经网络逼近误差的界,但这会在控制律中引入不连续项。为了保证控制律的连续性,本研究设计了一种基于广义饱和函数的鲁棒控制器。

1. 控制目标

考虑以下非线性系统:

$$\dot{\boldsymbol{x}} = \boldsymbol{f}(\boldsymbol{x}) + \boldsymbol{B}\boldsymbol{u} \tag{3-14}$$

其中,$\boldsymbol{f}(\boldsymbol{x}) \in \mathbf{R}^{2n\times 1}$,为一个未知非线性函数;$\boldsymbol{B} \in \mathbf{R}^{2n\times q}$,为已知的与位置有关的函数;$\boldsymbol{u} \in \mathbf{R}^{q\times 1}$,为控制输入;$\boldsymbol{x} \in \mathbf{R}^{2n\times 1}$,为系统状态量;$n$ 代表自由度;q 代表控制输入的数量,例如推进器数量。

由于外界干扰,非线性系统的初始状态总是偏离期望轨迹的对应点,即初始跟踪误差不等于零。本研究的目标是设计一个跟踪控制器,使系统状态 $\boldsymbol{x}$ 在初始跟踪误差下跟踪期望轨迹,并消除控制输入的早期抖振现象。

2. 基于虚拟闭环系统的容错控制策略

关于 AUV 推进器故障诊断,特别是推进器缓变故障诊断,均存在较大难度;受海流等外部干扰的影响,诊断系统易出现误诊或漏诊现象,进而影响故障诊断的容错控制方法的容错性能。自适应容错控制方法不需要故障诊断为其提供故障信息,而是将推进器故障视为一种广义不确定性项的一部分,利用自适应理论,以及观测器理论来补偿/隐藏推进器故障对控制效果的不良影响。因此,本研究要解决 AUV 自适应容错控制问题。

现有的 AUV 自适应容错控制方法主要是将推进器故障视为广义不确定性的一部分,再通过自适应估计的方式在线估计广义不确定性的边界,达到在不需要故障信息的前提下的自适应容错目的。其中,典型方法有基于神经网络的 AUV 自适应容错控制方法。本研究在基于自适应神经网络 AUV 推进器容错控制方法进行 AUV 推进器容错控制的仿真研究中发现,当 AUV 实际初始点与期望轨迹初始点相同,或者实际初始点与期望轨迹初始点偏差较小时,该方法的整体容错控制效果较好。但是,AUV 初始状态越偏离期望值,控制器输出的变化程度越剧烈,一旦该控制器输出变化程度长时间超过推进器变化率饱和约束,跟踪误差就会越大,甚至会产生控制失效的问题。

下面分析产生上述问题的原因。

通过分析该方法的实施过程及得到的仿真数据,本研究认为产生上述问题的原因是现有的 AUV 自适应容错控制方法大都是单闭环控制策略。基于单闭环控制策略的自适应容错控制会将 AUV 初始偏差等效为由于自身控制能力不足而产生的跟踪误差,进而会误导自适应容错控制对不确定性项边界的上界的估计值进行过度的参数调整。这种过度的参数调整会诱发控制器输出超出 AUV 推进器本身的输出响应,这时 AUV 系统的控制输出不能对跟踪误差进行有效调节,其跟踪误差因此会增大。而控制器输出若长期超过推进器的输出响应,该 AUV 系统将处于一个类似的开环状态,控制器则不能对 AUV 跟踪误差进行调整,进而导致 AUV 控制失效。

针对在自适应容错控制框架下现有故障重构方法的故障估计误差较大的问题,本研究提出一种基于虚拟闭环伴随系统的 AUV 容错控制方法。

下面阐述本研究方法的基本思路。

本研究从初始偏差转移的角度出发,研究 AUV 自适应容错控制问题。由于在单闭环自适应容错控制系统中,AUV 初始误差会诱发 AUV 控制器中自适应估计部分的参数过度调整,因此本研究方法在真实闭环系统之外,首先搭建了一个虚拟闭环伴随系统,在该虚拟闭环伴随系统中,由于控制器为固定增益的状态反馈控制器,因此不会出现因为初始跟踪误差诱发的控制器参数过度调整的问题;其次,将虚拟闭环伴随系统的状态量作为 AUV 真实系统的"虚拟期望",而非直接采用单闭环自适应容错控制系统中常用的真实期望路径;再次,基于 AUV 真实状态与虚拟期望间的差值,而非真实跟踪误差,研究了基于 PID 与神经网络相结合的连续补偿控制方法,以弥补虚拟闭环伴随系统和真实系统中被控对象的动力学模型及所处外部环境的差异对 AUV 跟踪性能的影响;最后,实现大初始偏差下 AUV 跟踪误差的一致最终收敛。

下面阐述本研究方法与现有 AUV 自适应容错控制方法的不同之处。

与现有 AUV 自适应容错控制方法关于直接根据 AUV 跟踪误差对自适应部分进行在线调整的技术路线不同,本研究所提出的 AUV 自适应容错控制方法是基于虚拟闭环伴随系统实现的,通过将虚拟伴随提供的虚拟状态作为真实 AUV 系统的虚拟期望,利用虚拟期望和 AUV 真实状态间的差异,间接对自适应部分进行在线调整。在 AUV 真实闭环系统的控制器设计过程中,与现有补偿方法直接假定神经网络估计误差的二范数的上边界已知;或者通过自适应方法在线估计神经网络估计误差的二范数的上边界,并通过引入符号函数的技术路线不同,本研究所提出的方法利用广义饱和函数的非零输入量与类饱和函数相乘大于零的特性,将误差 e_s 的 PID 形式作为输入,通过调整 PID 参数来对神经网络估计误差进行补偿,同时避免了由于在控制律中引入符号函数所产生的控制律不连续的现象。

本研究所提出的基于虚拟闭环伴随系统的 AUV 自适应容错控制方法的结构框图,如图 3-8 所示。

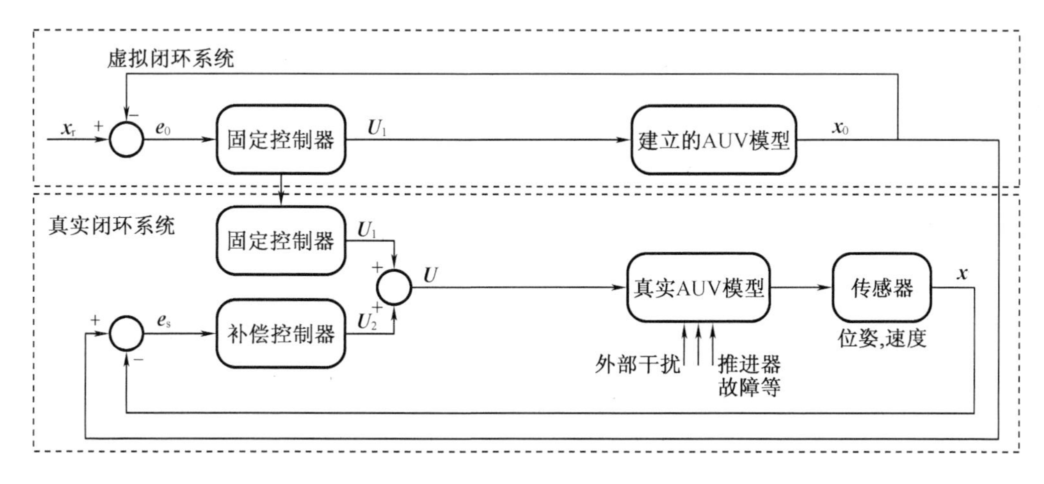

图 3-8 基于虚拟闭环伴随系统的 AUV 自适应容错控制方法的结构框图

下面结合图 3－8 阐述本研究方法的基本原理和工作过程。

在本研究所提出的基于虚拟闭环伴随系统的 AUV 自适应容错控制方法中，本研究首先根据已建立的二阶动力学模型（与真实模型存在差异）为被控对象，建立虚拟闭环伴随系统，并根据虚拟闭环伴随系统的状态量与期望路径间的差异（虚拟跟踪误差）为输入，通过设计固定增益的状态反馈控制器实现虚拟跟踪误差的渐近收敛，并抑制大初始偏差对真实闭环系统的影响；然后，在真实闭环系统中，以虚拟状态量而非期望路径作为输入，根据虚拟状态量与 AUV 真实状态量间的差异为输入来设计补偿控制器，以补偿虚拟闭环伴随系统与真实闭环系统之间存在的差异；最后，通过结合补偿控制器输出和虚拟闭环伴随系统中的固定增益控制器输出，共同作用在真实 AUV 系统上，间接实现 AUV 真实状态量与期望路径间的一致最终收敛。

下面阐述本研究方法的具体实现过程及理论分析。

（1）虚拟闭环伴随系统

本小节根据已知的 AUV 动力学模型，搭建虚拟闭环伴随系统，研究基于固定增益的状态反馈控制方法。

①虚拟系统中被控对象的动力学模型

本节基于离线辨识出的 AUV 动力学模型构建虚拟闭环伴随系统。基于 AUV 动力学建模方法可获得一个存在建模不确定性的二阶 AUV 动力学模型，假设这个辨识后得到的 AUV 动力学模型如式（3－15）所示，本研究所提出方法中的虚拟闭环伴随系统正是通过程序在虚拟环境下建立的基于离线辨识得到的 AUV 动力学模型，且正是由于该系统的虚拟性，该虚拟系统处于理想环境下，不存在外部干扰及推进器故障等。

$$\dot{\boldsymbol{x}}_0=\boldsymbol{f}_0(\boldsymbol{x}_0)+\boldsymbol{B}\boldsymbol{u}_0 \tag{3-15}$$

其中，$\boldsymbol{x}_0$ 为虚拟状态量；$\boldsymbol{f}_0(\boldsymbol{x}_0)$ 为已知的非线性函数；$\boldsymbol{u}_0$ 为控制量。

②虚拟闭环伴随系统中的控制器设计

本节研究虚拟闭环伴随系统中的控制方法，以实现虚拟跟踪误差的渐近收敛。

首先，在得到虚拟系统被控对象动力学表达式后，为研究基于固定增益的状态反馈控制方法，需要先获得虚拟闭环伴随系统中的虚拟跟踪误差动态方程。根据式（3－15）的被控对象模型，可以得到虚拟跟踪误差动态方程，如式（3－16）所示：

$$\dot{\boldsymbol{e}}_0=\boldsymbol{f}_0(\boldsymbol{x}_0)-\boldsymbol{A}_r\boldsymbol{x}_r+\boldsymbol{B}\boldsymbol{u}_0-\boldsymbol{B}_r\boldsymbol{r} \tag{3-16}$$

其中，$\boldsymbol{e}_0=\boldsymbol{x}_0-\boldsymbol{x}_r$；$\boldsymbol{x}_r$ 由 $\dot{\boldsymbol{x}}_r=\boldsymbol{A}_r\boldsymbol{x}_r+\boldsymbol{B}_r\boldsymbol{r}$ 给出；$\boldsymbol{r}$ 为事先给出的期望路径；$\boldsymbol{A}_r=\begin{bmatrix}\boldsymbol{O}_{6\times6} & \boldsymbol{I}_{6\times6}\\ -\omega_n^2\boldsymbol{I}_{6\times6} & -2\omega_n\xi\boldsymbol{I}_{6\times6}\end{bmatrix}$；$\boldsymbol{B}_r=\begin{bmatrix}\boldsymbol{O}_{6\times6}\\ \omega_n^2\boldsymbol{I}_{6\times6}\end{bmatrix}$；$\omega_n$ 和 ξ 为正常数。

然后，获得虚拟闭环伴随系统中的控制律。虚拟闭环伴随系统中的控制器是为了实现虚拟跟踪误差渐近收敛于零，即虚拟状态量要渐近收敛于期望路径。根据式（3－16）给出的虚拟跟踪误差动态方程，以及状态反馈控制器设计方法，得到虚拟闭环伴随系统中的控制律，如式（3－17）所示：

$$u_0 = B^+(A_r x_0 - f_0(x_0) + B_r r) - \frac{1}{2}B^+ B_r K e_0 - \frac{1}{2}W e_0 \tag{3-17}$$

$$A_r^T P + PA_r - PB_r \Lambda_k B_r^T P < 0 \tag{3-18}$$

其中，B^+ 为矩阵 B 的伪逆矩阵；$K = \Lambda_k B_r^T P$；$W = \Lambda_w B^T P$；Λ_k 和 Λ_w 均为正常数；P 为正定矩阵。

③理论分析及参数选择

本节主要论证本研究获得的控制律式(3-17)其可实现虚拟跟踪误差的渐近收敛，以及给出控制器中的参数选择方法。

通过 Lyapunov 理论可证明，若控制律式(3-17)中的参数满足不等式(3-18)，虚拟跟踪误差即可实现渐近收敛。具体的证明过程如下。

为验证基于本研究所提出的方法能实现虚拟跟踪误差的渐近收敛，构造如下 Lyapunov 函数：

$$V_0 = e_0^T P e_0 \tag{3-19}$$

对 Lyapunov 函数 V_0 求导，并将控制律式(3-17)代入至 V_0 的导数中，可得到

$$\dot{V}_0 = e_0^T(A_r^T P + PA_r + PB_r \Lambda_k B_r^T P)e_0 - e_0^T PB\Lambda_w B^T P e_0 \tag{3-20}$$

当控制律式(3-17)中的参数满足不等式(3-18)时，由式(3-20)可继续推出 $\dot{V}_0 \leqslant 0$。根据 Lyapunov 稳定性理论可知，基于本研究给出的控制律式(3-17)，可确保虚拟跟踪误差渐近收敛于零。

由上述描述可知，控制律参数的选择是虚拟闭环伴随系统中较为重要的一环，因此此处简要说明下控制律参数的选择过程。由于虚拟闭环伴随系统处于理想环境，被控对象已知，且控制律参数固定，对满足不等式(3-18)的控制参数，本研究采用 LMI 工具箱方法求得。在基于 LMI 工具箱求解不等式(3-21)以确定控制律式(3-17)中参数的过程中，往往需要将不等式转换成 LMI 工具箱所要求的形式，即将不等式(3-18)转换为不等式(3-21)的形式。通过 LMI 工具箱求解式(3-21)，离线确定 P 和 Λ_k 的值。

$$\begin{bmatrix} A_r^T P + PA_r & PB_r \\ B_r^T P & -\Lambda_k I_{6\times 6} \end{bmatrix} < 0 \tag{3-21}$$

(2) AUV 真实闭环系统

AUV 真实闭环系统的控制律一部分来自虚拟闭环伴随系统的控制输出；另一部分来自补偿控制器，该补偿控制器是用于补偿虚拟闭环伴随系统和真实系统中被控对象的动力学模型及所处外部环境的差异对 AUV 跟踪性能的影响。虚拟闭环伴随系统中的控制律在上一小节已重点描述，本小节将重点阐述补偿控制器的设计方法。

①补偿控制器中需要考虑的问题

为实现 AUV 大初始偏差跟踪误差的指数收敛，本研究在 AUV 真实闭环系统中，并非直接将期望路径输入，而是将虚拟闭环伴随系统的状态量作为“虚拟期望”，让 AUV 状态量与虚拟系统状态量间的差异实现指数收敛，进而间接完成真实跟踪误差的指数收敛。由于虚拟闭环伴随系统和 AUV 真实闭环系统间存在差异，需要在真实系统控制器中补偿该差异对

AUV 跟踪性能的影响。本研究将 AUV 状态量与虚拟系统状态量间的差异作为输入,采用 RBFNN 设计补偿控制器。

在 RBFNN 控制器设计过程中,需要对 RBFNN 估计误差进行补偿。与现有假定估计误差有界且采用常值进行补偿,或通过 Lyapunov 稳定性分析获得估计误差上界的自适应率,并通过与符号函数相结合的方式进行 RBFNN 估计误差补偿的技术路线不同,本研究直接采用一个类饱和函数的表达形式,提出基于 PID 与该类饱和函数相结合的 RBFNN 估计误差补偿方法。

下面将从误差动态方程及 RBFNN 估计、补偿控制器结构两方面来阐述本研究方法的实现过程。

②误差动态方程及 RBFNN 估计

本小节主要阐述误差动态方程,以及简要阐述 RBFNN 对未知函数的估计过程。

与上一节得到虚拟系统控制律的方式相同,本研究首先根据 AUV 真实动力学模型的表达方式和虚拟闭环伴随系统中的动力学模型,给出误差动态方程,如式(3-22)所示:

$$\dot{\boldsymbol{e}}_s = \boldsymbol{f}(\boldsymbol{x}) - \boldsymbol{f}_0(\boldsymbol{x}_0) + \boldsymbol{B}\boldsymbol{u} - \boldsymbol{B}\boldsymbol{u}_0 \tag{3-22}$$

其中,$\boldsymbol{e}_s = \boldsymbol{x} - \boldsymbol{x}_0$。

然后,采用 RBFNN 对$\boldsymbol{f}(\boldsymbol{x}) - \boldsymbol{f}_0(\boldsymbol{x}_0)$进行在线估计。根据神经网络理论,存在一个未知且固定的加权矩阵 $\boldsymbol{W}^*$,使得

$$\boldsymbol{f}(\boldsymbol{x}) - \boldsymbol{f}_0(\boldsymbol{x}_0) = \boldsymbol{W}^* \boldsymbol{Q}(\boldsymbol{e}_s) + \boldsymbol{\varepsilon} \tag{3-23}$$

其中,RBFNN 输入误差为 $\boldsymbol{e}_s$;$\boldsymbol{Q}$ 为隐层输出,且 $\boldsymbol{Q}(\boldsymbol{e}_s) = \exp(-(\boldsymbol{e}_s - \boldsymbol{m})^2/\boldsymbol{\mu}^2)$;$\boldsymbol{s}$, $\boldsymbol{m}$, $\boldsymbol{\mu}$ 分别为隐层输入、径向基函数的中心向量和宽度向量;$\boldsymbol{\varepsilon}$ 为神经网络估计误差,且 $|\boldsymbol{\varepsilon}| \leqslant \boldsymbol{H}_\varepsilon$($\boldsymbol{H}_\varepsilon$ 为未知的正向量)。

③补偿控制器结构

结合误差动态方程式(3-22)和 RBFNN 估计式(3-23),推出补偿控制器结构。本节研究基于 RBFNN 设计控制器过程中 RBFNN 估计误差补偿问题。

对于 RBFNN 估计误差 $\boldsymbol{\varepsilon}$,为了避免在补偿该估计误差的同时引入符号函数,导致控制律不连续的问题,本研究提出了基于 PID 与类饱和函数相结合的 RBFNN 估计误差补偿方法。

本研究方法的基本思路是利用类饱和函数的非零输入量与类饱和函数相乘大于零的特性,将误差 $\boldsymbol{e}_s$ 的 PID 形式作为输入,通过调整 PID 参数来对 RBFNN 估计误差 $\boldsymbol{\varepsilon}$ 进行补偿。

定义:非减 Lipschitz 连续函数 $\sigma: \mathbf{R} \to \mathbf{R}$ 称为具有正常数界 H_σ 的广义饱和函数。

若以下不等式成立,即:

a. $\zeta\sigma(\zeta) > 0$, $\zeta \neq 0$;

b. $\sigma(\zeta) \leqslant H_\sigma$, $\zeta \in \mathbf{R}$。

广义饱和函数具有以下性质,即:

a. $\int_0^\zeta \sigma(k\tau)\mathrm{d}\tau > 0$, $\zeta \neq 0$, k 是大于零的常数;

b. 若 $\sigma(\zeta)$ 是严格递增的，即

$$\zeta[\sigma(\zeta+\delta)-\sigma(\delta)]>0,\ \zeta\neq 0 \text{ 且 } \zeta\in\mathbf{R}$$

对于任意常数 $\alpha\in\mathbf{R}$，也存在一个严格递增的有界广义饱和函数，其边界为 $\overline{H}_\sigma = H_\sigma + |\sigma(\alpha)|$。

基于上述思路，得到补偿控制器的补偿控制律如式(3－24)和式(3－25)所示：

$$\boldsymbol{u} = \boldsymbol{u}_0 - \boldsymbol{B}^+\hat{\boldsymbol{W}}\boldsymbol{Q}(\boldsymbol{e}_s) - \boldsymbol{B}^+\begin{pmatrix} \boldsymbol{s}_{pi}(\boldsymbol{K}_{p1}\boldsymbol{e}_{s1}, \boldsymbol{K}_{i1}\int\boldsymbol{e}_{s1}dt) \\ \boldsymbol{s}_d(\boldsymbol{K}_{p2}\boldsymbol{e}_{s1}, \boldsymbol{K}_{d2}\boldsymbol{e}_{s2}, \boldsymbol{K}_{i2}\int\boldsymbol{e}_{s1}dt) \end{pmatrix} \tag{3-24}$$

$$\hat{\boldsymbol{W}} = \boldsymbol{s}_a(\hat{\boldsymbol{\varphi}}) \tag{3-25(a)}$$

$$\dot{\hat{\boldsymbol{\varphi}}} = \boldsymbol{\lambda}_\varphi\boldsymbol{e}_s\boldsymbol{Q}(\boldsymbol{e}_s)^T \tag{3-25(b)}$$

其中，$\boldsymbol{K}_{p1}$，$\boldsymbol{K}_{i1}$，$\boldsymbol{K}_{p2}$，$\boldsymbol{K}_{i2}$，$\boldsymbol{K}_{d2}$ 为 PID 参数；$\boldsymbol{s}_{pi}(\boldsymbol{K}_{p1}\boldsymbol{e}_{s1}, \boldsymbol{K}_{i1}\int\boldsymbol{e}_{s1}dt) = \boldsymbol{s}_p(\boldsymbol{K}_{p1}\boldsymbol{e}_{s1} + \boldsymbol{K}_{i1}\int\boldsymbol{e}_{s1}dt) - \boldsymbol{s}_p(\boldsymbol{K}_{i1}\int\boldsymbol{e}_{s1}dt)$；$\boldsymbol{s}_d(\boldsymbol{K}_p\boldsymbol{e}_{s1}, \boldsymbol{K}_d\boldsymbol{e}_{s2}, \boldsymbol{K}_i\int\boldsymbol{e}_{s1}dt) = \boldsymbol{s}_p(\boldsymbol{K}_{p2}\boldsymbol{e}_{s1} + \boldsymbol{K}_{d2}\boldsymbol{e}_{s2} + \boldsymbol{K}_{i2}\int\boldsymbol{e}_{s1}dt) - \boldsymbol{s}_p(\boldsymbol{K}_{p2}\boldsymbol{e}_{s1} + \boldsymbol{K}_{i2}\int\boldsymbol{e}_{s1}dt)$；$\boldsymbol{s}_p$ 和 $\boldsymbol{s}_a$ 为严格递增的广义饱和函数；$\boldsymbol{\lambda}_\varphi$ 为正常数；$\boldsymbol{e}_s = [\boldsymbol{e}_{s1}, \boldsymbol{e}_{s2}]$。

④真实闭环系统中的控制器结构

在得到虚拟系统的控制律和虚拟系统与真实系统之间的补偿控制律之后，本小节主要阐述真实闭环系统中的控制器结构。

在获得基于 PID 与类饱和函数相结合的 RBFNN 估计误差补偿方法后，AUV 真实闭环系统中的控制器结构由虚拟闭环伴随系统中的固定增益控制器和补偿控制器两部分构成，因此真实闭环系统的控制器结构为

$$\boldsymbol{u} = \boldsymbol{u}_0 + \boldsymbol{u}_1 \tag{3-26}$$

其中，$\boldsymbol{u}_0$ 为虚拟闭环伴随系统的控制律，如式(3－17)所示；$\boldsymbol{u}_1$ 为补偿控制律，如式(3－24)所示。

基于式(3－17)和式(3－24)的表达形式，其中均不涉及不连续函数，即 $\boldsymbol{u}_0$ 和 $\boldsymbol{u}_1$ 均为连续函数，因此本研究所得到的控制律 $\boldsymbol{u}$ 也是连续的。

⑤理论验证

本小节主要验证本研究所提出的控制器结构能实现跟踪误差 $\boldsymbol{e}_s$ 的一致最终有界，进而实现真实跟踪误差的一致最终收敛。

本研究构造如下 Lyapunov 函数，即

$$V_s = \frac{1}{2}\boldsymbol{e}_s^T\boldsymbol{e}_s + \lambda_\varphi^{-1}\sum_{i=1}^{6}\sum_{j=1}^{p}\int_0^{\tilde{\varphi}_{ij}}\bar{\boldsymbol{s}}_{a_{i,j}}(r)dr \tag{3-27}$$

其中，p 表示权重矩阵 $\boldsymbol{W}^*$ 的列数；$\bar{\boldsymbol{s}}_{a_{i,j}}(\tilde{\varphi}_i) = \boldsymbol{s}_{a_{i,j}}(\hat{\varphi}_i) - \boldsymbol{s}_{a_{i,j}}(\varphi_i^*)$。

值得注意的是，由于最优权重 W^* 是常数，理想权值矩阵 $\boldsymbol{W}^*$ 也可以表示为广义饱和函数，即 $\boldsymbol{W}^* = \boldsymbol{s}_a(\varphi^*)$，其中 $\boldsymbol{s}_a(\varphi^*)$ 是一个具有严格递增性质的广义饱和函数，且 φ^* 为常数。根据广义饱和函数的性质，$\bar{\boldsymbol{s}}_{a_{i,j}}(\tilde{\varphi}_i)$ 也是一个具有严格递增性质的广义饱和函数，则

$\int_0^{\tilde{\varphi}_{ij}} \bar{s}_{a_{i,j}}(r)\mathrm{d}r$ 大于零。因此，Lyapunov 函数 V_s 是非负的。$\bar{s}_{ai}(\tilde{\varphi}_i)$ 是一个 $6\times p$ 矩阵，由 $\bar{s}_{a_{i,j}}(\tilde{\varphi}_i)$，$i=1,2,\cdots,6$；$j=1,2,\cdots,p$ 组成。

对 Lyapunov 函数 V_s 求导，再将控制律式(3-26)代入其中，可推出式(3-28)：

$$
\begin{aligned}
\dot{V}_s &= \boldsymbol{e}_s^{\mathrm{T}}\dot{\boldsymbol{e}}_s + \lambda_{\varphi}^{-1}\mathrm{tr}[\bar{\boldsymbol{s}}_a(\tilde{\varphi})^{\mathrm{T}}\dot{\tilde{\varphi}}] \\
&= \boldsymbol{e}_s^{\mathrm{T}}(\boldsymbol{f}(\boldsymbol{x})-\boldsymbol{f}_0(\boldsymbol{x}_0)+\boldsymbol{Bu}-\boldsymbol{Bu}_0)+\mathrm{tr}[\bar{\boldsymbol{s}}_a(\tilde{\varphi})^{\mathrm{T}}\boldsymbol{e}_s\boldsymbol{Q}(e_s)^{\mathrm{T}}] \\
&= \boldsymbol{e}_s^{\mathrm{T}}\left[\boldsymbol{W}^*\boldsymbol{Q}(\boldsymbol{e}_s)+\boldsymbol{\varepsilon}-\boldsymbol{s}_a(\hat{\varphi})\boldsymbol{Q}(\boldsymbol{e}_s)-\begin{pmatrix}\boldsymbol{s}_{pi}(\boldsymbol{K}_{p1}\boldsymbol{e}_{s1},\boldsymbol{K}_{i1}\int e_{s1}\mathrm{d}t)\\ \boldsymbol{s}_d(\boldsymbol{K}_{p2}\boldsymbol{e}_{s1},\boldsymbol{K}_{d2}\boldsymbol{e}_{s2},\boldsymbol{K}_{i2}\int \boldsymbol{e}_{s1}\mathrm{d}t)\end{pmatrix}\right]+ \\
&\quad \mathrm{tr}[\bar{\boldsymbol{s}}_a(\tilde{\varphi})^{\mathrm{T}}\boldsymbol{e}_s\boldsymbol{Q}(\boldsymbol{e}_s)^{\mathrm{T}}] \\
&= \mathrm{tr}[(\boldsymbol{s}_a(\varphi^*)-\boldsymbol{s}_a(\hat{\varphi})^{\mathrm{T}}\boldsymbol{e}_s\boldsymbol{Q}(\boldsymbol{e}_s)^{\mathrm{T}}]+\bar{\boldsymbol{s}}_a(\tilde{\varphi})\boldsymbol{e}_s\boldsymbol{Q}(\boldsymbol{e}_s)^{\mathrm{T}}+\boldsymbol{e}_s^{\mathrm{T}}\left[\boldsymbol{\varepsilon}-\begin{pmatrix}\boldsymbol{s}_{pi}(\boldsymbol{K}_{p1}\boldsymbol{e}_{s1},\boldsymbol{K}_{i1}\int \boldsymbol{e}_{s1}\mathrm{d}t)\\ \boldsymbol{s}_d(\boldsymbol{K}_{p2}\boldsymbol{e}_{s1},\boldsymbol{K}_{d2}\boldsymbol{e}_{s2},\boldsymbol{K}_{i2}\int \boldsymbol{e}_{s1}\mathrm{d}t)\end{pmatrix}\right] \\
&= \boldsymbol{e}_s^{\mathrm{T}}\left[\boldsymbol{\varepsilon}-\begin{pmatrix}\boldsymbol{s}_{pi}(\boldsymbol{K}_{p1}\boldsymbol{e}_{s1},\boldsymbol{K}_{i1}\int \boldsymbol{e}_{s1}\mathrm{d}t)\\ \boldsymbol{s}_d(\boldsymbol{K}_{p2}\boldsymbol{e}_{s1},\boldsymbol{K}_{d2}\boldsymbol{e}_{s2},\boldsymbol{K}_{i2}\int \boldsymbol{e}_{s1}\mathrm{d}t)\end{pmatrix}\right]
\end{aligned}
\tag{3-28}
$$

其中，$\mathrm{tr}[\bar{\boldsymbol{s}}_a(\tilde{\varphi})^{\mathrm{T}}\dot{\tilde{\varphi}}]$ 为矩阵 $\bar{\boldsymbol{s}}_a(\tilde{\varphi})^{\mathrm{T}}\dot{\tilde{\varphi}}$ 的迹。

根据广义饱和函数的性质和 $\boldsymbol{s}_{pi}$ 和 $\boldsymbol{s}_d$ 的表达式可以得出，$\boldsymbol{e}_{s1}\boldsymbol{s}_{pi}(\boldsymbol{K}_{p1}\boldsymbol{e}_{s1},\boldsymbol{K}_{i1}\int \boldsymbol{e}_{s1}\mathrm{d}t)\geqslant 0$ 和 $\boldsymbol{e}_{s2}\boldsymbol{s}_d(\boldsymbol{K}_{p2}\boldsymbol{e}_{s1},\boldsymbol{K}_{d2}\boldsymbol{e}_{s2},\boldsymbol{K}_{i2}\int \boldsymbol{e}_{s1}\mathrm{d}t)\geqslant 0$。因此式(3-28)可改写为

$$
\dot{V}_s \leqslant |\boldsymbol{e}_s^{\mathrm{T}}|\left[|\boldsymbol{\varepsilon}|-\left|\begin{pmatrix}\boldsymbol{s}_{pi}(\boldsymbol{K}_{p1}\boldsymbol{e}_{s1},\boldsymbol{K}_{i1}\int \boldsymbol{e}_{s1}\mathrm{d}t)\\ \boldsymbol{s}_d(\boldsymbol{K}_{p2}\boldsymbol{e}_{s1},\boldsymbol{K}_{d2}\boldsymbol{e}_{s2},\boldsymbol{K}_{i2}\int \boldsymbol{e}_{s1}\mathrm{d}t)\end{pmatrix}\right|\right]
\tag{3-29}
$$

在式(3-29)中，$\boldsymbol{s}_{pi}(\boldsymbol{K}_{p1}\boldsymbol{e}_{s1},\boldsymbol{K}_{i1}\int \boldsymbol{e}_{s1}\mathrm{d}t)$ 和 $\boldsymbol{s}_d(\boldsymbol{K}_{p2}\boldsymbol{e}_{s1},\boldsymbol{K}_{d2}\boldsymbol{e}_{s2},\boldsymbol{K}_{i2}\int \boldsymbol{e}_{s1}\mathrm{d}t)$ 分别是关于 $\boldsymbol{e}_{s1}$ 和 $\boldsymbol{e}_{s2}$ 的广义饱和函数，我们可以调整参数 $\boldsymbol{K}_{p1}$、$\boldsymbol{K}_{i1}$、$\boldsymbol{K}_{p2}$、$\boldsymbol{K}_{i2}$、$\boldsymbol{K}_{d2}$ 来改变 $\boldsymbol{s}_{pi}(\boldsymbol{K}_{p1}\boldsymbol{e}_{s1},\boldsymbol{K}_{i1}\int \boldsymbol{e}_{s1}\mathrm{d}t)$ 和 $\boldsymbol{s}_d(\boldsymbol{K}_{p2}\boldsymbol{e}_{s1},\boldsymbol{K}_{d2}\boldsymbol{e}_{s2},\boldsymbol{K}_{i2}\int \boldsymbol{e}_{s1}\mathrm{d}t)$ 的值。当 $\|\boldsymbol{e}_s\|>\mathrm{R}$（R 为正常数）且参数（$\boldsymbol{K}_{p1}$、$\boldsymbol{K}_{i1}$、$\boldsymbol{K}_{p2}$、$\boldsymbol{K}_{i2}$、$\boldsymbol{K}_{d2}$）满足以下不等式(3-30)时，可以得到 $\dot{V}_s<0$。因此，基于 Lyapunov 稳定性理论，可以保证辅助跟踪误差 $\boldsymbol{e}_s$ 一致最终有界。

$$
\left|\begin{pmatrix}\boldsymbol{s}_{pi}(\boldsymbol{K}_{p1}\boldsymbol{e}_{s1},\boldsymbol{K}_{i1}\int \boldsymbol{e}_{s1}\mathrm{d}t)\\ \boldsymbol{s}_d(\boldsymbol{K}_{p2}\boldsymbol{e}_{s1},\boldsymbol{K}_{d2}\boldsymbol{e}_{s2},\boldsymbol{K}_{i2}\int \boldsymbol{e}_{s1}\mathrm{d}t)\end{pmatrix}\right| > \boldsymbol{H}_{\varepsilon}
\tag{3-30}
$$

本研究将通过 ODIN AUV 的仿真实验，对比本研究所提出的基于虚拟闭环伴随系统的

AUV 自适应容错控制方法和典型容错控制方法的仿真效果，验证本研究方法的有效性。

3. 对比实验验证

为了评估所提出的基于虚拟闭环系统的轨迹跟踪控制策略的性能，本节给出了 ODIN AUV 在相对较大的初始跟踪误差和高斯 - 马尔可夫过程产生的海流作用下的数值仿真结果，并与基于模型的 PD 控制器和 RBFNN 控制器的结果进行了比较。

ODIN AUV 是过驱动水下机器人的典型代表，它在水平面上有四个推进器，在垂直面上也有四个推进器，其布置如图 3 - 9 所示。ODIN AUV 在海流扰动下具有六个自由度，其动力学模型如式(3 - 31)所示：

$$\dot{\boldsymbol{\eta}} = \boldsymbol{J}(\boldsymbol{\eta})\boldsymbol{v}$$
$$\boldsymbol{M}\dot{\boldsymbol{v}} + \boldsymbol{C}_{\mathrm{RB}}(\boldsymbol{v})\boldsymbol{v} + \boldsymbol{g}(\boldsymbol{\eta}) + \boldsymbol{C}_{\mathrm{A}}(\boldsymbol{v}_{\mathrm{r}})\boldsymbol{v}_{\mathrm{r}} + \boldsymbol{D}(\boldsymbol{v}_{\mathrm{r}})\boldsymbol{v}_{\mathrm{r}} = \boldsymbol{E}\boldsymbol{u} \tag{3-31}$$

其中，$\boldsymbol{J}(\boldsymbol{\eta})$为惯性系到载体坐标系的 6×6 变换矩阵，为可逆矩阵；$\boldsymbol{\eta}$ 为 6×1 向量，表示 AUV 相对于惯性系的位置和方位；$\boldsymbol{v}$ 为 6×1 向量，表示 AUV 相对于载体坐标系的线速度和角速度；$\boldsymbol{v}_{\mathrm{r}} = \boldsymbol{v} - \boldsymbol{v}_{\mathrm{c}}$；$\boldsymbol{v}_{\mathrm{c}}$ 为 6×1 向量，代表相对于载体坐标系的海流速度，并假定海流是缓慢变化的，即 $\dot{\boldsymbol{v}} = \dot{\boldsymbol{v}}_{\mathrm{r}}$；$\boldsymbol{M}$ 是包含附加质量的 6×6 质量矩阵，假设 $\boldsymbol{M}$ 已知；$\boldsymbol{C}_{\mathrm{RB}}(\boldsymbol{v})$是 6×6 刚体的科里奥力矩阵和向心矩阵；$\boldsymbol{g}(\boldsymbol{\eta})$是重力和浮力与力矩的 6×1 向量；$\boldsymbol{C}_{\mathrm{A}}(\boldsymbol{v}_{\mathrm{r}})$是 6×6 流体动力科里奥力和向心矩阵；$\boldsymbol{D}(\boldsymbol{v}_{\mathrm{r}})$是 6×6 阻力矩阵；$\boldsymbol{E}$ 是 6×8 的推进器配置矩阵；$\boldsymbol{u}$ 是作用于推进器的 8×1 控制输入($\boldsymbol{T}_i,\ i=1,2\cdots,8$)。

受推进器饱和的限制，控制输入应满足不等式 $-200\ \mathrm{N} \leqslant u(i) \leqslant 200\ \mathrm{N}$。式(3 - 31)中的参数均可以找到。对于控制器的设计，模型参数中考虑了 30% 的建模不确定性。将 ODIN AUV 的初始状态设为 $\boldsymbol{\eta}(0) = [1,\ 1,\ -1,\ \pi/18$；$\dot{\boldsymbol{\eta}}(0) = [0.2,\ 0.2,\ 0.2,\ 0.2,\ 0.2,\ 0.2]$。

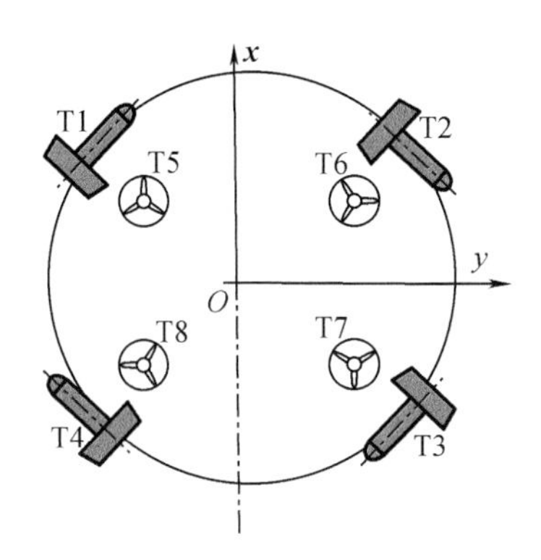

图 3 - 9　ODIN AUV 的推进器布置

基于较为典型的海流模拟方法，本研究采用一阶高斯 - 马尔科夫过程来模拟海流，具体表达如下：

$$\dot{\boldsymbol{V}}_{\mathrm{c}} + \mu_{\mathrm{c}}\boldsymbol{V}_{\mathrm{c}} = \boldsymbol{\omega}_{\mathrm{c}} \tag{3-32}$$

其中，$\boldsymbol{V}_{\mathrm{c}}$ 为所模拟的海流；$\mu_{\mathrm{c}} = 3$；$\boldsymbol{\omega}_{\mathrm{c}}$ 为均值为 1.5，方差为 1 的高斯白噪声；海流所涉及的两个角度：β_{c}和 α_{c}，其中 β_{c} 是由均值为 0，方差为 50 的高斯白噪声的积分所得，$\alpha_{\mathrm{c}} = \beta_{\mathrm{c}}/2$。

由于被控对象的动态模型已知，因此可以离线获取参数。具体地说，首先对参数 ω_{n} 和

ξ 选择合适的值，使参考模型给出的参考轨迹能够跟随期望的轨迹；然后通过工具求解不等式，确定 $\boldsymbol{P}$ 和 Λ_k 的值；最后选择参数 Λ_w。最终选择参数的值如下所示：

$$\omega_n=4;\ \xi=0.2;\Lambda_w=5;\ \boldsymbol{P}=\begin{bmatrix}0.783\,9\boldsymbol{I}_{6\times6} & 0.021\,9\boldsymbol{I}_{6\times6}\\ 0.021\,9\boldsymbol{I}_{6\times6} & 0.051\,6\boldsymbol{I}_{6\times6}\end{bmatrix};\ \Lambda_k=1/6.180\,7$$

经过讨论，$\boldsymbol{K}_{p1}$ 和 $\boldsymbol{K}_{d2}$ 应选择较大的值，以实现跟踪误差的一致最终有界性。然后将其他参数（$\boldsymbol{K}_{i1}$、$\boldsymbol{K}_{p2}$ 和 $\boldsymbol{K}_{i2}$）从零调整到一定的正值，再通过试错来提高跟踪精度。PID 参数整定的经验可以为这些参数的选择提供一些的帮助。整理的参数最终值如下所示：

$$\boldsymbol{K}_{p1}=\mathrm{diag}([75,\ 75,\ 75,\ 175,\ 175,\ 175]);$$
$$\boldsymbol{K}_{i1}=\mathrm{diag}([2.5,\ 2.5,\ 2.5,\ 2.5,\ 2.5,\ 2.5]);$$
$$\boldsymbol{K}_{p2}=\mathrm{diag}([4,\ 4,\ 4,\ 81,\ 81,\ 81]);$$
$$\boldsymbol{K}_{d2}=\mathrm{diag}([50,\ 50,\ 50,\ 50,\ 50,\ 50]);$$
$$\boldsymbol{K}_{i2}=\mathrm{diag}([2.5,\ 2.5,\ 2.5,\ 2.5,\ 2.5,\ 2.5])$$

根据大量的仿真结果，对于新设计的 RBFNN，只有更新结构中的参数（λ_φ）才对控制输入有较大影响。仿真结果表明，当参数 λ_φ 在 2 ~ 4.5 范围内选取时，跟踪性能是令人满意的。最后选定隐藏层中的节点数为 30。权重 $\boldsymbol{W}$ 的初始值为 0 且 $\lambda_\varphi=4$。径向基函数的宽度为 0.1，中心均匀分布在[-0.1,0.1]范围内。

本研究根据仿真结果给出了饱和函数，如下所示：

$$s_a(\boldsymbol{\chi})=s_p(\boldsymbol{\chi})=\begin{cases}\boldsymbol{\chi}, & |\boldsymbol{\chi}|\leqslant L_p\\ \mathrm{sign}(\boldsymbol{\chi})\boldsymbol{L}_p+(\boldsymbol{M}_p-\boldsymbol{L}_p)\tanh\left(\dfrac{\boldsymbol{\chi}-\mathrm{sign}(\boldsymbol{\chi})\boldsymbol{L}_p}{\boldsymbol{M}_p-\boldsymbol{L}_p}\right), & |\boldsymbol{\chi}|>L_p\end{cases}$$

在函数 $s_a(\hat{\varphi})$ 中，$\boldsymbol{L}_p$ 和 $\boldsymbol{M}_p$ 分别设置为 1 和 2 且维度匹配。在 $s_p(\boldsymbol{K}_{p1}\boldsymbol{e}_{s1}+\boldsymbol{K}_{i1}\int\boldsymbol{e}_{s1}\mathrm{d}t)$ 和 $s_p(\boldsymbol{K}_{i1}\int\boldsymbol{e}_{s1}\mathrm{d}t)$ 函数中，$\boldsymbol{L}_p$ 和 $\boldsymbol{M}_p$ 分别设置为[100,100,100,200,200,200]，[150,150,150,300,300,300]和[20,20,20,40,40,40]，[150,150,150,300,300,300]；在 $s_p(\boldsymbol{K}_{p2}\boldsymbol{e}_{s1}+\boldsymbol{K}_{d2}\boldsymbol{e}_{s2}+\boldsymbol{K}_{i2}\int\boldsymbol{e}_{s1}\mathrm{d}t)$ 和 $s_p(\boldsymbol{K}_{p2}\boldsymbol{e}_{s1}+K_{i2}\int\boldsymbol{e}_{s1}\mathrm{d}t)$ 函数中，$\boldsymbol{L}_p$ 和 $\boldsymbol{M}_p$ 被设置为[150,150,150,450,450,450]和[200,200,200,500,500,500]。以上参数是通过反复试验来确定的。

为了评估新设计的有效性，本研究分别考虑了基于模型的 PD 控制器和 RBFNN 控制器。在初始跟踪误差较大的情况下，使用参考模型对 AUV 初始状态进行初始化，以实现轨迹跟踪。

基于模型的 PD 控制器的控制量如式(3 -33)所示：

$$\boldsymbol{u}=(\boldsymbol{J}\boldsymbol{M}^{-1}\boldsymbol{E})^{+}[(\ddot{\boldsymbol{x}}_r-\boldsymbol{\beta})+\boldsymbol{K}_{dc}(\dot{\boldsymbol{x}}_r-\dot{\boldsymbol{\eta}})+\boldsymbol{K}_{pc}(\boldsymbol{x}_r-\boldsymbol{\eta})] \tag{3-33}$$

其中，$\boldsymbol{\beta}=\dot{\boldsymbol{J}}\boldsymbol{\nu}-\boldsymbol{J}\boldsymbol{M}^{-1}(\hat{\boldsymbol{C}}_{RB}(\boldsymbol{\nu})\boldsymbol{\nu}+\hat{\boldsymbol{g}}(\boldsymbol{\eta})+\hat{\boldsymbol{C}}_A(\boldsymbol{\nu})\boldsymbol{\nu}+\hat{\boldsymbol{D}}(\boldsymbol{\nu})\boldsymbol{\nu})$；$\ddot{\boldsymbol{x}}_r$、$\dot{\boldsymbol{x}}_r$ 与 $\boldsymbol{x}_r$ 为从参数模型中获得；$\boldsymbol{K}_{pc}=\mathrm{diag}(1.2,\ 1.2,\ 1.2,\ 1.2,\ 1.2,\ 24)$；$\boldsymbol{K}_{dc}=\mathrm{diag}([8,\ 8,\ 8,\ 8,\ 8,\ 24])$。

同样，基于 RBFNN 控制器的控制量如式(3 -34)和式(3 -35)所示：

$$\boldsymbol{u}=-\boldsymbol{B}^{+}(\boldsymbol{f}_0(\boldsymbol{x}_0)+\boldsymbol{A}_r\boldsymbol{x}_r+\boldsymbol{B}_r\boldsymbol{r}_{com}+[\boldsymbol{O}_{6\times1};\hat{\boldsymbol{W}}_2\hat{\boldsymbol{Q}}_2]+[\boldsymbol{O}_{6\times1};\hat{\boldsymbol{\psi}}\mathrm{sat}(\boldsymbol{e})]) \tag{3-34}$$

$$\dot{\hat{\boldsymbol{W}}}_2=\boldsymbol{k}_1\boldsymbol{e}\,\hat{\boldsymbol{Q}}_2^{\mathrm{T}} \tag{3-35(a)}$$

$$\dot{\hat{\boldsymbol{V}}} = \boldsymbol{k}_2(\boldsymbol{e}\boldsymbol{e}^{\mathrm{T}}\hat{\boldsymbol{W}}_2\hat{\boldsymbol{Q}}_{2\mathrm{V}})^{\mathrm{T}} \tag{3-35(b)}$$

$$\dot{\hat{\boldsymbol{m}}}_2 = \boldsymbol{k}_3(\boldsymbol{e}^{\mathrm{T}}\hat{\boldsymbol{W}}_2\hat{\boldsymbol{Q}}_{2\mathrm{m}})^{\mathrm{T}} \tag{3-35(c)}$$

$$\dot{\hat{\boldsymbol{\mu}}}_2 = \boldsymbol{k}_4(\boldsymbol{e}^{\mathrm{T}}\hat{\boldsymbol{W}}_2\hat{\boldsymbol{Q}}_{2\mu})^{\mathrm{T}} \tag{3-35(d)}$$

$$\dot{\hat{\boldsymbol{\psi}}} = \boldsymbol{k}_5\|\boldsymbol{e}\| \tag{3-35(e)}$$

其中，$\hat{\boldsymbol{Q}}_2=\exp(-(\hat{\boldsymbol{V}}\boldsymbol{e}-\hat{\boldsymbol{m}}_2)^2/\hat{\boldsymbol{\mu}}_2^2)$；$\boldsymbol{e}=[e_1, e_2]=\boldsymbol{x}-\boldsymbol{x}_\mathrm{r}$，$\boldsymbol{e}$ 为 RBFNN 的输入；$\boldsymbol{x}_\mathrm{r}$ 取自参考模型；$\hat{\boldsymbol{\psi}}$ 是用于抵消 RBFNN 逼近误差的项；$\hat{\boldsymbol{W}}_2$ 和 $\hat{\boldsymbol{V}}$ 分别是输入层到隐层和隐层到输出层加权矩阵的估计值（分别表示为 $\boldsymbol{V}^*$ 和 $\boldsymbol{W}_2^*$），初始值在[-0.5,0.5]内随机选取；$\boldsymbol{Q}_{2\mathrm{V}}$，$\boldsymbol{Q}_{2\mathrm{m}}$，$\boldsymbol{Q}_{2\mu}$ 分别是函数 $\widetilde{\boldsymbol{Q}}_2=\hat{\boldsymbol{Q}}_2-\boldsymbol{Q}_2^*$ 对变量 $\boldsymbol{V}\boldsymbol{e}$，$\boldsymbol{m}_2$，$\boldsymbol{\mu}_2$ 的导数；$\boldsymbol{Q}_2^*=\exp(-(\boldsymbol{V}^*\boldsymbol{e}-\boldsymbol{m}_2^*)^2/\boldsymbol{\mu}_2^{*2})$；$\hat{\boldsymbol{m}}_2$ 和 $\hat{\boldsymbol{\mu}}_2$ 是径向基函数的中心向量 $\boldsymbol{m}_2$ 和宽度向量 $\boldsymbol{\mu}_2$ 的估计值，它们的初始值在[-0.1,0.1]内随机选取；隐藏节点数为20；sat($\boldsymbol{e}$)是一个边界为0.5的饱和函数；$k_1=k_2=k_3=6$；$k_3=k_4=k_5=2$。

在仿真中，采用两种不同的轨迹，包括螺旋轨迹和“8”型轨迹，分别对每一种情况下的轨迹跟踪进行了测量和仿真。通过低通滤波器（10 rad/s）将 $\dot{\eta}$ 的附加测量噪声设置为平均值为0，方差为0.01的高斯噪声；通过低通滤波器（1 rad/s）将 η 的附加测量噪声设置为平均值为0，方差为0.001的高斯噪声。

(1)螺旋轨迹跟踪仿真

期望的螺旋轨迹如式(3-36)所示：

$$\boldsymbol{r}=[x_\mathrm{d}, y_\mathrm{d}, z_\mathrm{d}, 0, 0, \psi_\mathrm{d}]$$

其中，$x_\mathrm{d}=4(1-\cos(0.15t))$；$y_\mathrm{d}=4\sin(0.15t)$；$z_\mathrm{d}=-0.2t$；$\psi_\mathrm{d}=\mathrm{acrtan}(0.5\cot(0.15t))$。

无测量噪声下基于研究设计的螺旋轨迹跟踪仿真结果，如图3-10所示，其中不考虑测量噪声。无测量噪声下基于模型PD控制器的螺旋轨迹跟踪仿真结果和无测量噪声下基于RBFNN控制器的螺旋轨迹跟踪仿真结果分别如图3-11和图3-12所示。

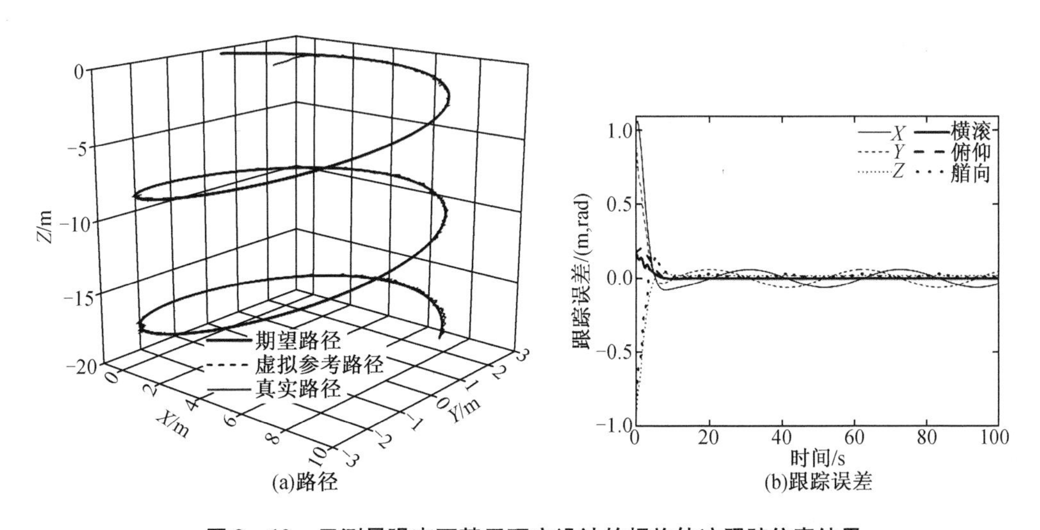

图3-10 无测量噪声下基于研究设计的螺旋轨迹跟踪仿真结果

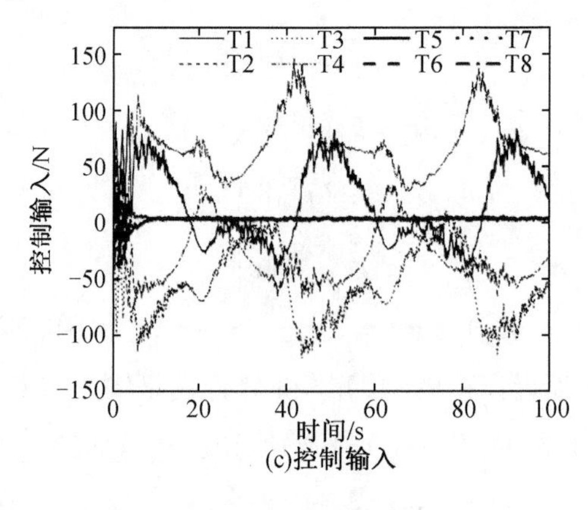

(c)控制输入

图 3-10(续)

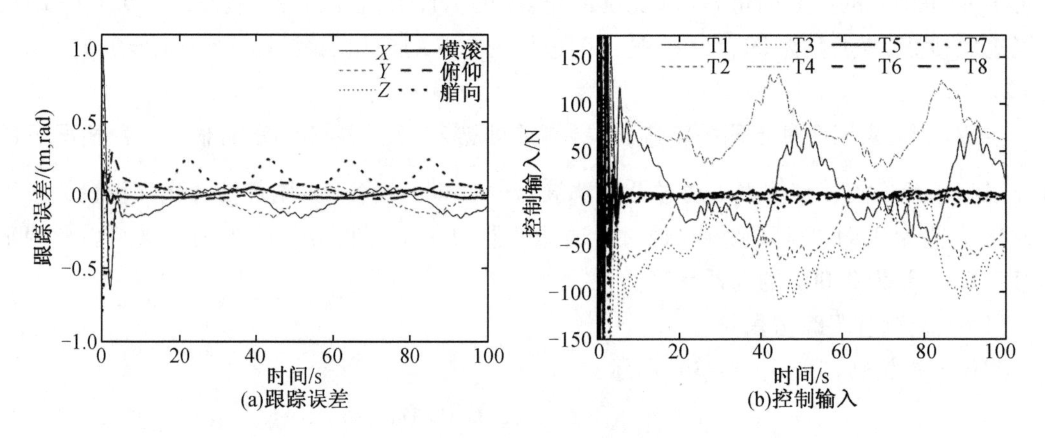

(a)跟踪误差 (b)控制输入

图 3-11 无测量噪声下基于模型 PD 控制器的螺旋轨迹跟踪仿真结果

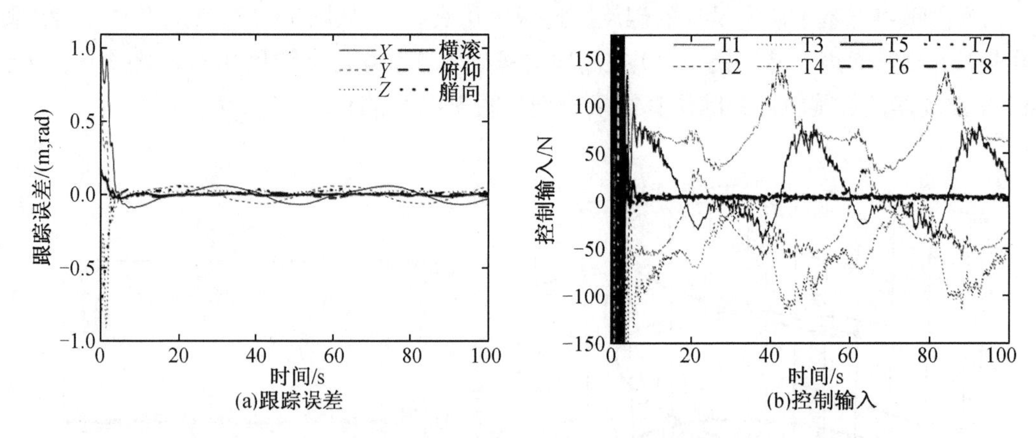

(a)跟踪误差 (b)控制输入

图 3-12 无测量噪声下基于 RBFNN 控制器的螺旋轨迹跟踪仿真结果

为了评估和比较这三种控制器的性能,我们使用了一些性能指标,包括绝对误差积分(*IAE*)(由(3-37(a))计算)、绝对误差乘以时间的积分(*ITAE*)(由(3-37(b))计算)、控制输入平方的积分(*ISCI*)(由(3-37(c))计算)、控制输入方差(*IVCI*)的积分(由(3-37(d))计算)。表 3-3 给出了无测量噪声下不同控制器的螺旋轨迹跟踪性能指标的结果。

$$IAE = \int_0^t |\boldsymbol{e}_{\mathrm{real}}| \mathrm{d}t \tag{3-37(a)}$$

$$ITAE = \int_0^t t |\boldsymbol{e}_{\mathrm{real}}| \mathrm{d}t \tag{3-37(b)}$$

$$ISCI = \sum \sum_{i=1}^{8} |\boldsymbol{u}(i)|^2 \tag{3-37(c)}$$

$$IVCI = \sum \sum_{i=1}^{8} |\Delta \boldsymbol{u}(i)| \tag{3-37(d)}$$

其中，$\boldsymbol{e}_{\mathrm{real}}$表示实际跟踪误差，即 $\boldsymbol{e}_{\mathrm{real}} = \boldsymbol{\eta} - \boldsymbol{r}$；$\boldsymbol{u}(i)$表示作用于第 i 个推进器的控制输入；$\Delta\boldsymbol{u}(i)$表示第 i 个推进器当前与最后一个时刻间的控制输入差值。

表 3-3 无测量噪声下不同控制器的螺旋轨迹跟踪性能指标

	IAE						ITAE						ISCI	IVCI
	X /m	Y /m	Z /m	横滚 /rad	俯仰 /rad	艏向 /rad	X /m	Y /m	Z /m	横滚 /rad	俯仰 /rad	艏向 /rad	$\times 10^7$ /N	$\times 10^4$ /N
研究方法	6.72	5.53	3.90	0.55	0.92	3.29	205.41	186.99	102.94	1.43	2.59	76.33	6.38	2.73
PD	8.32	7.03	2.64	1.89	4.76	13.02	335.50	299.15	95.28	93.88	199.59	615.85	9.40	1.53
RBFNN	6.37	4.79	3.39	0.72	1.00	2.93	205.82	193.72	100.12	22.63	32.06	74.49	10.98	3.99

在研究方法中，采用虚拟闭环系统来生成 AUV 所遵循的虚拟参考轨迹。在无测量噪声的螺旋轨迹跟踪仿真中，从图 3-10 至图 3-12 中可以看出，虽然新设计在收敛时间上没有明显的优势，但控制输入在早期的抖振现象得到了很大的缓解。与基于模型的 PD 控制器的结果相比，除了研究方法的 Z 自由度 *IAE* 值、*ITAE* 值较大外，研究方法其他自由度的 *IAE* 和 *ITAE* 值较小。与 RBFNN 控制器相比，研究方法在 *IAE* 和 *ITAE* 方面的优势并不明显。从图 3-10 至图 3-12 可以看出，研究方法的收敛时间比其他控制器的收敛时间要长(约 3 s)，这直接导致基于研究方法的 X 和 Z 自由度的 *IAE* 值比其他控制器的 *IAE* 值要大。

另外，从表 3-3 可以看出，基于模型的 PD 控制器的 *IVCI* 值最小，说明后期的控制输入更加平滑，这也可以从图 3-10 至图 3-12 中看出来。由于所提出的虚拟闭环系统的优势，其 *ISCI* 值远低于其他控制器，验证了研究方法在无噪声的螺旋轨迹跟踪过程中消耗的能量最少。

此外，为了验证研究方法的有效性，在螺旋轨迹跟踪仿真中还考虑了附加测量噪声。图 3-13 至图 3-15 分别是存在测量噪声下基于研究方法、基于模型的 PD 控制器和基于 RBFNN 控制器的螺旋轨迹跟踪仿真结果。表 3-4 总结了存在测量噪声下不同控制器的螺旋轨迹跟踪性能指标的结果。

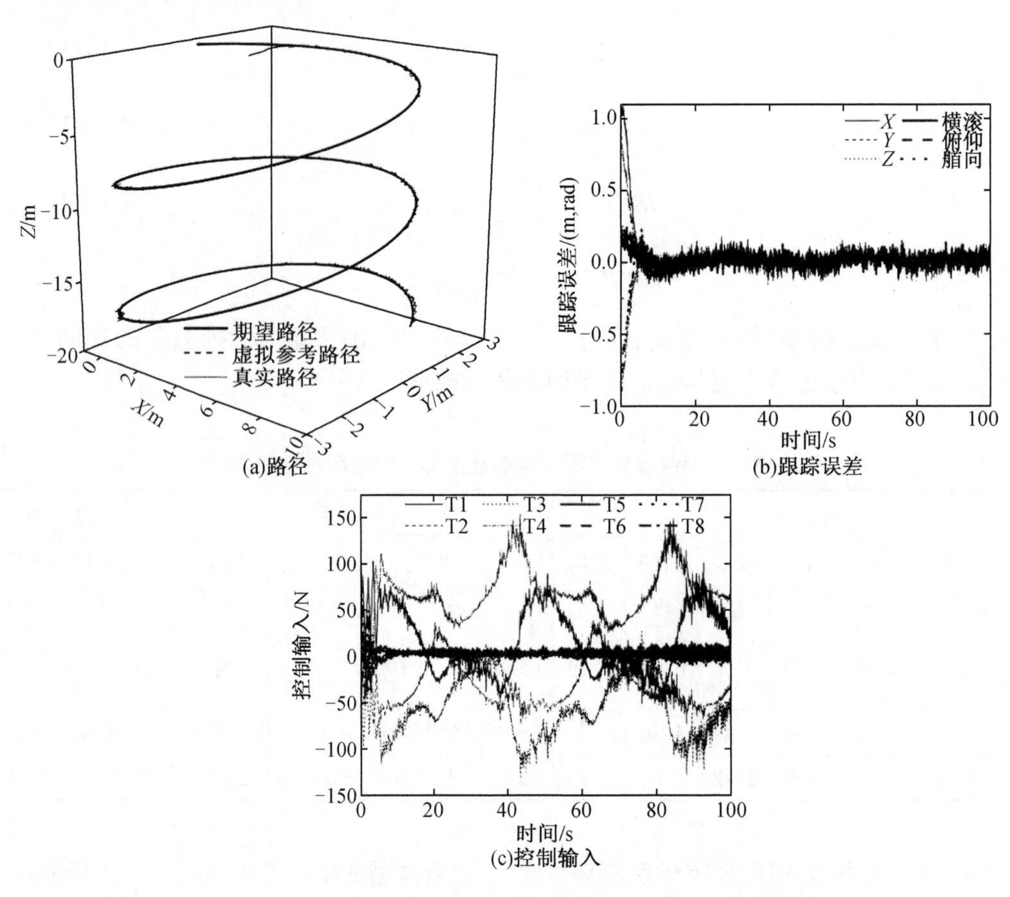

图 3-13 存在测量噪声下基于新设计的螺旋轨迹跟踪仿真结果

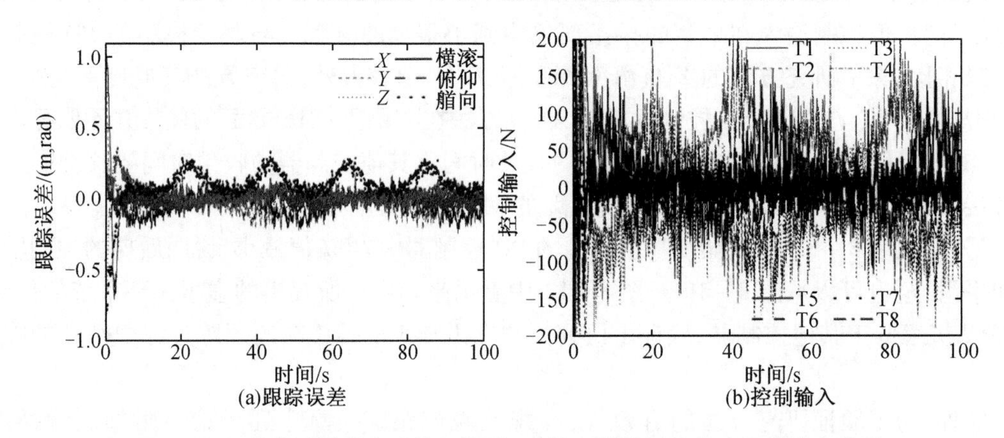

图 3-14 存在测量噪声下基于模型 PD 控制器的螺旋轨迹跟踪仿真结果

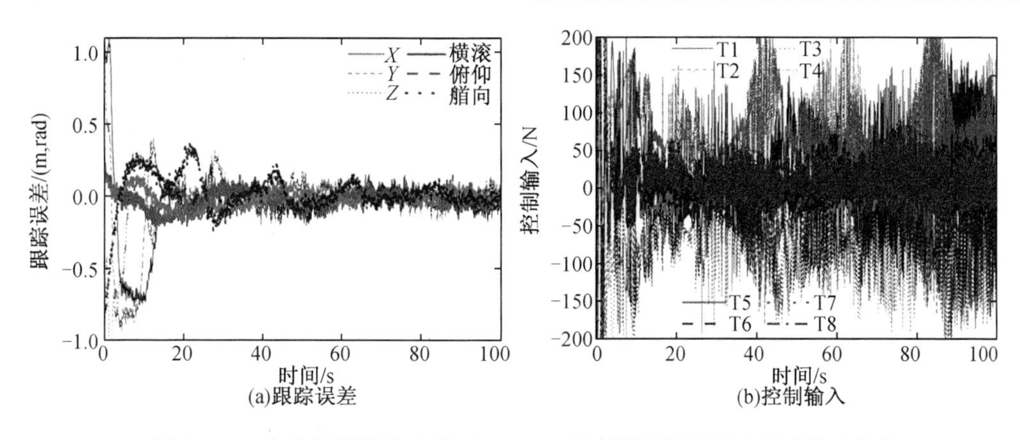

图 3-15 存在测量噪声下基于 RBFNN 控制器的螺旋轨迹跟踪仿真结果

表 3-4 存在测量噪声下不同控制器的螺旋轨迹跟踪的性能指标分析

	IAE						*ITAE*						*ISCI*	*IVCI*
	X /m	*Y* /m	*Z* /m	横滚 /rad	俯仰 /rad	艏向 /rad	*X* /m	*Y* /m	*Z* /m	横滚 /rad	俯仰 /rad	艏向 /rad	$\times 10^7$ /N	$\times 10^4$ /N
研究方法	7.28	6.33	5.62	3.28	3.63	5.22	2.59	1.51	1.40	0.19	0.27	1.01	6.42	9.75
PD	9.04	7.72	4.04	3.23	5.25	13.08	368.94	331.33	166.86	153.57	218.47	618.12	11.37	32.07
RBFNN	12.89	12.53	9.66	5.28	5.53	9.27	324.88	309.84	226.70	213.86	222.18	275.03	15.12	64.67

此外，为了验证研究方法的有效性，在螺旋轨迹跟踪仿真结果中还考虑了存在测量噪声。与无测量噪声的结果相比，研究方法在考虑测量噪声时的优势更加明显。从图 3-13 至图 3-15 可以看出，研究方法的控制输入没有严重的抖振现象，而另外两个控制器的控制输入由于存在测量噪声而变化得非常快，这也可以从表 3-4 中 *IVCI* 和 *ISCI* 的值中得到验证。此外，当考虑存在测量噪声时，研究方法的优势在 *IAE* 和 *ITAE* 方面变得更加明显，如表 3-4 所示。具体地说，研究方法的 *IAE* 和 *ITAE* 值远小于 RBFNN 控制器，与基于模型的 PD 控制器相比，研究方法的 *IAE* 和 *ITAE* 值比 RBFNN 控制器要小得多，这是由于研究方法的收敛时间相对较长。

(2)“8”型轨迹跟踪仿真

所需的“8”型轨迹如式(3-38)所示：

$$\boldsymbol{r} = [x_{\mathrm{d}},\ y_{\mathrm{d}},\ z_{\mathrm{d}},\ 0,\ 0,\ \psi_{\mathrm{d}}] \tag{3-38}$$

其中，$x_{\mathrm{d}} = 4(1-\cos(0.125t))$；$y_{\mathrm{d}} = 4\sin(0.25t)$；$z_{\mathrm{d}} = -2$；$\psi_{\mathrm{d}} = \mathrm{acrtan}(0.5\cot(0.15t))$。

第一种情况，测量噪声不存在。图 3-16 至图 3-18 分别显示无测量噪声下基于研究方法控制器、基于模型的 PD 控制器、基于 RBFNN 控制器的“8”型轨迹跟踪仿真结果。表 3-5 给出了无测量噪声下不同控制器的“8”型轨迹跟踪性能指标的结果。

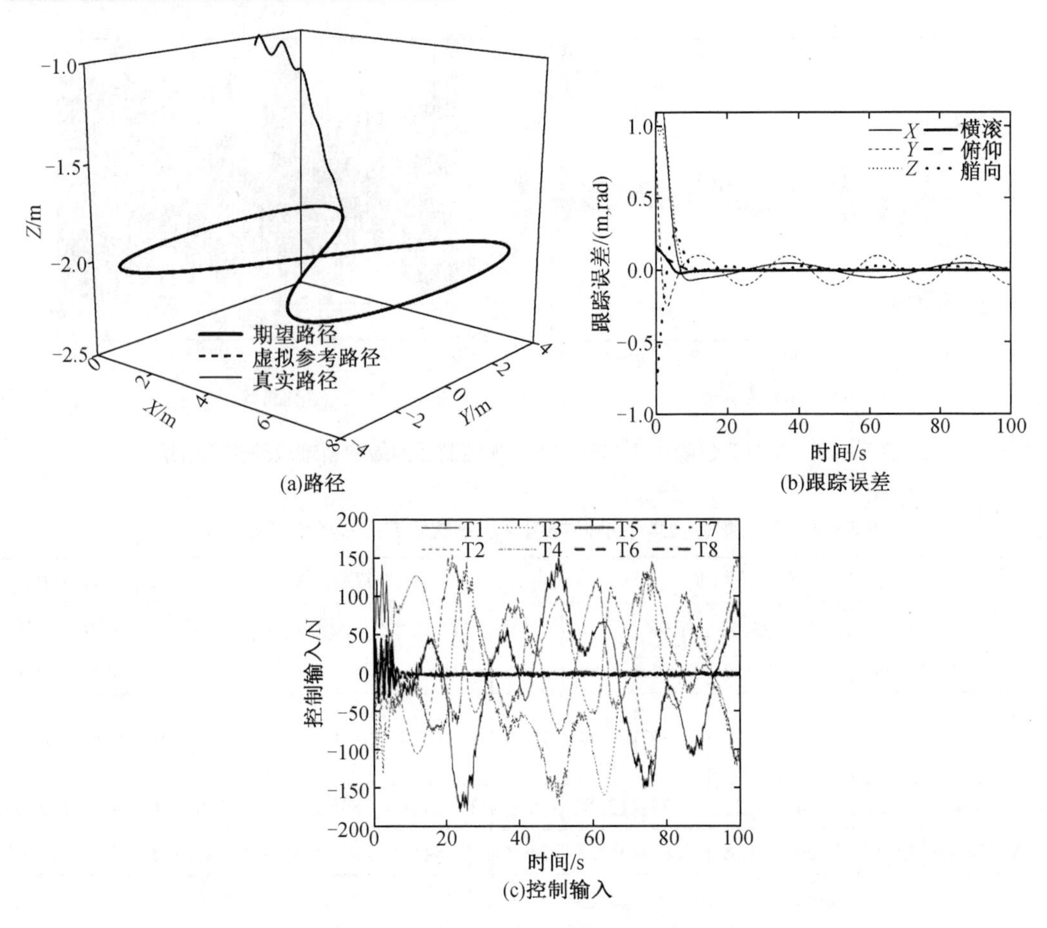

(a)路径 (b)跟踪误差

(c)控制输入

图 3-16 无测量噪声下基于研究方法的"8"型轨迹跟踪仿真结果

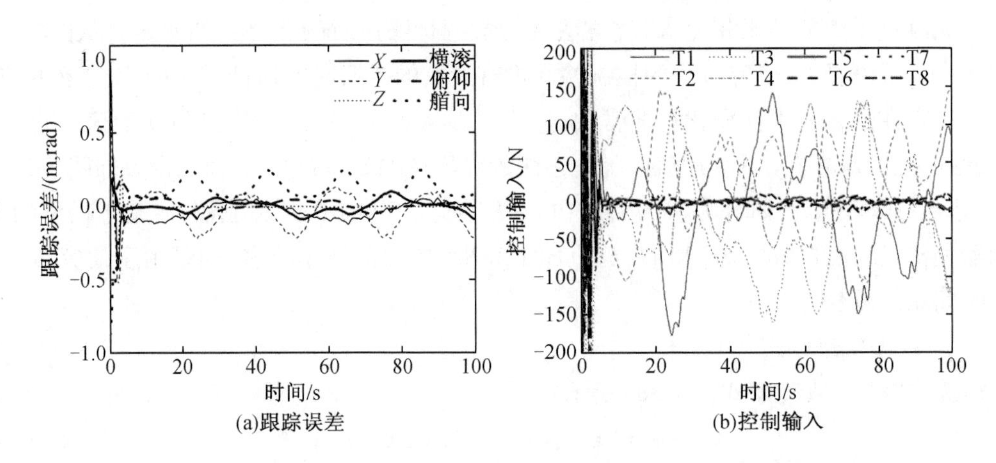

(a)跟踪误差 (b)控制输入

图 3-17 无测量噪声下基于模型的 PD 控制器的"8"型轨迹跟踪仿真结果

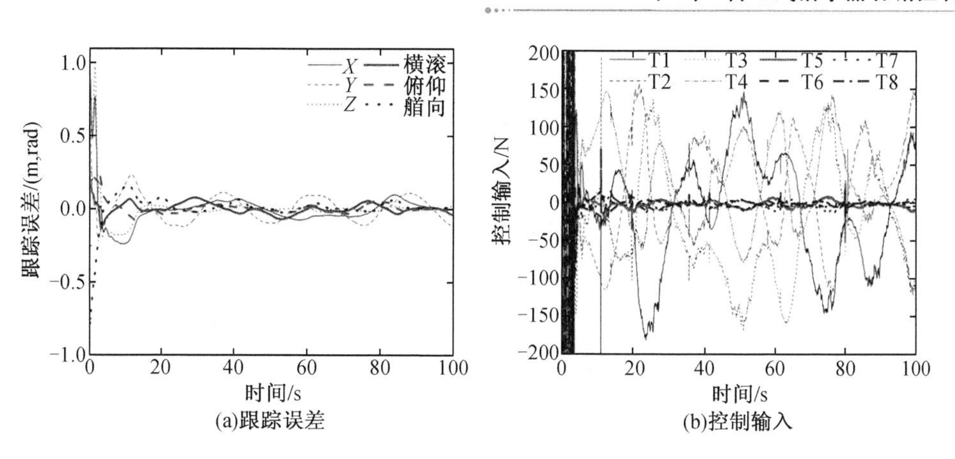

(a)跟踪误差　　(b)控制输入

图 3－18　无测量噪声下基于 RBFNN 的“8”型轨迹跟踪仿真结果

表 3－5　无测量噪声下不同控制器的“8”型轨迹跟踪性能指标

	IAE						*ITAE*						*ISCI*	*IVCI*
	X /m	*Y* /m	*Z* /m	横滚 /rad	俯仰 /rad	艏向 /rad	*X* /m	*Y* /m	*Z* /m	横滚 /rad	俯仰 /rad	艏向 /rad	$\times 10^7$ /N	$\times 10^4$ /N
研究方法	7.79	7.52	4.75	0.56	0.64	3.67	170.25	325.68	12.81	1.60	2.03	79.31	1.04	3.15
PD	6.25	10.35	1.73	3.30	3.60	12.92	224.54	485.94	25.65	176.97	117.38	615.04	1.28	2.03
RBFNN	6.57	8.02	4.10	2.76	2.69	4.36	205.28	346.13	53.05	111.28	93.28	105.38	1.48	5.89

从图 3－16 至图 3－18 可以看出，在基于这三种控制器的“8”型轨迹跟踪仿真结果中，无论是基于模型的 PD 控制器还是 RBFNN 控制器，早期的控制输入都会出现高频抖振现象，而只有研究方法的控制输入在早期变化得不快。从表 3－5 可以看出，研究方法的 *ISCI* 值最小，表明研究方法的能耗更低。但也需要承认的是，研究方法在控制输入的总方差中并没有最小值，虽然抖振现象在早期得到了很大的缓解。此外，从图 3－16 至图 3－18 和表 3－5 中可以看出，研究方法的 *ITAE* 值在这三个控制器中最小，证明研究方法大大降低了稳态误差。就 *IAE* 而言，除了 *X* 和 *Z* 自由度外，研究方法的值更小。图 3－16 至图 3－18 的结果表明，研究方法的收敛时间比其他控制器要长（约 3 s），从而使 *X* 和 *Z* 自由度的 IAE 值大于其他控制器。

同样，第二种情况考虑了存在测量噪声。图 3－19 至图 3－21 分别给出了存在测量噪声下基于研究方法控制器、基于模型的 PD 控制器、基于 RBFNN 控制器的“8”型轨迹跟踪仿真结果。存在测量噪声下不同控制器的“8”型轨迹跟踪性能指标的结果见表 3－6。

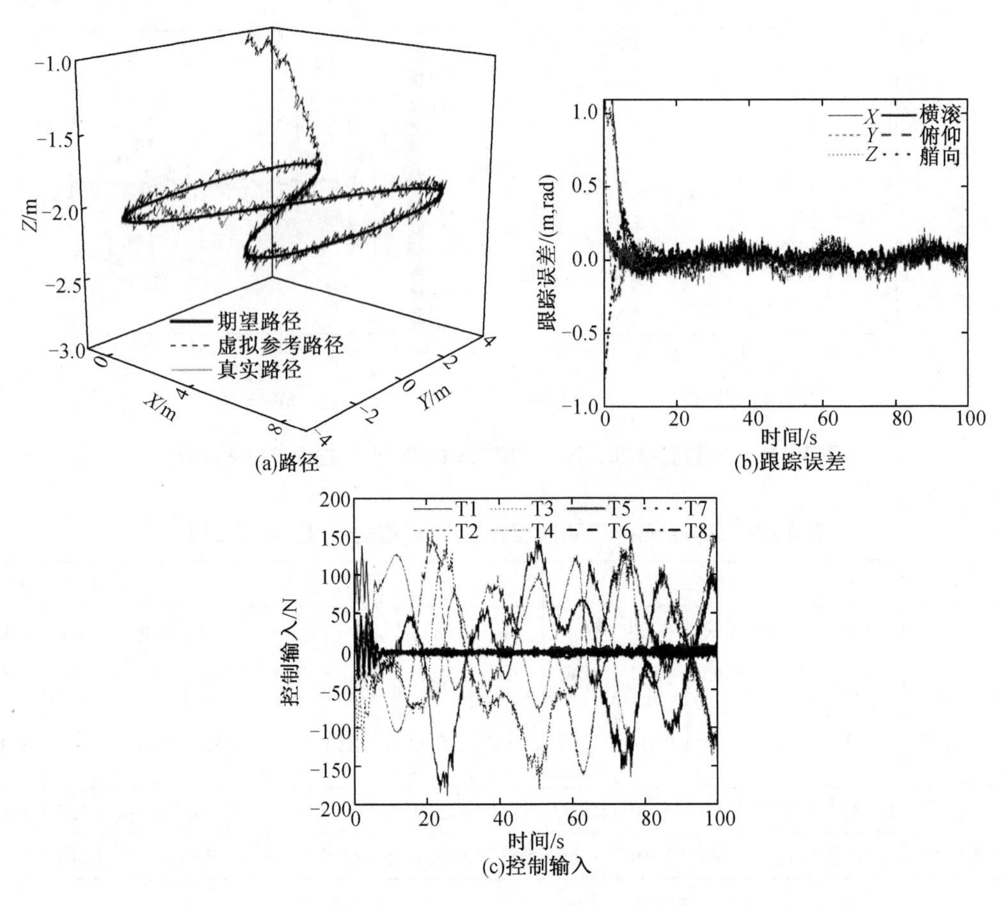

图 3-19　存在测量噪声下基于研究方法的“8”型轨迹跟踪仿真结果

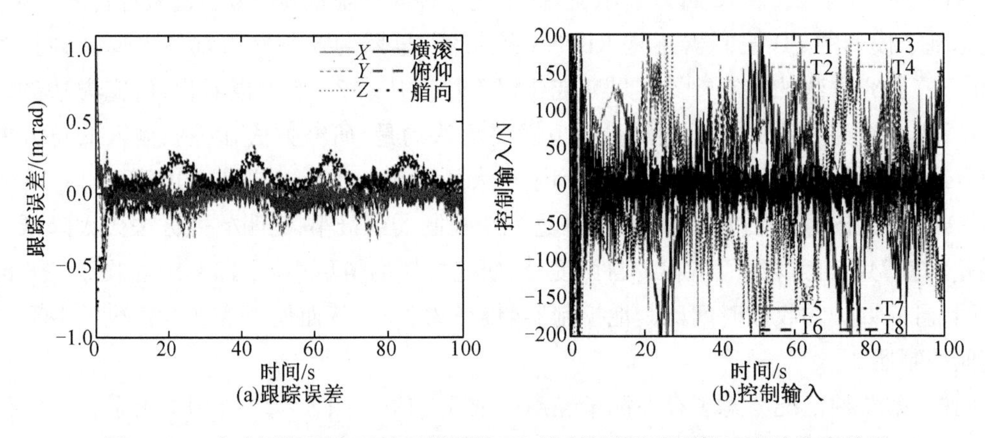

图 3-20　存在测量噪声下基于模型的 PD 控制器的“8”型轨迹跟踪仿真结果

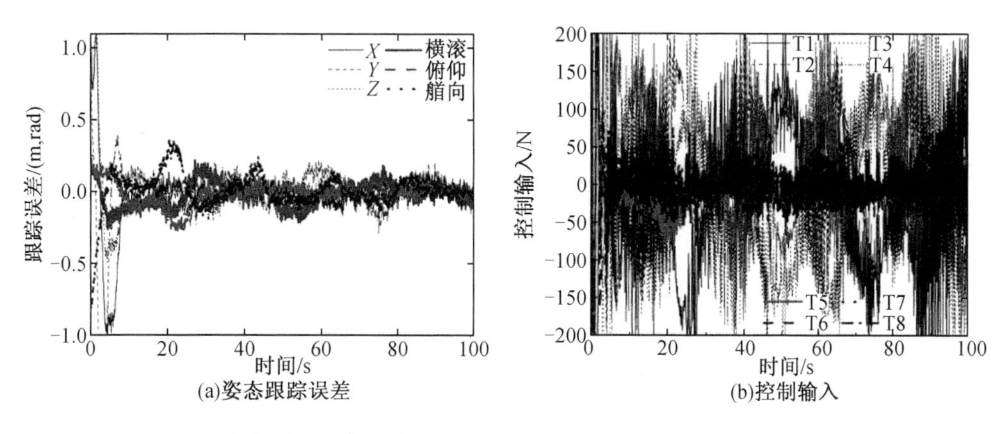

(a)姿态跟踪误差
(b)控制输入

图3-21 存在测量噪声下的基于RBFNN控制器的"8"型轨迹跟踪仿真结果

表3-6 存在测量噪声下不同控制器的"8"型轨迹跟踪性能指标

	IAE						*ITAE*						*ISCI*	*IVCI*
	X /m	*Y* /m	*Z* /m	横滚 /rad	俯仰 /rad	艏向 /rad	*X* /m	*Y* /m	*Z* /m	横滚 /rad	俯仰 /rad	艏向 /rad	$\times 10^7$ /N	$\times 10^4$ /N
研究方法	9.09	7.94	7.42	3.29	3.32	5.59	243.36	358.06	164.33	153.66	153.66	199.07	1.04	9.88
PD	7.11	10.75	4.16	4.34	4.40	13.03	278.52	505.51	152.03	218.00	165.16	619.20	1.49	31.07
RBFNN	10.20	13.13	7.64	6.98	5.70	8.07	256.64	448.36	185.90	272.21	199.89	280.69	1.92	80.48

同样,在考虑"8"型轨迹跟踪过程中的测量噪声时,基于模型的PD控制器和RBFNN控制器的控制输入都会发生高频大幅度的变化,研究方法在考虑测量噪声的情况下,控制输入不存在明显的频率抖振现象。从表3-6可以看出,研究方法的*IVCI*和*ISCI*值最小,验证了研究方法的控制输入更加平滑。此外,在这三个控制器中,*IAE*和*ITAE*的值(除了*X*和*Z*自由度)属研究方法是最小值。从图3-19和图3-20可以看出,研究方法的收敛时间仍然比基于模型的PD控制器要长(约5 s),这也直接导致研究方法的*X*和*Z*自由度的*IAE*值大于基于模型的PD控制器。

仿真结果表明,当AUV初始跟踪误差较大时,研究方法的虚拟闭环系统能有效地消除控制输入早期的抖振现象。另外,研究方法的控制输入无论是在有测量噪声的情况下,还是在没有测量噪声的情况下都变化平稳。但是有测量噪声对基于模型的PD控制器和RBFNN控制器的控制输入都有很大的影响。从应用的角度来看,控制输入的平稳性是非常重要的,因为抖振现象会给推进器带来一些问题,如磨损,或缩短推进器的使用时间。在有测量噪声的情况下,研究方法在跟踪精度方面的优势变得更加明显;在没有测量噪声的情况下,研究方法在某些自由度的*IAE*和*ITAE*方面比其他控制器有更大的值,但是在有测量噪声的情况下这个问题不会出现。

4. 结论

针对存在外部干扰、建模不确定性和初始跟踪误差的AUV控制问题,本研究提出了基于虚拟闭环系统的 AUV 轨迹跟踪控制方案。与传统跟踪期望轨迹的方法不同,本研究采用带有固定反馈控制器的虚拟闭环系统来生成 AUV 遵循的虚拟参考轨迹。再通过基于广义饱和函数的鲁棒控制器与 RBFNN 估计相结合,实现辅助跟踪误差的一致最终有界性。仿真结果表明,研究方法能有效地缓解控制输入的早期抖振现象,获得更好的稳态跟踪精度。在考虑有测量噪声的情况下,研究方法在控制输入的平滑性和跟踪精度方面具有明显的优势。

3.2　区域跟踪与容错控制

在以 AUV 作为载体的监测中,AUV 应跟踪基于实时分析预先编程或规划的轨迹。为了完成这个任务,需要一个高可靠性的轨迹跟踪系统。在传统的控制方案中,高跟踪精度是使用者的首要要求,即控制器的目标是使跟踪误差尽可能地收敛到 0。由于存在海流和测量噪声,因此一般随着跟踪精度地提高,控制输入会引入更频繁地波动。然而,在一些特殊的应用中,AUV 应该被控制并保持在一个特殊的区域进行观察或数据收集。例如,为了检测管道内浮游生物的最大丰富度,其控制目标是将 AUV 保持在最小水深与最大水深之间的范围内。因此,区域到达/跟踪概念被提出用于 AUV 中,即期望的目标被定义为一个区域,而不是一个点。

目前,基于期望区域边界构造的势能函数是实现 AUV 区域跟踪控制的一种典型方法,控制器的目标是保证稳态跟踪误差在期望区域内。基于此区域跟踪概念,Ismail 等分别为 AUV 和带有机械手的 AUV 设计了区域跟踪控制方案。然而,在上述研究工作中,没有考虑海流等外部干扰。为了弥补这一缺陷并保证跟踪误差的收敛能力,Zhang 等设计了基于 PD 神经网络滑模算法的自适应区域跟踪控制方法。此外,Mukherjee 等在严格假设输入延迟为已知常数的前提下,研究了 AUV 区域跟踪中执行器延迟的补偿问题。

除上述研究外,区域跟踪控制的推进器故障也引起了研究人员的兴趣。Ismail 等结合基于加权伪逆的控制重分配和区域跟踪概念,设计了一种基于容错区域的 AUV 控制方法。在本研究中,需要事先知道推进器故障发生的时间、大小和位置等信息。为了与故障诊断系统独立,Chu 等还研究了区域跟踪容错控制问题,并利用神经网络逼近包括推进器故障影响在内的未知函数。不同于上述文献中区域跟踪控制的设计原则,Zhang 等针对未知推进器故障提出了一种基于反演的区域跟踪容错控制方案,根据给定的期望区域构造分段平滑的 Lyapunov 函数。

上述关于区域跟踪控制的文献都只关注了跟踪误差在稳态下的性能,没有考虑跟踪误差的瞬态性能。然而,如何保证跟踪误差同时满足瞬态和稳态的要求,是一个非常关键而又困难的问题。幸运的是,Bechlioulis 等提出了规定性能控制概念。在这个概念中,使用指数衰减函数来描述对瞬态和稳态跟踪误差的要求,包括稳态误差、收敛时间和超调。例如,通过误差映射函数结合描述性能要求的指数衰减函数实现了规定的性能控制,而在 Theodorakopoulos 等 和 Zhang 等中,没有使用额外的近似或补偿结构。规定性能控制概念同时应用于欠驱动船舶的控制,参见 Park 等, Bechlioulis 等和 Li 等的研究。在这些文献中已经说明了一些关于规定性能控制的案例，即在瞬态和稳态下跟踪误差都满足指定性能要求。

3.2.1 AUV 全过程区域跟踪容错控制

本节结合区域跟踪概念和规定性能控制概念，进一步研究了存在海流干扰和未知推进器故障时 AUV 的区域跟踪问题。本书的目标是针对未知推进器故障的 AUV，结合一种自适应区域跟踪容错控制器，以保证跟踪误差的瞬态和稳态性能（包括超调量、收敛时间和稳态误差）在规定的要求范围内。

针对海流干扰和未知推进器故障的情况，Zhang 等提出了一种具有规定瞬态性能的自适应区域跟踪容错控制方案。在 Zhang 等的工作中，我们根据给定的期望区域构造一个分段平滑的 Lyapunov 函数来实现区域跟踪控制，而本研究仅关注跟踪误差的稳态性能。与 Zhang 等的研究不同，本书提出的控制方案同时关注区域跟踪问题中跟踪误差的瞬态性能和稳态性能。Zhang 等在分段平滑的 Lyapunov 函数的基础上，结合描述性能要求的指数衰减函数，使用对数误差映射函数，以保证瞬态跟踪误差能够满足规定的性能，稳态跟踪误差在规定范围内，但不收敛于零。

通过误差变换将跟踪误差的收敛问题转化为有界问题，并对海流干扰进行补偿，在反演技术的框架内，结合一般不确定性项的界的估计和推力分布矩阵的变化，实现了对模型不确定性和推进器故障的补偿。

1. 海流和推进器故障的水下机器人动力学模型

受海流干扰且存在推进器故障的 AUV 动力学模型如式(3-39)所示：

$$\ddot{\boldsymbol{\eta}} = \underbrace{\boldsymbol{M}_{\eta}^{-1}\boldsymbol{J}^{-\mathrm{T}}}_{\boldsymbol{h}(\boldsymbol{\eta})}(\boldsymbol{B}+\Delta\boldsymbol{B})\boldsymbol{u}\underbrace{-\boldsymbol{M}_{\eta}^{-1}[\boldsymbol{C}_{\mathrm{RB}\eta}\dot{\boldsymbol{\eta}}+\boldsymbol{C}_{\mathrm{A}\eta}\dot{\boldsymbol{\eta}}_{\mathrm{r}}+\boldsymbol{D}_{\eta}\dot{\boldsymbol{\eta}}_{\mathrm{r}}+\boldsymbol{g}_{\eta}]}_{\boldsymbol{f}(\boldsymbol{\eta},\dot{\boldsymbol{\eta}})} \tag{3-39}$$

其中，$\boldsymbol{M}_{\eta}=\boldsymbol{J}^{-\mathrm{T}}\boldsymbol{M}\boldsymbol{J}^{-1}$；$\boldsymbol{C}_{\mathrm{RB}\eta}=\boldsymbol{J}^{-\mathrm{T}}[\boldsymbol{C}_{\mathrm{RB}}(\boldsymbol{v})-\boldsymbol{M}\boldsymbol{J}^{-1}\dot{\boldsymbol{J}}]\boldsymbol{J}^{-1}$；$\boldsymbol{C}_{\mathrm{A}\eta}=\boldsymbol{J}^{-\mathrm{T}}\boldsymbol{C}_{\mathrm{A}}(\boldsymbol{v}_{\mathrm{r}})J^{-1}$；$\boldsymbol{D}_{\eta}=J^{-\mathrm{T}}D(\boldsymbol{v}_{\mathrm{r}})J^{-1}$；$\boldsymbol{g}_{\eta}=J^{-\mathrm{T}}\boldsymbol{g}(\boldsymbol{\eta})$；$\boldsymbol{v}_{\mathrm{r}}=\boldsymbol{v}-\boldsymbol{v}_{\mathrm{c}}$；$\dot{\boldsymbol{\eta}}_{\mathrm{r}}=\boldsymbol{J}(\boldsymbol{\eta})\boldsymbol{v}_{\mathrm{r}}$；$\dot{\boldsymbol{\eta}}=\boldsymbol{J}(\boldsymbol{\eta})\boldsymbol{v}$。符号 T 为转置运算符。$\boldsymbol{\eta}$ 是一个 6×1 的向量，表示大地坐标系下的 AUV 位置和姿态；$\boldsymbol{M}$ 为包含附加质量矩阵的 6×6 惯性矩阵；$\boldsymbol{J}(\boldsymbol{\eta})$ 为大地坐标系与艇体坐标系的转换矩阵；$\boldsymbol{B}$ 为 $6\times n$ 的推进器分布矩阵，其中 n 为推进器数量；$\Delta\boldsymbol{B}=(\boldsymbol{I}_{n\times n}-\boldsymbol{K})\boldsymbol{B}$，其中 $\boldsymbol{K}$ 为对角矩阵，其对角元素 $k_{ii}\in[0,1]$，表示第 i 个矩阵的推力损失效率，$\boldsymbol{I}_{n\times n}$ 为 n 阶单位阵；$\boldsymbol{u}$ 为推进器控制输入；$\boldsymbol{C}_{\mathrm{RB}\eta}$ 和 $\boldsymbol{C}_{\mathrm{A}\eta}$ 分别为刚体和流体的向心力项和科氏力项；$\boldsymbol{D}(\boldsymbol{v})$ 为 6×6 的流体动力阻尼矩阵；$\boldsymbol{g}_{\eta}$ 为 6×1 的重浮力向量；$\boldsymbol{v}$ 为 6×1 的向量，表示艇体坐标系下的 AUV 速度。根据前期研究，存在一个常数 $\delta\in(0,1)$，可以得到式(3-40)：

$$\|\Delta\boldsymbol{B}\boldsymbol{B}^{+}\|<\delta \tag{3-40}$$

其中，+ 表示广义逆，$\|\ \|$ 为欧几里得范数。

根据系统辨识方法，估计量可以写成函数 $\boldsymbol{f}(\boldsymbol{\eta},\dot{\boldsymbol{\eta}})$ 的形式，并设 $\boldsymbol{f}_0(\boldsymbol{\eta},\dot{\boldsymbol{\eta}})$。取 $\tilde{\boldsymbol{f}}(\boldsymbol{\eta},\dot{\boldsymbol{\eta}})$ 为 $\boldsymbol{f}(\boldsymbol{\eta},\dot{\boldsymbol{\eta}})$ 与 $\boldsymbol{f}_0(\boldsymbol{\eta},\dot{\boldsymbol{\eta}})$ 的差值。存在未知且固定的向量 $\boldsymbol{T}_1>\boldsymbol{0}$，$i=0,1,2$ 使式(3-41)成立。

$$|\tilde{f}(\boldsymbol{\eta},\dot{\boldsymbol{\eta}})| \leqslant \boldsymbol{T}_0 + \boldsymbol{T}_1\|\dot{\boldsymbol{\eta}}\| + \boldsymbol{T}_2\|\dot{\boldsymbol{\eta}}\|^2 \tag{3-41}$$

2. 具有规定暂态性能的自适应区域跟踪容错控制

在本小节中，首先根据规定的性能函数和对数函数将跟踪误差转换为虚拟误差；然后在反步法的框架下推导区域跟踪容错控制律；最后利用自适应技术估计了未知函数范围内的参数。

跟踪误差的瞬态和稳态性能要求可以通过指数衰减函数来描述，如式(3-42)所示：

$$\begin{aligned} -\sigma\rho_{\mathrm{t}} \leqslant e_i(t) \leqslant \rho_{\mathrm{t}}, \quad e_i(0) \geqslant 0 \\ -\rho_{\mathrm{t}} \leqslant e_i(t) \leqslant \sigma\rho_{\mathrm{t}}, \quad e_i(0) < 0 \end{aligned} \tag{3-42}$$

其中，$\boldsymbol{e}(t) = \boldsymbol{\eta} - \boldsymbol{\eta}_{\mathrm{d}}$，$e_i(t)$ 为 $\boldsymbol{e}(t)$ 的第 i 项；为描述 AUV 所需的位置和姿态向量；σ 为 0 到 1 的非负数；ρ_{t} 为指数衰减函数，如式(3-43)所示：

$$\rho_{\mathrm{t}} = (\rho_0 - \rho_\infty)\exp(-\mu t) + \rho_\infty \tag{3-43}$$

其中，μ 是一个非负常数，用来确定收敛率；ρ_∞ 为稳态时的最大允许跟踪误差；$\rho_0\exp(-\mu t)$ 可以限制跟踪误差的超调。在此需要注意，ρ_0 应该大于 AUV 初始跟踪误差的绝对值。

为了保证跟踪误差满足式(3-42)的要求，我们采用式(3-44)的变换，即

$$\begin{aligned} z_1 &= \ln\left(\frac{\boldsymbol{L}_{\mathrm{o}} + \boldsymbol{\xi}}{\boldsymbol{U}_{\mathrm{p}} + \boldsymbol{\xi}}\right) \\ z_2 &= \dot{\boldsymbol{\eta}} - \boldsymbol{\alpha}_{\mathrm{v}} \end{aligned} \tag{3-44}$$

其中，$\boldsymbol{\xi} = \dfrac{\boldsymbol{e}(t)}{\rho_{\mathrm{t}}}$，若 $\boldsymbol{e}(0) < \boldsymbol{0}$，则 $\boldsymbol{L}_{\mathrm{o}} = -\boldsymbol{I}$，$\boldsymbol{U}_{\mathrm{p}} = \sigma\boldsymbol{I}$；否则 $\boldsymbol{L}_{\mathrm{o}} = -\sigma\boldsymbol{I}$，$\boldsymbol{U}_{\mathrm{p}} = \boldsymbol{I}$；$\boldsymbol{I}$ 表示尺寸匹配向量，其中元素为 1，$\boldsymbol{\alpha}_{\mathrm{v}}$ 为虚拟变量，其值将在随后给出。

对 z_1 进行求导，如式(3-45)所示：

$$\dot{z}_1 = \frac{\boldsymbol{U}_{\mathrm{p}} + \boldsymbol{L}_{\mathrm{o}}}{(\boldsymbol{U}_{\mathrm{p}} - \boldsymbol{\xi}) \odot (\boldsymbol{\xi} + \boldsymbol{L}_{\mathrm{o}})} \odot \left(\frac{z_2 + \boldsymbol{\alpha}_{\mathrm{v}} - \dot{\boldsymbol{\eta}}_{\mathrm{d}}}{\rho_{\mathrm{t}}} - \frac{\dot{\rho}_{\mathrm{t}}\boldsymbol{e}}{\rho_{\mathrm{t}}^2}\right) \tag{3-45}$$

其中，$\dot{\boldsymbol{\eta}}_{\mathrm{d}}$ 为 $\boldsymbol{\eta}_{\mathrm{d}}$ 的导数值，为 $\odot$ Hadamard 算子。

根据反步法的通常步骤，为 z_1 选择以下 Lyapunov 函数来得到虚拟变量 $\boldsymbol{\alpha}_{\mathrm{v}}$ 的表达式，如式(3-46)所示：

$$\begin{aligned} V_1 &= \sum_{i=1}^{6} \boldsymbol{P}_{3,\varepsilon_1}(z_1)(i) \\ &= \sum_{i=1}^{6} \begin{cases} \exp\{\lambda[\,|z_1(i)| - \varepsilon_1(i)]\} \times \dfrac{(|z_1(i)| - \varepsilon_1(i))^3}{3!}, & |z_1(i)| \geqslant \varepsilon_1(i) \\ 0, & |z_1(i)| < \varepsilon_1(i) \end{cases} \end{aligned} \tag{3-46}$$

其中，λ 为非负常数；ε_1 为一个正常数，代表变量 z_1 稳定的区域。

对式(3-46)的两侧进行微分，得

$$\dot{V}_1 = \left[(\lambda\boldsymbol{P}_{3,\varepsilon_1}(z_1) + \boldsymbol{P}_{2,\varepsilon_1}(z_1)) \odot \frac{\boldsymbol{U}_P + \boldsymbol{L}_O}{(\boldsymbol{U}_P - \boldsymbol{\xi}) \odot (\boldsymbol{\xi} + \boldsymbol{L}_O)} \odot \left(\frac{z_2 + \boldsymbol{\alpha}_{\mathrm{v}} - \dot{\boldsymbol{\eta}}_{\mathrm{d}}}{\rho_t} - \frac{\dot{\rho}_{\mathrm{t}}\boldsymbol{e}_1}{\rho_{\mathrm{t}}^2}\right)\right]^{\mathrm{T}} \operatorname{sign}(z_1) \tag{3-47}$$

式(3-47)中存在一个符号函数，这将导致虚拟变量 $\boldsymbol{\alpha}_{\mathrm{v}}$ 的不连续，但进一步观察式

(3-47),若符号函数在 $z_1=\mathbf{0}$ 处不连续,但在 $[-\varepsilon_1,\varepsilon_1]$ 范围时,$\dot{V}_1$ 为 $\mathbf{0}$。因此这为研究提供了将符号函数修改为连续函数的机会。

$$\mathrm{sgn}_{\varepsilon}(x)=\begin{cases}\mathrm{sign}(x), & |x|\geqslant\varepsilon\\ \sin\left(\dfrac{\pi}{2}\cos\left(\dfrac{\pi}{2}\cdot\dfrac{x-\varepsilon}{\varepsilon}\right)\right), & |x|<\varepsilon\end{cases} \tag{3-48}$$

根据修改后的符号函数,式(3-47)可以改写为

$$\dot{\boldsymbol{V}}_1=(\lambda\boldsymbol{P}_{3,\varepsilon_1}(z_1)+\boldsymbol{P}_{2,\varepsilon_1}(z_1))^{\mathrm{T}}\left[\frac{\boldsymbol{U}_{\mathrm{p}}+\boldsymbol{L}_{\mathrm{o}}}{(\boldsymbol{U}_{\mathrm{p}}-\boldsymbol{\xi})\odot(\boldsymbol{\xi}+\boldsymbol{L}_{\mathrm{o}})}\odot\left(\frac{z_2+\boldsymbol{\alpha}_{\mathrm{v}}-\dot{\boldsymbol{\eta}}_{\mathrm{d}}}{\rho_{\mathrm{t}}}-\frac{\dot{\rho}_{\mathrm{t}}\boldsymbol{e}_1}{\rho_{\mathrm{t}}^2}\right)\odot\mathbf{sgn}_{\varepsilon_1}(z_1)\right] \tag{3-49}$$

其中,$\mathbf{sgn}_{\varepsilon_1}(z_1)=[\mathbf{sgn}_{\varepsilon_1(1)}(z_1(1)),\cdots,\mathbf{sgn}_{\varepsilon_1(6)}(z_1(6))]^{\mathrm{T}}$。

定义虚拟变量 $\boldsymbol{\alpha}_{\mathrm{v}}$,如式(3-50)所示:

$$\boldsymbol{\alpha}_{\mathrm{v}}=\dot{\boldsymbol{\eta}}_{\mathrm{d}}+\dot{\rho}_{\mathrm{t}}\boldsymbol{\xi}-\frac{k_1}{\boldsymbol{U}_{\mathrm{p}}+\boldsymbol{L}_{\mathrm{o}}}\odot\mathbf{sgn}_{\varepsilon_1}(z_1)\odot\boldsymbol{f}_{\mathrm{z}}(z_1)+(\boldsymbol{N}(\boldsymbol{\zeta})+\boldsymbol{I})\odot\boldsymbol{f}_{\mathrm{z}}(z_1)-\boldsymbol{\varepsilon}_2\odot\mathbf{sgn}_{\varepsilon_1}(z_1) \tag{3-50}$$

其中,k_1 为常数;$\boldsymbol{f}_{\mathrm{z}}(z_1)=\rho_{\mathrm{t}}(\boldsymbol{U}_{\mathrm{p}}-\boldsymbol{\xi})\odot(\boldsymbol{\xi}+\boldsymbol{L}_{\mathrm{o}})$;$\boldsymbol{N}(\boldsymbol{\zeta})$ 为 Nussbaum 函数;$\boldsymbol{\varepsilon}_2$ 为另一个正的区域向量。

现在 Lyapunov 函数 V_1 的导数改写为式(3-51):

$$\begin{aligned}\dot{\boldsymbol{V}}_1\leqslant&(\lambda\boldsymbol{P}_{3,\varepsilon_1}(z_1)+\boldsymbol{P}_{2,\varepsilon_1}(z_1))^{\mathrm{T}}[-k_1\boldsymbol{I}+(\boldsymbol{U}_p+\boldsymbol{L}_o)\odot(\boldsymbol{N}(\boldsymbol{\zeta})+\boldsymbol{I})\odot\mathbf{sgn}_{\varepsilon_1}(z_1)]+\\&(\lambda\boldsymbol{P}_{3,\varepsilon_1}(z_1)+\boldsymbol{P}_{2,\varepsilon_1}(z_1))^{\mathrm{T}}\left[\left(\frac{\boldsymbol{U}_{\mathrm{p}}+\boldsymbol{L}_{\mathrm{o}}}{\boldsymbol{f}_{\mathrm{z}}(z_1)}\right)\odot(|z_2|-\boldsymbol{\varepsilon}_2)\right]\end{aligned} \tag{3-51}$$

在完成虚拟量 $\boldsymbol{\alpha}_{\mathrm{v}}$ 的设计之后,选择以下 Lyapunov 函数来导出控制率。

$$\begin{aligned}V_2&=\sum_{i=1}^{6}\boldsymbol{P}_{2,\varepsilon_2}(z_2)(i)\\&=\sum_{i=1}^{6}\begin{cases}\exp(\lambda(|z_2(i)|-\boldsymbol{\varepsilon}_2(i)))\times\dfrac{(|z_2(i)|-\boldsymbol{\varepsilon}_2(i))^2}{2!}, & |z_2(i)|\geqslant\boldsymbol{\varepsilon}_2(i)\\ \mathbf{0}, & |z_2(i)|<\boldsymbol{\varepsilon}_2(i)\end{cases}\end{aligned} \tag{3-52}$$

对式(3-52)两端求导,并带入式(3-39),式(3-44),并将符号函数修改为式(3-48)可以得到式(3-53):

$$\dot{V}_2=(\lambda\boldsymbol{P}_{2,\varepsilon_2}(z_2)+\boldsymbol{P}_{1,\varepsilon_2}(z_2)[\boldsymbol{f}(\boldsymbol{\eta},\dot{\boldsymbol{\eta}})+\boldsymbol{h}(\boldsymbol{\eta})(\boldsymbol{B}+\Delta\boldsymbol{B})\boldsymbol{u}-\dot{\boldsymbol{\alpha}}_{\mathrm{v}}]^{\mathrm{T}}\mathbf{sgn}_{\varepsilon_2}(z_2) \tag{3-53}$$

从式(3-53)可以看出,假设所有项都已知,则易导出控制律。但这仅能求出其中的估计量 $\boldsymbol{f}(\boldsymbol{\eta},\dot{\boldsymbol{\eta}})$,而推进器故障引起的项是未知的。采用自适应技术实现有规定的瞬态和稳态性能的区域跟踪容错控制。

在式(3-54)~(3-57)给出的连续控制率作用下,存在海流干扰、模型不确定性及未知推进器故障,并在式(3-58)和式(3-59)的自适应律调节下,若 AUV 的初始状态满足,则无须故障诊断系统就可以实现具有规定瞬态性能的区域跟踪容错控制。下面给出所设计的控制率与自适应律。

$$u = -(h(\eta)B)^{+}\left[\varphi + \left(\sum_{i=0}^{2}\hat{\varphi}_i\|\dot{\eta}\|^i + \hat{\varphi}_3\|\varphi\|\right)\odot \mathbf{sgn}_{\varepsilon_2}(z_2)\right] \tag{3-54}$$

$$\varphi = f_0(\eta,\dot{\eta}) - \dot{\alpha}_v + \frac{\chi_u^T\chi_u P_{1,\varepsilon_2}(z_2)\odot \mathbf{sgn}_{\varepsilon_2}(z_2)}{\sqrt{\chi_u^T\chi_u\|P_{1,\varepsilon_2}(z_2)\|^2 + \bar{\omega}^2}} + k_2\mathbf{sgn}_{\varepsilon_2}(z_2) \tag{3-55}$$

$$\chi_u = (\lambda P_{3,\varepsilon_1}(z_1) + P_{2,\varepsilon_1}(z_1))\odot\left(\frac{U_p + L_o}{f_z(z_1)}\right) \tag{3-56}$$

$$\dot{\zeta} = [(U_p + L_o)\odot(\lambda P_{3,\varepsilon_1}(z_1)) + P_{2,\varepsilon_1}(z_1)]\odot \mathbf{sgn}_{\varepsilon_1}(z_1) \tag{3-57}$$

$$\frac{d}{dt}\hat{\varphi}_i = \Gamma_i(\lambda P_{2,\varepsilon_2}(z_2) + P_{1,\varepsilon_2}(z_2))\|\dot{\eta}\|^i - \vartheta\Gamma_i(\hat{\varphi}_i - \hat{\varphi}_i(0)),\quad i = 0,1,2 \tag{3-58}$$

$$\frac{d}{dt}\hat{\varphi}_3 = \Gamma_3(\lambda P_{2,\varepsilon_2}(z_2) + P_{1,\varepsilon_2}(z_2))\|\varphi\| - \vartheta\Gamma_3(\hat{\varphi}_3 - \hat{\varphi}_3(0)) \tag{3-59}$$

其中，$\bar{\omega}, k_2, \Gamma_i(i=0,1,2,3)$ 和 ϑ 为正常数。$\varphi_i = T_i/(1-\delta), (i=0,1,2)$；$\varphi_3 = \delta I/(1-\delta)$；符号^表示估计值；$\hat{\varphi}_i(\mathbf{0})$ 为 $\hat{\varphi}_i$ 的初值。

证明：定义包含估计误差 $\tilde{\varphi}_i = \varphi_i - \hat{\varphi}_i$ 的 Lyapunov 函数为

$$V_3 = V_1 + V_2 + \sum_{i=0}^{3}\frac{1-\delta}{2}\tilde{\varphi}_i^T\Gamma_i\tilde{\varphi}_i \tag{3-60}$$

按如下步骤进行推导。

①对式(3-60)两边同取微分；②代入自适应率可得

$$\begin{aligned}\dot{V}_3 \leqslant\ & (\lambda P_{3,\varepsilon_1}(z_1)) + P_{2,\varepsilon_1}(z_1))^T[-k_1 I + (U_p + L_o)\odot(N(\zeta) + I)\odot \mathbf{sgn}_{\varepsilon_1}(z_1)] + \\ & (\lambda P_{3,\varepsilon_1}(z_1) + P_{2,\varepsilon_1}(z_1))^T\left[\left(\frac{U_p + L_o}{f_z(z_1)}\right)\odot(|z_2| - \varepsilon_2)\right] + \\ & (\lambda P_{2,\varepsilon_2}(z_2) + P_{1,\varepsilon_2}(z_2))^T[(f(\eta,\dot{\eta}) + h(\eta)(B + \Delta B)u - \dot{\alpha}_v)\odot \mathbf{sgn}_{\varepsilon_1}(z_1)] - \\ & \sum_{i=0}^{2}(1-\delta)\tilde{\varphi}_i^T((\lambda P_{2,\varepsilon_2}(z_2) + P_{1,\varepsilon_2}(z_2))\|\dot{\eta}\|^i - \vartheta(\hat{\varphi}_i - \hat{\varphi}_i(\mathbf{0}))) - \\ & (1-\delta)\tilde{\varphi}_i^T((\lambda P_{2,\varepsilon_2}(z_2) + P_{1,\varepsilon_2}(z_2))\|\varphi\| - \vartheta(\hat{\varphi}_3 - \hat{\varphi}_3(\mathbf{0})))\end{aligned} \tag{3-61}$$

将控制律带入公式(3-61)中得：

$$\begin{aligned}\dot{V}_3 \leqslant\ & -k_1\sum_{i=1}^{6}(\lambda P_{3,\varepsilon_1}(z_1) + P_{2,\varepsilon_1}(z_1))(i) + [(N(\zeta) + I)^T\dot{\zeta}] + (\chi_u)^T(|z_2| - \varepsilon_2) + \\ & (\lambda P_{2,\varepsilon_2}(z_2) + P_{1,\varepsilon_2}(z_2))^T\left[|\tilde{f}(\eta,\dot{\eta})| + \delta\|\varphi\|I - (1-\delta)\left(\sum_{i=0}^{2}\hat{\varphi}_i\|\dot{\eta}\|^i + \hat{\varphi}_3\|\varphi\|\right)\right] - \\ & (\lambda P_{2,\varepsilon_2}(z_2) + P_{1,\varepsilon_2}(z_2))^T\left(\frac{\chi_u^T\chi_u P_{1,\varepsilon_2}(z_2)}{\sqrt{\chi_u^T\chi_u\|P_{1,\varepsilon_2}(z_2)\|^2 + \bar{\omega}^2}} + k_2 I\right) - \\ & \sum_{i=0}^{2}(1-\delta)\tilde{\varphi}_i^T((\lambda P_{2,\varepsilon_2}(z_2) + P_{1,\varepsilon_2}(z_2))^T\|\dot{\eta}\|^i) - (1-\delta)\tilde{\varphi}_3^T\cdot \\ & ((\lambda P_{2,\varepsilon_2}(z_2) + P_{1,\varepsilon_2}(z_2))^T\|\varphi\|) + \sum_{i=0}^{3} -\frac{(1-\delta)}{2}\vartheta[\tilde{\varphi}_i^T\tilde{\varphi}_i + (\varphi_i - \hat{\varphi}_i(\mathbf{0}))^T\cdot \\ & (\varphi_i - \hat{\varphi}_i(\mathbf{0}))]\end{aligned} \tag{3-62}$$

应用一个重要不等式，它是指对于任何 $\varepsilon>0$ 且 $x\in\mathbf{R}$，它都有

$$0\leqslant|x|-\frac{x^2}{\sqrt{x^2+\varepsilon^2}}\leqslant|x|-\frac{x^2}{(|x|+\varepsilon)}<\varepsilon \tag{3-63}$$

根据式(3-63)，如果 $|z_2|\geqslant\varepsilon_2$，可得

$$(\boldsymbol{\chi}_{\mathrm{u}})^{\mathrm{T}}(|z_2|-\boldsymbol{\varepsilon}_2)\leqslant\frac{\boldsymbol{\chi}_{\mathrm{u}}^{\mathrm{T}}\boldsymbol{\chi}_{\mathrm{u}}\|\boldsymbol{P}_{1,\varepsilon_2}(z_2)\|^2}{\sqrt{\boldsymbol{\chi}_{\mathrm{u}}^{\mathrm{T}}\boldsymbol{\chi}_{\mathrm{u}}\|\boldsymbol{P}_{1,\varepsilon_2}(z_2)\|^2+\bar{\omega}^2}}+\bar{\omega} \tag{3-64}$$

其中，$\bar{\omega}$ 是一个正常数。

将式(3-64)代入式(3-62)中，可以进行常规的操作，即

$$\begin{aligned}\dot{V}_3&\leqslant-k_1\lambda\sum\boldsymbol{P}_{3,\varepsilon_1}(z_1)-k_2\lambda\sum\boldsymbol{P}_{2,\varepsilon_2}(z_2)-\sum_{i=0}^{3}\frac{(1-\delta)\vartheta}{2}(\tilde{\boldsymbol{\varphi}}_i^{\mathrm{T}}\tilde{\boldsymbol{\varphi}}_i)+\\&\quad((\boldsymbol{N}(\boldsymbol{\zeta})+\boldsymbol{I})^{\mathrm{T}}\dot{\boldsymbol{\zeta}})+\underbrace{\sum_{i=0}^{3}\frac{(1-\delta)\vartheta}{2}(\boldsymbol{\varphi}_i-\hat{\boldsymbol{\varphi}}_i(\boldsymbol{0}))^{\mathrm{T}}(\boldsymbol{\varphi}_i-\hat{\boldsymbol{\varphi}}_i(0))+\bar{\omega}}_{c_0}\\&\leqslant-\boldsymbol{\lambda}_{\min}\boldsymbol{V}_3+[(\boldsymbol{N}(\boldsymbol{\zeta})+\boldsymbol{I})^{\mathrm{T}}\dot{\boldsymbol{\zeta}}]+c_0\end{aligned} \tag{3-65}$$

由式(3-65)可得

$$\begin{aligned}V_3&\leqslant\exp(-\boldsymbol{\lambda}_{\min}t)V_3(0)+\frac{c_0}{\boldsymbol{\lambda}_{\min}}(1-\exp(-\boldsymbol{\lambda}_{\min}t))+\exp(-\boldsymbol{\lambda}_{\min}t)\cdot\\&\quad\int_0^t((\boldsymbol{N}(\boldsymbol{\zeta})+\boldsymbol{I})^{\mathrm{T}}\dot{\boldsymbol{\zeta}}\exp(\boldsymbol{\lambda}_{\min}\tau))\mathrm{d}\tau\\&\leqslant\left(V_3(0)+\frac{c_0}{\boldsymbol{\lambda}_{\min}}\right)+\exp(-\boldsymbol{\lambda}_{\min}t)\int_0^t((\boldsymbol{N}(\boldsymbol{\zeta})+\boldsymbol{I})^{\mathrm{T}}\dot{\boldsymbol{\zeta}}\exp(\boldsymbol{\lambda}_{\min}\tau))\mathrm{d}\tau\end{aligned} \tag{3-66}$$

其中，$\boldsymbol{\lambda}_{\min}=\min(k_1\lambda,\ k_2\lambda,\frac{\vartheta}{\boldsymbol{\Gamma}_i})$。

根据 Ge 等论文中的引理 1，由于 V_3 和 $\boldsymbol{\zeta}$ 是光滑函数，其中 V_3 是非负的，且 $\boldsymbol{N}(\boldsymbol{\zeta})$ 是光滑的 Nussbaum 型函数。式(3-66)中 V_3 和 $\boldsymbol{\zeta}$ 在 $t\in[0,t_f)$ 上有界。以上表明跟踪误差能够满足规定的跟踪性能。

下一步是证明 $t_f=\infty$。在这里 Zhang 等的证明过程采用的是矛盾法。

定义 t_f 是跟踪误差大于规定性能函数的时刻。由于跟踪误差的连续性，所以有

$$\lim_{t\to\bar{t}_f}e_i(t)\geqslant\lim_{t\to\bar{t}_f}\rho_t\ 或\ \lim_{t\to\bar{t}_f}e_i(t)\leqslant\lim_{t\to\bar{t}_f}-\sigma\rho_t,\quad e_i(0)\geqslant0 \tag{3-67(a)}$$

$$\lim_{t\to\bar{t}_f}e_i(t)\geqslant\lim_{t\to\bar{t}_f}\sigma\rho_t\ 或\ \lim_{t\to\bar{t}_f}e_i(t)\leqslant\lim_{t\to\bar{t}_f}-\rho_t,\quad e_i(0)<0 \tag{3-67(b)}$$

其中，$\bar{t}_f$ 是 t_f 的左极限。

显然，式(3-67)的结果与式(3-66)的结果矛盾，说明对于任何 $t\geqslant0$，在设计的控制律下的变换误差在稳态时也保持在规定的范围内。

3. 仿真验证

为了验证所提出方法的有效性，项目组进行了一系列仿真实验。为了与真实的海洋环境相似，采用一阶高斯马尔科夫过程产生时变的干扰，尽管可以通过拖曳法获得近似的动力学模型，但其建模不确定性仍然无法完全避免。本项目考虑了具有 30% 不确定性的动力

学模型，即控制器中的参数仅是标称系统的70%。另外，项目组假定故障发生在一水平推进器中，故障表达式见式(3-68)，其含义为推进器在0~20 s是无故障的，从20 s之后故障开始增加，在50 s之后稳定在0.29大小。对于控制器而言，并不预先知道其故障程度。

$$k_{22}=\begin{cases}0, & t<20\\ \dfrac{0.29}{30}(t-20)+0.01\sin\left(\dfrac{\pi}{5}(t-20)\right), & 20\leqslant t<50\\ 0.29+0.01\sin\left(\dfrac{\pi}{10}(t-50)\right), & t\geqslant 50\end{cases}\tag{3-68}$$

本书的控制参数根据误差和实验确定，如下所示：

$$k_1=1;\ \lambda=0.1;\ k_2=1;\ \bar{\omega}=2;\boldsymbol{\Gamma}_i=0.004(i=0,1,2);\ \boldsymbol{\Gamma}_3=0.005;\vartheta=0.001;$$

$$\boldsymbol{c}_1=0.99\times[1.0,\ 1.0,\ 1.0,\ 0.3,\ 0.3,\ 0.5]^{\mathrm{T}};$$

$$\boldsymbol{\varepsilon}_1=\ln\left(\frac{\boldsymbol{I}+\boldsymbol{c}_1}{\boldsymbol{I}-\boldsymbol{c}_1}\right)$$

$$\boldsymbol{\varepsilon}_2=[0.4,\ 0.4,\ 0.4,\ 0.4,\ 0.4,\ 0.4];$$

$$\hat{\boldsymbol{\varphi}}_0(\boldsymbol{0})=0.3\boldsymbol{I};\hat{\boldsymbol{\varphi}}_1(\boldsymbol{0})=0.4\boldsymbol{I};\hat{\boldsymbol{\varphi}}_2(\boldsymbol{0})=0.4\boldsymbol{I};\hat{\boldsymbol{\varphi}}_3(\boldsymbol{0})=0.0\boldsymbol{I};\sigma=1;\ \boldsymbol{\zeta}(\boldsymbol{0})=\boldsymbol{0};$$

$$\boldsymbol{N}(\boldsymbol{\zeta})=0.5\exp(\boldsymbol{\zeta}^2)\odot\cos(\boldsymbol{\zeta}\pi/2)$$

为了比较，根据文献[13]的公式(19)和公式(20)设计的区域跟踪控制器是用于说明本书所提出的区域跟踪控制方案在跟踪误差的瞬态和稳态性能方面的优势。Zhang等人的比较区域跟踪控制的控制参数如下所示：

$$\boldsymbol{\varepsilon}_2=[0.6,\ 0.6,\ 0.6,\ 0.6,\ 0.6,\ 0.6];\ g_1=2;\ g_2=5;\ k=1;\ \sigma=0.1;$$

$$\boldsymbol{\Gamma}_i=0.005\mathrm{diag}(1,1,1,0.1,0.1,0.1),(i=0,1,2,3)$$

(1)不含测量噪声的仿真实验

仿真实验中，通过ODIN AUV跟踪一条螺旋线的跟踪性能来测试本书所提方法的有效性，其中采用的对比方法来自文献[13]。大地坐标系下，期望的螺旋线描述如下：

$$\boldsymbol{\eta}_{\mathrm{d}}=[x_{\mathrm{d}};\ y_{\mathrm{d}};\ z_{\mathrm{d}};\ \varphi_{\mathrm{d}};\ \theta_{\mathrm{d}};\ \psi_{\mathrm{d}}]\tag{3-69}$$

其中，$x_{\mathrm{d}}=4(1-\cos(0.15t))$；$y_{\mathrm{d}}=4\sin(0.15t)$；$z_{\mathrm{d}}=-0.2t$；$\varphi_{\mathrm{d}}=0$；$\theta_{\mathrm{d}}=0$；$\psi_{\mathrm{d}}=0$。

采用性能函数($\rho_t=(1.2-0.5)\exp(-0.1t)+0.5$)来进行实验。图3-22是在采用无推进器故障的AUV跟踪误差和控制输入，图3-23中为推进器存在故障的跟踪误差和控制输入，其中虚线表示规定性能的边界。

本章还对需要高收敛速度的情况进行了模拟。此时性能函数设为($\rho_t=(1.2-0.5)\exp(-0.5t)+0.5$)。图3-24给出了这种情况的仿真结果。

从图3-22至图3-25中可以看出，无论是否发生推进器故障，跟踪误差总是在规定的性能函数的范围内。结果与上一节中提出的理论分析结果相吻合。图3-22至图3-25显示出了位置跟踪误差，可在规定区域保持但没有收敛到零，这表明在提出的控制律下实现了区域跟踪。

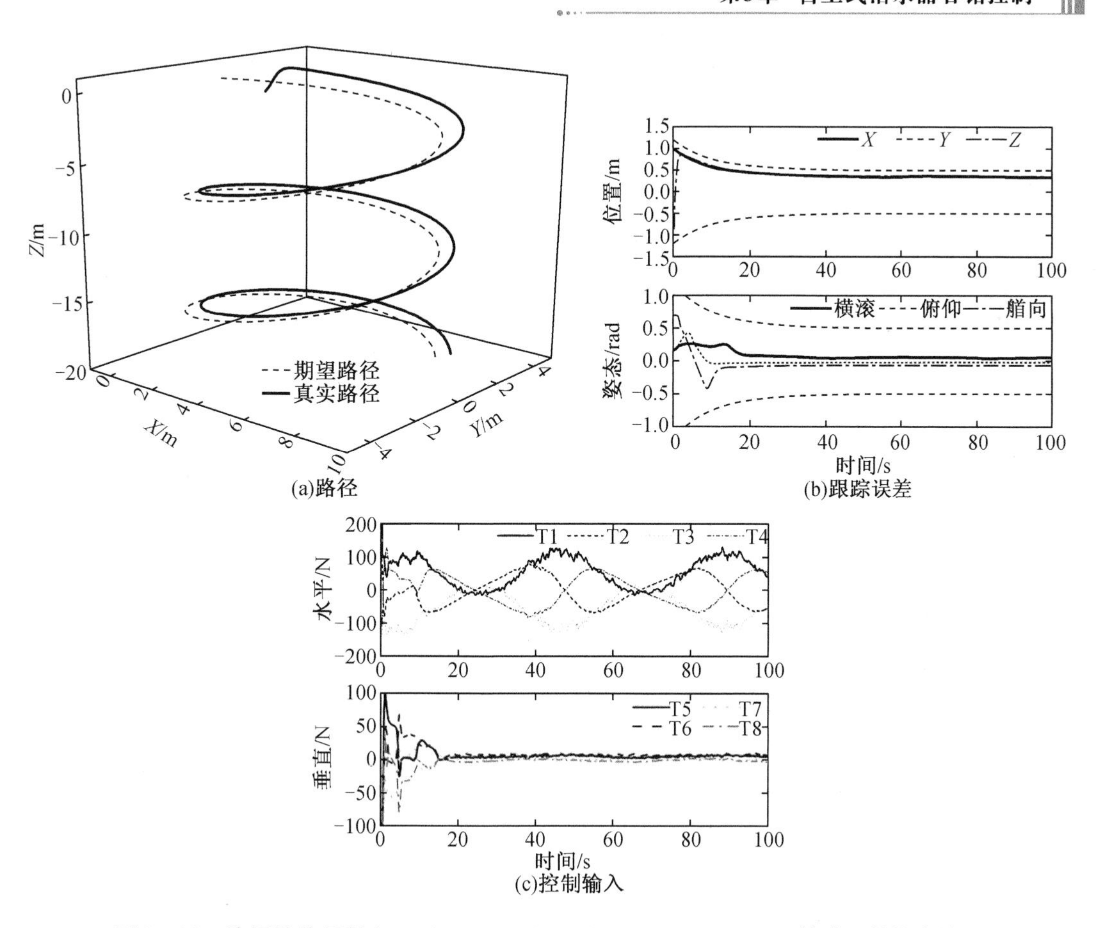

(a)路径　(b)跟踪误差　(c)控制输入

图3-22　选择性能函数($\rho_t=(1.2-0.5)\exp(-0.1t)+0.5$)且无故障下的仿真结果

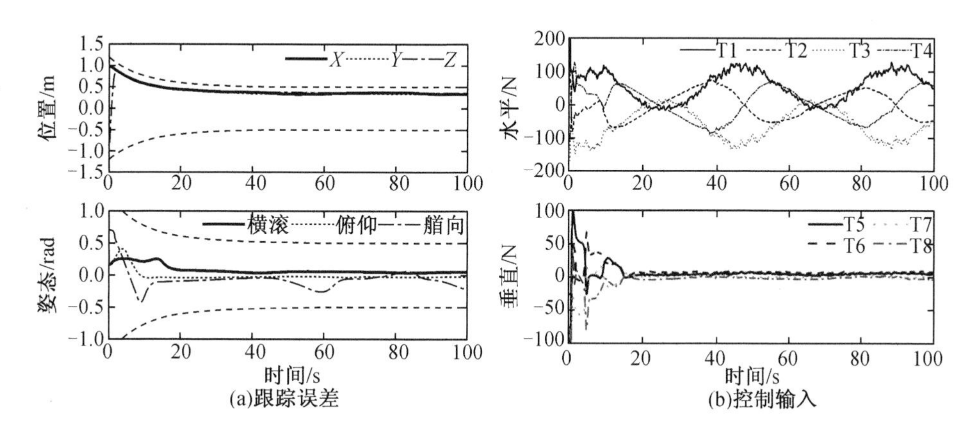

(a)跟踪误差　(b)控制输入

图3-23　选择性能函数($\rho_t=(1.2-0.5)\exp(-0.1t)+0.5$)且推进器故障下的仿真结果

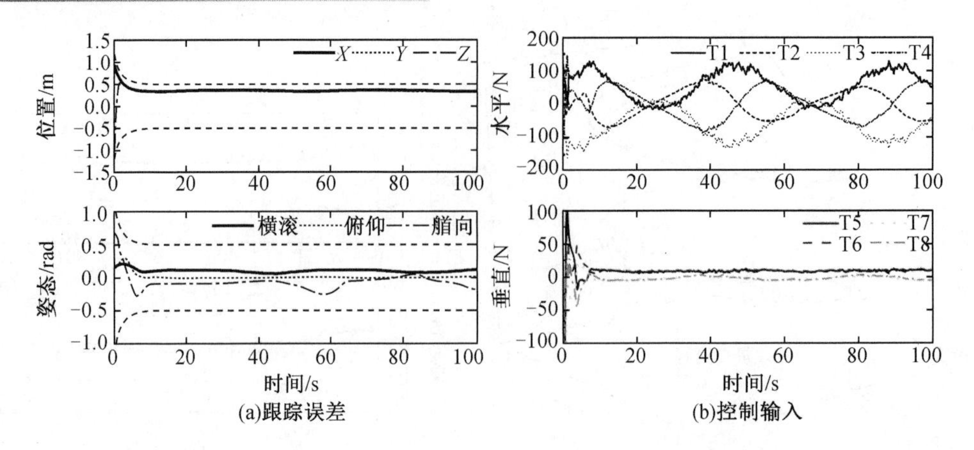

图 3-24 选择性能函数($\rho_t=(1.2-0.5)\exp(-0.5t)+0.5$)且推进器故障下的仿真结果

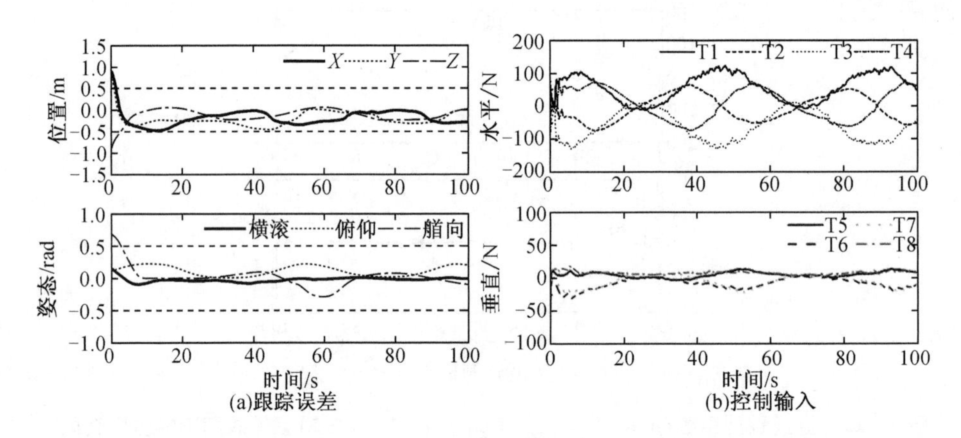

图 3-25 选择期望区域为 0.5 且推进器故障下对比方法的仿真结果

基于项目组前期研究 Zhang 等的结果如图 3-25 所示,其中所需区域设置为 0.5。从图 3-25 中可以看出,进入稳定状态后的跟踪误差保持在期望的范围内。由于前期研究的区域跟踪控制方案仅关注稳定状态下跟踪误差的跟踪性能,无法调整跟踪误差的瞬态性能,包括收敛速度和超调。与此不同本项目所提出的控制方案可以通过选择不同的性能函数来调整跟踪误差的瞬态性能,如图 3-23 和图 3-24 所示。如上述结果所示,与项目组前期研究的区域跟踪控制方案相比,本项目所提出的控制方案既可以保证 AUV 瞬态性能,又可以保证瞬时性能。

对于那些高跟踪精度要求的任务,应减小 ρ_∞ 的值。下面采用在相同 ρ_∞ 的前提下,选择性能函数 $\rho_t=(1.2-0.5)\exp(-0.1t)+0.1$ 与 $\rho_t=(1.2-0.5)\exp(-0.5t)+0.1$ 再次进行仿真,如图 3-26、图 3-27 所示。为了进行比较,项目组也采用前期研究结果进行对比实验,但是前期研究方法在此次模拟情况下则是无效的,因此项目组选择了一个相对较小的 AUV 初始条件,比较方法的模拟结果如图 3-28 所示。

根据图 3-26 与图 3-27 所示,随着 ρ_∞ 值的减小,本项目所提出的控制方案的跟踪精度得到提高,且跟踪误差保持在期望的范围内。即使在 20 s 后发生推进器故障,也可以达到预先规定的性能。这表明所提出的区域跟踪控制方案在需要时还可以提供精确的跟踪。

但此时不能调整跟踪误差的收敛率,从图3-28可以看出,被比较的控制器在Y轴的位置跟踪误差不在期望的范围内。

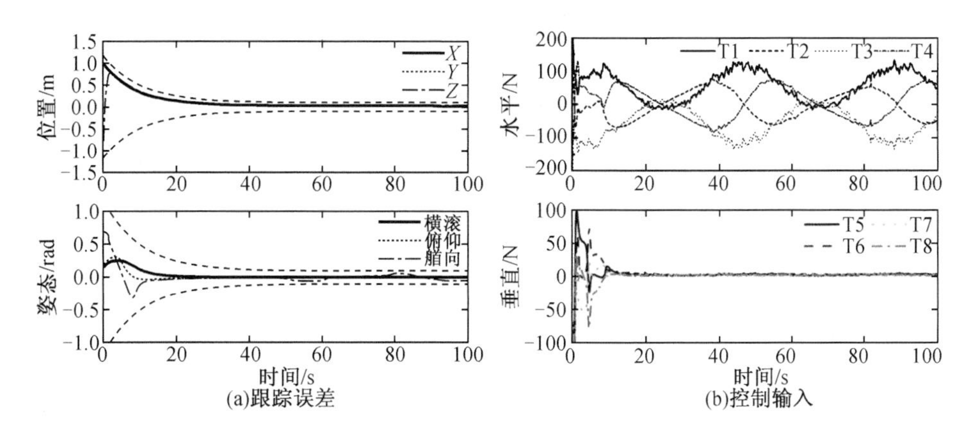

图3-26 选择性能函数($\rho_t=(1.2-0.5)\exp(-0.1t)+0.1$)且推进器故障下的仿真结果

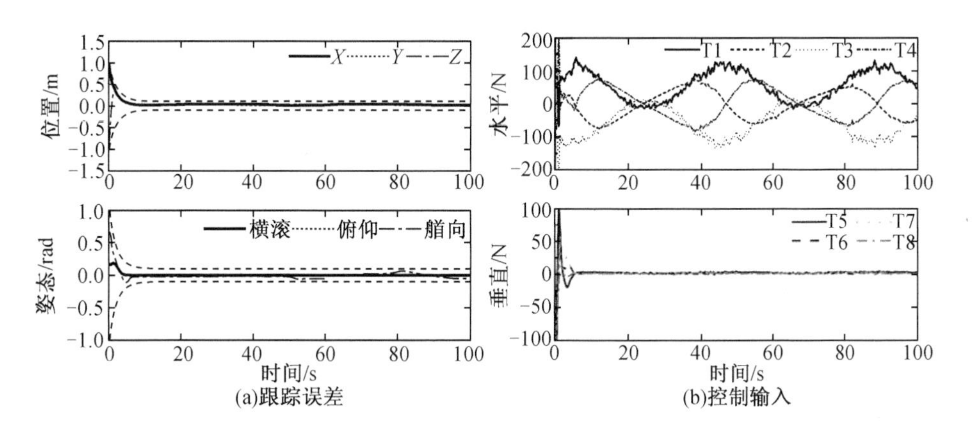

图3-27 选择性能函数($\rho_t=(1.2-0.5)\exp(-0.5t)+0.1$)且推进器故障下的仿真结果

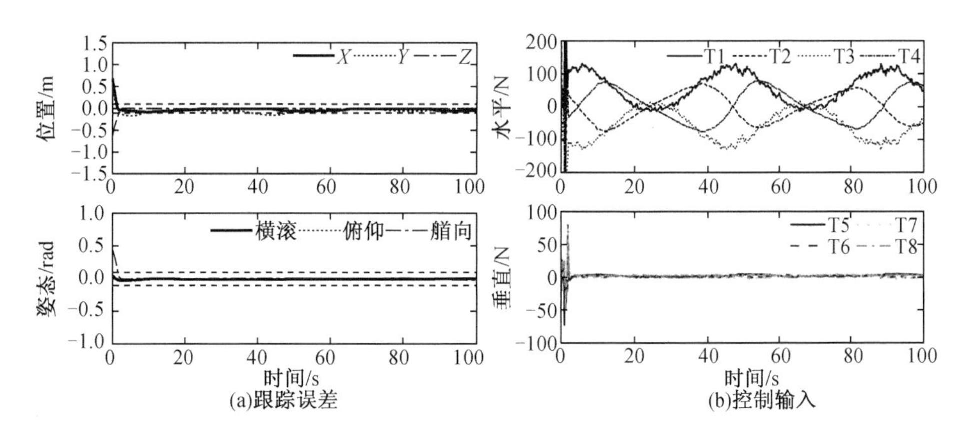

图3-28 期望区域为0.1且推进器故障下对比方法的仿真结果

(2)包含测量噪声的模拟实验

此模拟实验旨在验证存在测量噪声的情况下所提出的控制方案的性能。在本项目中,仍采用前一小节中的螺旋期望轨迹。本次实验将高斯噪声添加到 AUV 的位置信号及其速度信号中。下面给出一系列仿真实验及其实验条件,如图 3-29 所示。

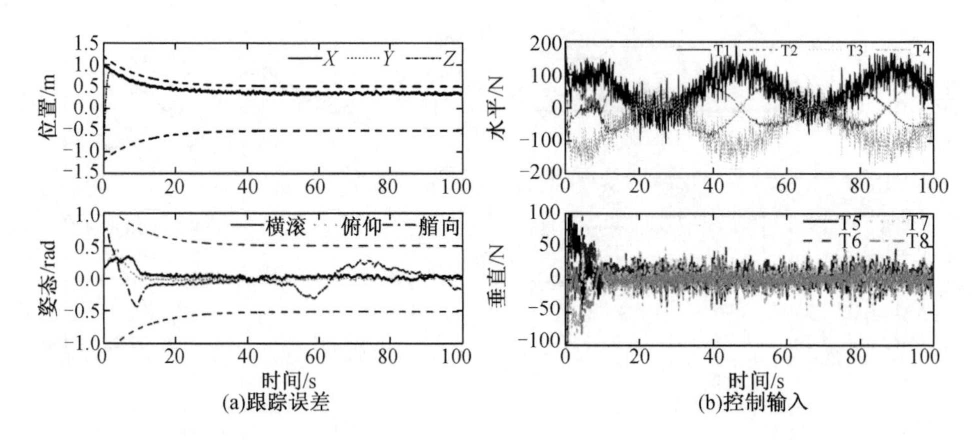

图 3-29　选择性能函数($\rho_t = (1.2-0.5)\exp(-0.1t)+0.5$)、推进器故障且含量测噪声下的仿真结果

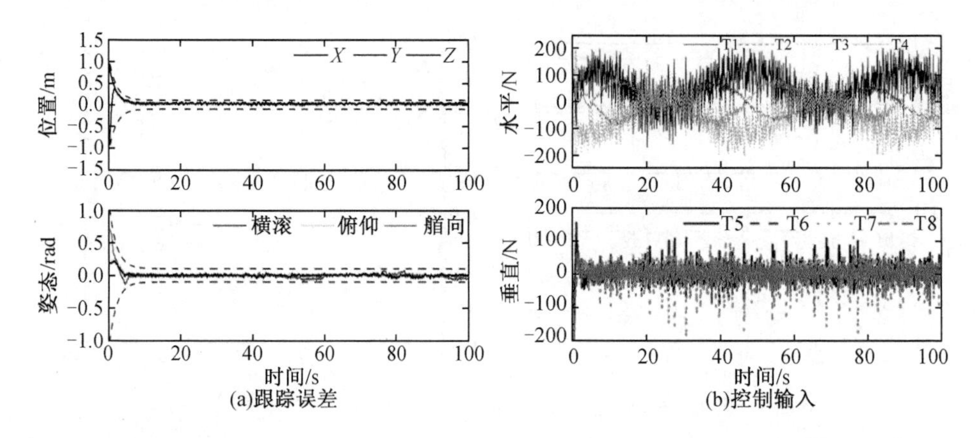

图 3-30　选择性能函数($\rho_t = (1.2-0.5)\exp(-0.5t)+0.1$)、推进器故障且含量测噪声下的仿真结果

综上所述,这些仿真结果证实了与项目组前期设计的区域跟踪控制器相比,即使存在测量噪声,也可以使跟踪误差满足瞬态性能和稳定性能的要求。并且本项目所提出的控制方案可根据任务要求对收敛速度和稳态误差进行调整。

4. 结论

项目组结合规定性能控制技术和分段 Lyapunov 函数,对于存在推进器故障的自主式深海潜水器提出了一种具有规定的暂态性能的自适应区域跟踪控制方案。基于李雅普诺夫理论的稳定性分析表明即使 AUV 存在未知的推进器故障、模型不确定性和未知海流干扰,其跟踪误差也可以保证保持在规定的跟踪性能内。仿真结果表明,相比项目组前期研究成果,本项目所提出的自适应区域跟踪控制方案,即使存在测量噪声,在瞬态和稳态下的跟踪误差也都保持在规定的性能函数的范围内。此外,对于一些需要高精度和快速收敛速度的作业要求,所提出的控制方案仍可提供令人满意的跟踪结果。

3.2.2 基于模糊局部期望轨迹调整的AUV自适应容错控制

自适应容错控制是容错控制的一种，由于自适应容错控制在无故障诊断系统的条件下，仍能通过自身控制参数的调整，达到容纳未知故障的目的，近年来备受研究者关注，自适应容错策略是将推进器故障视为一种广义不确定性项的一部分，利用自适应理论以及观测器理论来补偿/隐藏推进器故障对控制效果（主要体现在跟踪误差上）的不良影响。在AUV推进器自适应容错控制方面，2015年Zhang等提出了基于自适应终端滑模容错控制方法；2017年Zhang等提出了基于反演设计的自适应区域跟踪容错控制方法。上述两种方法均通过自适应机制分别估计海流干扰以及模型不确定性对水下机器人影响的上界、推进器故障所引发的推力分配矩阵变化的上界，进而达到容错的目的。2015年Wang等提出了基于自适应神经网络的AUV推进器容错控制方法，该方法将推进器故障与海流干扰、模型不确定性等视为一个广义不确定性项，并通过神经网络进行在线估计。

自适应容错控制的研究成果中，部分文献（直接默认初始AUV位置与期望轨迹的初始点重合，没有考虑到初始AUV位置会偏离与期望轨迹的初始点的情况；虽然部分文献考虑到了初始AUV位置会偏离与期望轨迹的初始点的情况，但所考虑的偏差较小，而在实际海洋环境中，海流等外部干扰的影响会使得AUV初始位置较大偏离于期望轨迹的初始点。著者在进行仿真研究时发现，若AUV初始位置与期望轨迹初始点间不存在偏差，或者偏差很小时，上述方法的跟踪精度较高，且在初始阶段控制输出的抖动现象不严重；但是，在仿真研究时若增加AUV初始状态的偏离误差，上述方法虽仍能保持较好跟踪精度，但整个过程中的控制输出的抖动有明显增加，在初始阶段的抖动尤为突出。控制器输出的频繁抖动会增大推进器的能耗，将导致推进器性能变差，进而导致推进器可靠性降低，影响到AUV系统可靠性降低。

分析产生上述问题的原因。现有的自适应容错控制方法大都直接采用系统给出的期望轨迹进行容错控制设计，忽略了推进器动力学约束（推力饱和约束与推力变化率约束）下的大初始AUV位置偏差的影响。在大初始AUV位置偏差的情况下，大的初始位置误差会迫使自适应控制器，根据该误差进行参数调整，给出较大的控制输出，以尽快减小跟踪误差，而控制输出同时也受到推进器动力学约束的制约，因此，跟踪误差收敛至较小范围需要一段较长的时间，在这一段时间内，自适应容错控制器会根据这较大的跟踪误差快速调节自身控制参数，进而出现控制输出存在明显的抖动；而在AUV从初始点到跟踪上期望轨迹后，由于期望轨迹的动态变化以及海流等外部干扰，自适应容错控制为了能维持较好的跟踪精度，同时尽可能减少海流等外部干扰对跟踪精度的影响，常常会引入符号函数，在这一阶段，由于跟踪误差在零点附件波动，控制器中的符号函数部分也就存在波动，而这一波动在很大程度上取决于控制器中符号函数部分的增益系数，而这一增益系数往往也由于初始阶段的参数调整而呈现较大的值，最终导致控制输出仍存在频率较高的抖动。

针对上述问题及产生该问题的原因分析，本项目提出一种基于模糊局部期望路径调整的AUV自适应容错控制方法。本项目方法的基本思路是：在AUV初始位置严重偏离于期望点的情况下，为了减少整个跟踪过程中的控制输出抖动，本项目以原期望轨迹为基础，在每个时刻，均根据 AUV 当前时刻(t)的实际位置以及此时刻后的某一时刻($t+\Delta t$)的期望位置，重新规划一条 t 时刻到 $t+\Delta t$ 时刻的局部期望轨迹，容错控制器根据该局部期望轨迹进行跟踪控制；不断重新规划局部期望轨迹，直至整个跟踪过程结束。

在本项目所提方法中，控制初期虽然 AUV 实际位置与原始期望轨迹存在较大偏差，但容错控制器的真正输入是 AUV 当前状态与规划得到的局部期望轨迹之间的差异，通过本项目重新生成的以 AUV 当前时刻的实际位置为起始点的局部期望轨迹，大大减少了控制器的真实误差输入，因此，在控制初期，控制输出不会出现幅值较大的抖振；在基本跟踪上原期望轨迹之后，制器内部参数调整的幅度较小，符号函数的增益系数也较小，控制输出的抖振现象也会减少。

与现有自适应容错控制方法的技术路线不同，容错控制器是直接根据原期望轨迹与 AUV 实际轨迹的差值给出控制输出，而本项目方法在原期望轨迹与容错控制器之间增加了一个局部轨迹模糊调整的环节，通过该环节为容错控制器提供一条以 AUV 当前时刻位置为起始点的局部期望轨迹。

通过 ODIN AUV 仿真对比实验，对本项目方法与现有直接基于期望轨迹进行调整的容错控制方法进行了对比实验，验证本项目方法在跟踪误差以及降低控制输出抖动方面的有效性。

1. 基于局部期望轨迹模糊调整的 AUV 自适应容错控制方法

针对现有 AUV 自适应容错控制方法在 AUV 存在较大初始跟踪误差的情况下，控制输出初期存在着振幅较大的抖动，即使在基本跟踪上期望轨迹后，其控制输出仍存在着频率较高的抖动问题，本项目提出一种基于局部期望轨迹模糊调整的 AUV 自适应容错控制方法。

本项目方法的基本思路：在容错控制器给出控制输出之前，对期望轨迹进行局部调整，在整个跟踪过程的每一时刻，不断根据 AUV 自身当前时刻的真实位置规划出一条局部轨迹，该局部轨迹以 AUV 当前自身位置为起点，当前时刻往后延一段时间所对应的期望位置为终点。

本项目方法的技术路线。本项目方法的具体技术路线：首先，根据位置跟踪误差以及速度误差合成一个单一正变量（半径）；其次，利用该半径变量进行规则区域划分，利用单输入单输出模糊算法来确定具体的时间间隔；再次，根据获得的时间间隔，给出原期望轨迹在该超前时刻下的期望位置，并在整个跟踪过程的每一时刻，根据该位置以及 AUV 当前时刻的位置利用三次样条曲线规划出一条无初始误差的局部新期望轨迹；最后，在跟踪过程的每一时刻，根据新的局部期望轨迹，而非原始期望轨迹，进行容错控制。

与现有自适应容错控制方法的技术路线不同，现有的容错控制器是直接根据原期望轨迹与 AUV 实际轨迹的差值给出控制输出；而本项目方法在原期望轨迹与容错控制器之间增加了一个局部轨迹模糊调整的环节，通过该环节在每一时刻都为容错控制器提供一条以 AUV 当前 t 时刻位置为起始点、以期望轨迹 $t+\Delta t$ 时刻的值为目标点的局部期望轨迹。

接下来，阐述本项目方法的工作原理和实现过程。

本项目所提的方法是通过局部期望轨迹模糊调整来实现大初始跟踪误差下的 AUV 自适应容错控制，在本项目方法中，局部期望轨迹模糊调整和容错控制器的设计是主要内容。以下，将从这两方面分别进行阐述。

(1)局部期望轨迹模糊调整

针对 AUV 存在较大初始误差的情况下，直接按照原期望轨迹进行容错控制的控制输出存在较大抖动，以及基本跟踪上期望轨迹之后仍存在的控制器抖振问题，本项目提出在跟踪过程的每一时刻不断通过局部期望轨迹模糊调整的方式构建一条以 AUV 当前位置为起始点的局部期望轨迹。下面将从局部期望轨迹和时间间隔的内涵、局部期望轨迹模糊调整的基本思路以及具体过程等方面进行详细阐述。

局部期望轨迹和时间间隔的内涵。现有的自适应容错控制器直接根据原始期望轨迹进行容错控制器设计，它忽略了 AUV 大初始跟踪误差对控制效果的影响。本项目基于局部期望轨迹模糊调整的方式研究大初始跟踪误差下的 AUV 自适应容错控制问题。这里的“局部期望轨迹”是指根据 AUV 当前位置以及原始期望轨迹中的某一时刻所对应的期望点来重新规划一条以 AUV 当前位置为起始点的轨迹；而此时刻到后期某一时刻对应的时间长度($t+\Delta t$)就是本项目所指的时间间隔。

局部期望轨迹模糊调整的基本思路：如图 3－31 所示，在 AUV 整个跟踪过程中在原期望轨迹中，不断根据 AUV 当前时刻的跟踪误差，利用单一输入的模糊模型来确定时间间隔；确定当前时刻 AUV 的实际位置以及此时间间隔所对应的期望点，采用三次样条曲线，不断重构一条以 AUV 当前位置为起始点的局部期望轨迹，实现对原期望轨迹的局部调整；不断重复上述步骤，直至跟踪过程结束。

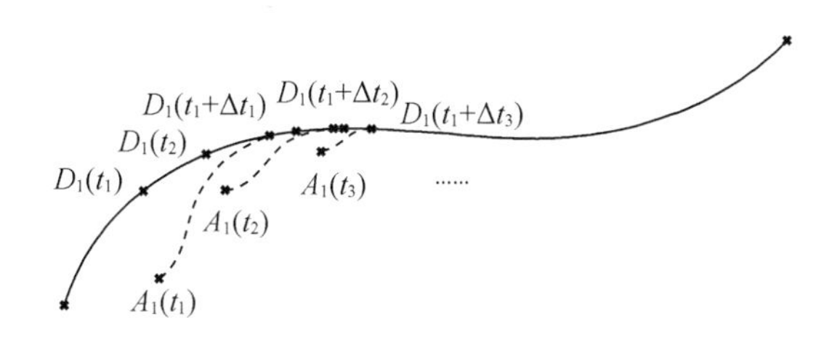

图 3－31 局部期望轨迹模糊调整

在局部期望轨迹模糊调整的过程中，主要涉及两个问题：局部轨迹设计以及时间间隔确定。

以下，将从局部期望轨迹设计及时间间隔的模糊确定两方面进行阐述。

①局部期望轨迹设计

为能保证实时动态生成局部期望轨迹，局部期望轨迹生成的方法不能过于复杂且需要向原期望轨迹收敛。此外，为了能尽可能地让重新规划的局部期望轨迹与 AUV 当前状态平滑衔接，需要让重新规划的局部期望轨迹起点尽可能多地包含 AUV 当前位置信息。而在 AUV 实际作业过程中，可以通过 AUV 自身携带的位姿以及速度传感器来获得 AUV 当前时刻的位置及速度信息。基于上述考虑，本项目提出基于三次样条曲线的局部期望轨迹生成方法。

局部期望轨迹生成的具体过程如下：

a. 给出局部期望轨迹在单个自由度上的结构形式

根据三次样条曲线函数给出局部期望轨迹在单个自由度上的结构形式，如公式(3 - 70)所示。

$$y = a_0 + a_1 t + a_2 t^2 + a_3 t^3 \tag{3-70}$$

其中，$a_i(i=0,1,2,3)$为正常数。

b. 求解三次样条曲线的未知参数

本项目将 AUV 当前位置设定为局部期望轨迹的起始点，之后一段时间间隔所对应的原始期望点为终点。AUV 所携带的传感器可提供 AUV 当前状态下的位置及速度信息，而原始期望轨迹是已知的，因此，可获得这两点的位置及速度信息。根据上述信息，反求三次样条曲线的未知参数，具体计算如公式(3 - 71)和公式(3 - 72)所示。

$$\boldsymbol{Para} = [P_{C(t_1)} \quad V_{C(t_1)} \quad P_{D(t_1^*)} \quad V_{D(t_1^*)}]\,\mathrm{inv}(\boldsymbol{E}^{\mathrm{T}}) \tag{3-71}$$

$$\boldsymbol{E} = \begin{bmatrix} 1 & t_1 & t_1^2 & t_1^3 \\ 0 & 1 & 2t_1 & 3t_1^2 \\ 1 & t_2 & t_1^{*2} & t_1^{*3} \\ 0 & 1 & 2t_1^* & 3t_1^{*2} \end{bmatrix} \tag{3-72}$$

其中，$t_1^* = t_1 + \Delta t_1$；$\boldsymbol{Para} \in \mathbf{R}^{6\times6}$；$t_1$ 代表着当前时刻；$P_{C(t_1)}$、$P_{D(t_1^*)}$、$V_{C(t_1)}$、$V_{D(t_1^*)}$分别为 t_1 和 t_1^* 时刻所对应的位姿和速度信息。

c. 给出局部期望轨迹

通过获得的三次样条曲线中的参数，最终生成的局部期望轨迹 $T_{\mathrm{loc}}(t)$如公式(3 - 73)所示。

$$\boldsymbol{T}_{\mathrm{loc}}(t) = \boldsymbol{Para}[1 \quad t \quad t^2 \quad t^3]^{\mathrm{T}} \tag{3-73}$$

综上，局部期望轨迹已设计完成，但其中涉及一个重要时间参数，即 ΔT 的时间间隔。接下来，将阐述如何确定这一时间间隔。

②时间间隔的模糊确定

本项目仿真研究发现：若选择一个较大的时间间隔常值，AUV 实际轨迹将严重超前于原始期望轨迹，整个过程的跟踪精度较低；若选择一个较小的时间间隔常值，虽能保持较高的跟踪精度，但控制输出严重抖振的现象仍比较明显。针对上述研究发现，本项目提出基于模糊模型来动态调整时间间隔的方法。

时间间隔确定的具体过程如下：

a. 模糊输入变量的选取及模糊区域划分

首先阐述为何选用单输入模糊模型确定时间间隔。模糊模型的输入变量一般为两个，包括跟踪误差以及其变化率，在这种情况下，其模糊规则一般有 $M \times N$ 个模糊规则，其中 M、N 分别为输入变量的模糊语义值个数。为了尽可能减少模糊规则数量，降低模糊模型在线运行所需要的时间，J. K. Choi 于 2000 年提出了一种单输入的模糊模型算法，该算法通过单个自由度的位置误差以及速度误差，采用线性的矢量距离来合成输入变量，此时，模糊规则数仅为合成后这单一变量的模糊语义个数。因此，本项目采用单输入的模糊模型来确定时间间隔。

接下来阐述本项目模糊输入变量的确定方法及不同之处。本项目是采用单输入模糊模型来确定一个时间间隔，本项目的目的是通过这一个时间间隔来同时调整原期望轨迹在六个自由度的轨迹分量。本项目提出一种半径式合成模糊模型输入变量的方法。与通过单个自由度的位置误差以及速度误差，采用线性的矢量距离来合成输入变量的方式不同，本项目所提的合成方法是采用 AUV 当前位置与期望位置点的距离以及该距离的变化率为基础，按照公式(3－74)的形式合成输入变量。

$$L=\frac{(\lambda D)^2+(\dot{D})^2}{1+\lambda^2} \tag{3-74}$$

式中，D 为所选距离；$\dot{D}$ 为距离变化率；L 为模糊输入变量；$D=\boldsymbol{e}_x^2+\boldsymbol{e}_y^2+\boldsymbol{e}_z^2$；$\dot{D}=2\boldsymbol{e}_x\dot{\boldsymbol{e}}_x+2\boldsymbol{e}_y\dot{\boldsymbol{e}}_y+2\boldsymbol{e}_z\dot{\boldsymbol{e}}_z$，$\boldsymbol{e}_x$、$\boldsymbol{e}_y$、$\boldsymbol{e}_z$ 分别为 AUV 在 X、Y、Z 向的跟踪误差；λ 为一个正常数，可以通过调节 λ 的大小来放大或缩小位置距离的影响，D 和 L 在计算前均需要归一化处理，归一化所涉及的参数分别为 $\boldsymbol{K}_{\mathrm{pi}}$ 和 $\boldsymbol{K}_{\mathrm{di}}$。

接下来阐述本项目模糊输入变量模糊区域选取与前人方法的不同之处。由于差及误差变化率均可正可负，所以模糊变量的区域为所有四个象限。本项目最开始是对第一象限和第四象限进行区域划分，但从仿真结果来看，这种区域划分所得到的时间间隔有时存在高频跳动的现象，进而引发控制输出的高频抖动。因此，本项目作者最终将变量区域限定在了第一象限，具体的区域划分如图 3－32 所示，模糊隶属度函数如图 3－33 所示，其中 x_i $(i=1,2,3,4,5)$ 为区域划分点。

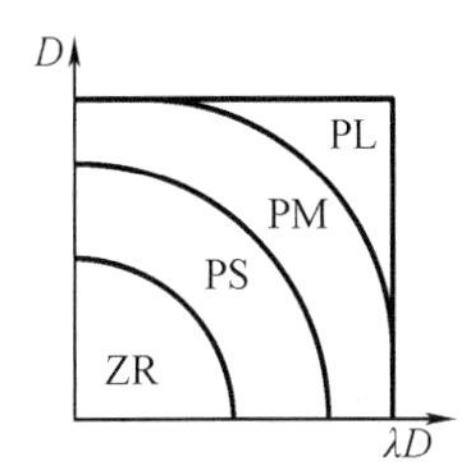

图 3－32 模糊区域划分

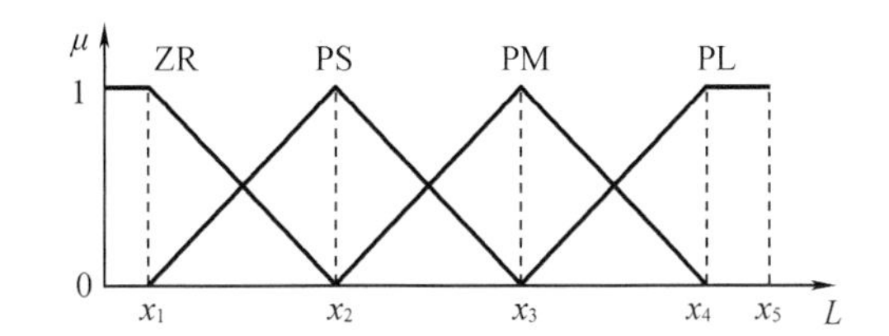

图 3－33 模糊隶属度函数

图 3－32 将所涉及的区域划分成了 ZR、PS、PM 和 PL，分别代表着零、正小、正中和正大。上述模糊区域划分的主要目的是，当模糊输入变量与原点间的距离越大时，所需要确定的时间间隔越大，反之，时间间隔越小。

b. 模糊规则及解模糊

在阐述完模糊输入以及区域划分之后，本小节的主要内容是确定具体的模糊规则和解模糊。

本项目所采用的 T－S 模糊模型，给出以下具体的模糊规则，如表 3－7 所示。

表 3-7　模糊规则表

IF	THEN
$L \in$ ZR	$f_1 = a_1 \times L + b_1$
$L \in$ PS	$f_2 = a_2 \times L + b_2$
$L \in$ PM	$f_3 = a_3 \times L + b_3$
$L \in$ PL	$f_4 = a_4 \times L + b_4$

表 3-7 中，$f_i(i=1,2,3,4)$ 为单一规则下的模糊输出；a_i 和 b_i 均为常数，具体数值在仿真部分给出。

根据模糊理论，给出模糊生成的时间间隔的具体表达式。本项目采用重心法来确定最后的模糊输出，具体表达式为

$$\boldsymbol{f}_{\mathrm{OUT}} = \frac{\sum_{i=1}^{4} \boldsymbol{\mu}_i \times \boldsymbol{f}_i}{\sum_{i=1}^{4} \boldsymbol{\mu}_i} \tag{3-75}$$

其中，通过图 3-33 可知，$\sum_{i=1}^{4} \boldsymbol{\mu}_i \triangleq 1$。

最后，利用比例法对公式(3-75)所得到的模糊输出进行解模糊，进而得到具体的时间间隔。

$$\Delta \boldsymbol{T} = Ko_{\mathrm{p}} \boldsymbol{f}_{\mathrm{OUT}} \tag{3-76}$$

其中，Ko_{p} 为比例常数，具体数值在仿真部分给出。

(2)容错控制器设计

本项目的容错控制器在结构上与典型方法相同，但两者的跟踪目标不同。具体而言，本项目的容错控制器是采用本项目之前得到的局部期望轨迹作为 AUV 的跟踪目标，而典型方法是直接采用原期望轨迹作为 AUV 的真实目标。

以下，本项目直接给出所采用的自适应容错控制器的具体表达形式。

$$\begin{aligned} \boldsymbol{u} = \boldsymbol{B}^{+} \Big[& \hat{\boldsymbol{C}}_{\mathrm{RB}\eta}(\boldsymbol{\eta}, \dot{\boldsymbol{\eta}}) \dot{\boldsymbol{\eta}} + \hat{\boldsymbol{C}}_{\mathrm{A}\eta}(\boldsymbol{\eta}_{\mathrm{r}}, \dot{\boldsymbol{\eta}}_{\mathrm{r}}) \dot{\boldsymbol{\eta}}_{\mathrm{r}} + \hat{\boldsymbol{D}}_{\eta}(\boldsymbol{\eta}_{\mathrm{r}}, \dot{\boldsymbol{\eta}}_{\mathrm{r}}) \dot{\boldsymbol{\eta}}_{\mathrm{r}} + \hat{\boldsymbol{g}}_{\eta}(\boldsymbol{\eta}) + \\ & \boldsymbol{M}_{\eta}(\boldsymbol{\eta}) \Big(\dot{\boldsymbol{\alpha}}_1 - g(-\boldsymbol{c}_1 z_1 + z_2) - \frac{z_2}{g} + \hat{\boldsymbol{F}} - h\boldsymbol{s} - \hat{\boldsymbol{\psi}} sat(\boldsymbol{s}) \Big) \Big] \end{aligned} \tag{3-77}$$

其中，$z_1 = \boldsymbol{\eta} - \boldsymbol{T}_{\mathrm{loc}}(t)$；$z_2 = \dot{\boldsymbol{\eta}} - \boldsymbol{\alpha}_1$；$\boldsymbol{\alpha}_1 = -c_1 z_1 + \dot{\boldsymbol{T}}_{\mathrm{loc}}(t)$；$c_1$、$g$、$h$ 均为正常数；$\boldsymbol{s} = g z_1 + z_2$；$\hat{\boldsymbol{F}}$ 为神经网络估计输出完全相同。

$$\hat{\boldsymbol{F}} = \hat{\boldsymbol{W}} \boldsymbol{Q}(\hat{\boldsymbol{V}} \boldsymbol{s}) \tag{3-78}$$

其中，$\boldsymbol{Q}(\hat{\boldsymbol{V}} \boldsymbol{s}) = \exp(-(\boldsymbol{s} - \boldsymbol{m})^2 / \mu_{\mathrm{u}}^2)$，各权值及其余自适应参数的变化率如式(3-79)所示。

$$\begin{cases} \dot{\hat{\boldsymbol{W}}} = -k_1 \boldsymbol{s} \boldsymbol{Q}^{\mathrm{T}} \\ \dot{\hat{\boldsymbol{V}}} = -k_2 (\boldsymbol{s} \boldsymbol{s}^{\mathrm{T}} \hat{\boldsymbol{W}} \boldsymbol{Q}_{\mathrm{V}})^{\mathrm{T}} \\ \dot{\hat{\boldsymbol{m}}} = -k_3 (\boldsymbol{s}^{\mathrm{T}} \hat{\boldsymbol{W}} \boldsymbol{Q}_{\mathrm{m}})^{\mathrm{T}} \\ \dot{\hat{\boldsymbol{\mu}}}_{\mathrm{u}} = -k_4 (\boldsymbol{s}^{\mathrm{T}} \hat{\boldsymbol{W}} \boldsymbol{Q}_{\mu})^{\mathrm{T}} \\ \dot{\hat{\boldsymbol{\varphi}}} = k_5 \| \boldsymbol{s} \| \end{cases} \tag{3-79}$$

其中,$k_i(i=1,2,\cdots,5)$均为正常数。

本项目将通过 ODIN AUV 的仿真实验,对比本项目所提的基于模糊局部期望路径调整的 AUV 自适应容错控制方法和容错控制方法的仿真效果,验证本项目方法的有效性。

2. 实验验证

为了证明新控制设计的有效性,本小节给出了具有较大初始跟踪误差的 ODIN AUV 模型的数值模拟结果,并给出了海流的方程表示。在本研究中,假设所有推进器都是相同的,其中推进器输出限制在 ±200 N,推进器变化率限制在 ±50 N/s。

海流采用一阶高斯 - 马尔可夫过程建模:

$$\dot{V}_c + \mu_c V_c = \omega_c \tag{3-80}$$

其中,V_c 为海流的大小;ω_c 为高斯白噪声(相关参数将在后面给出);$\mu_c=3$;海流具有两个方向角:侧滑角(β_c)和攻角(α_c),β_c 由高斯噪声的平均值 0 和方差 50 及 $\alpha_c=\beta_c/2$ 生成。

对于控制器的设计,假定 AUV 的参数模型存在 30% 的建模不确定性。AUV 初始状态取 $\boldsymbol{\eta}(0)=[7.5,\ 7.5,\ -1.5,\ 15\pi/36,\ 15\pi/36,15\pi/9]^{\mathrm{T}}$和 $\dot{\boldsymbol{\eta}}(0)=[0.3,\ 0.3,\ 0.3,\ 0.15,\ 0.15,\ 0.15]^{\mathrm{T}}$。初始状态与期望值存在较大的初始误差。

选择变量 a_i 和 b_i 的一种方法是同时调整它们,但这可能会在模拟或未来的实验研究中造成问题和不必要的计算负荷。为了减少计算负荷,使用$a_i=a_{i+1}=a$ 和 $b_{i+1}-b_i=b$ 且简化 $a=1$ 为固定不变的数值。相当于调整了 b_1 和公差 b 的值。最后,使用以下参数值实现局部轨迹重新规划:

$$\lambda=1.5;a_1=a_2=a_3=a_4=1;\ b_1=2/7;\ b_2=b_1+1/7;$$

$$b_3=b_1+2/7;\ b_4=b_1+3/7;$$

$$x_1=2/70+\Delta;\ x_2=2/7+\Delta;\ x_3=4/7+\Delta;$$

$$x_4=6/7+\Delta;\Delta=0.01;$$

$$Kp_i=40;\ Kd_i=10;\ Ko_p=4$$

其中,Kp_i 和 Kd_i 是变量 D 和 $\dot{D}$ 规范化过程中使用的参数。

在新设计的控制器中,式(3-78)至式(3-80)的自适应控制器有 30 个隐藏神经元,加权矩阵 $\boldsymbol{W}$ 和 $\boldsymbol{V}$ 中的初始项在[-0.1,0.1]范围内随机选取。此外,激活函数的中心和宽度的初始值分别在[-0.05,0.05]和[-0.2,0.2]范围内随机选取。其余参数为

$$p_1=0.2;p_2=0.2;h=5;k_1=k_2=k_3=k_4=0.5;k_5=3$$

为了验证新方法的鲁棒性,将测量噪声通过低通滤波器(截止频率 10 rad/s)以零均值和 0.01 方差的高斯噪声形式添加到向量 $\boldsymbol{\eta}$ 上,并将高斯噪声(均值为零,方差为 0.001)通过低通滤波器(截止频率 1 rad/s)添加到 $\dot{\boldsymbol{\eta}}$ 中。

此外,还考虑了两种不同海流强度的情况。

情况 1:在海流模拟中,ω_c 是平均值为 2,方差为 1 的高斯白噪声。

情况 2:在海流模拟中,ω_c 是平均值为 4,方差为 2 的高斯白噪声。

期望的螺旋轨迹为

$$\boldsymbol{\eta}_{\mathrm{d}}=[6(1-\cos(0.15t)),\ 3\sin(0.15t),\ -0.2t,\ 0,\ 0,0]^{\mathrm{T}} \tag{3-81}$$

(1)控制方法的仿真结果

在本小节中,本项目直接采用同一控制器而不进行轨迹重规划来评估新设计的性能。采用的对比控制方法来源于文献[14],以下简称无轨迹重规划方法。

图3-34给出了基于本项目新方法在情况1的仿真结果,图3-35给出了无轨迹重新规划的自适应滑模控制器在情况1的仿真结果。

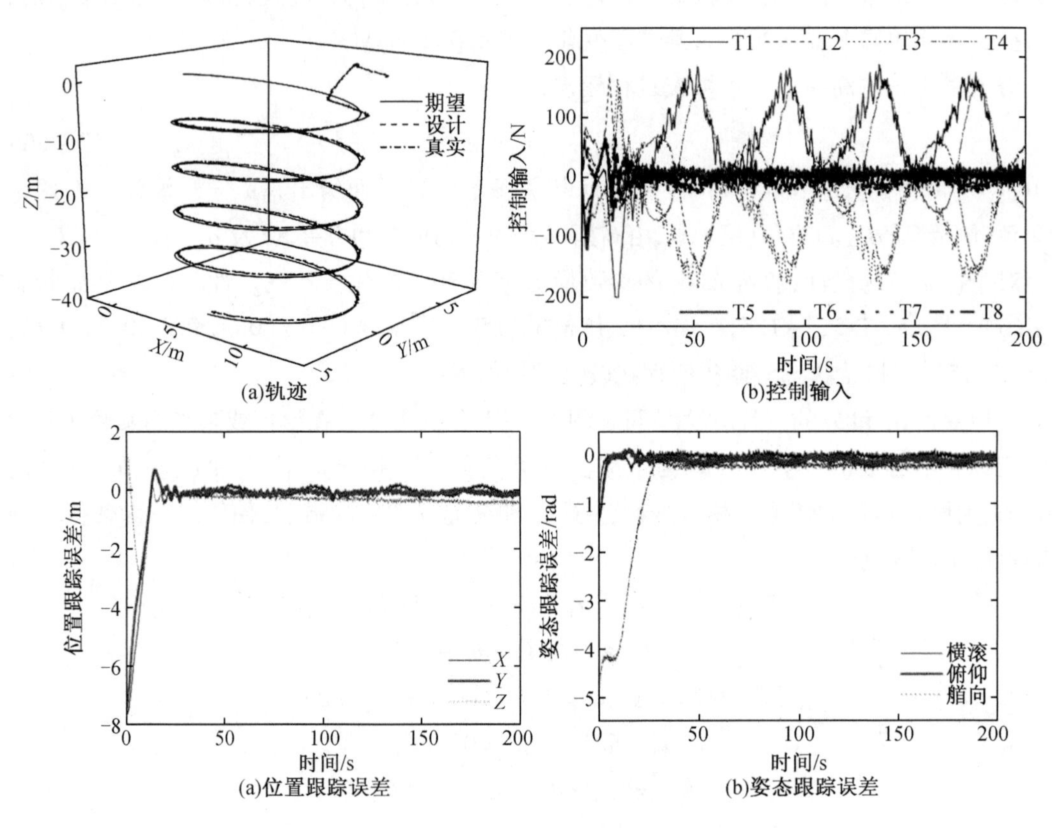

图3-34　本项目所提出控制系统的仿真结果——情况1

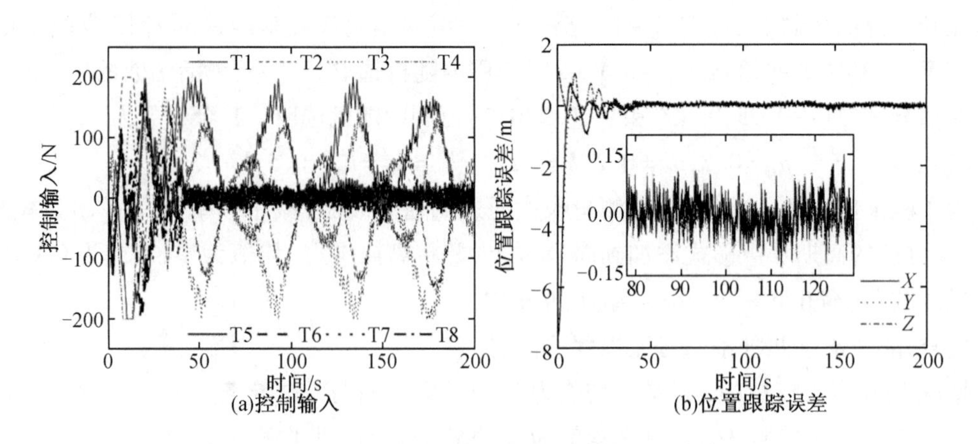

图3-35　无轨迹重规划控制器的仿真结果——情况1

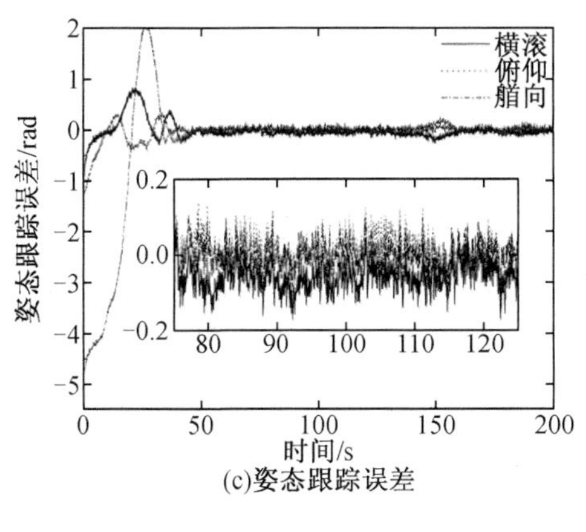

(c)姿态跟踪误差

图 3-35(续)

为了定量评价新设计的性能,本项目采用了积分绝对误差(IAE)(式(3-82(a))、抖振(式(3-82(b))和能耗(式(3-82(c))三个指标:

$$IAE = \int_{t=0}^{t=200} \sum_{i=1}^{3} |\boldsymbol{e}(i)| \mathrm{d}t \tag{3-82(a)}$$

$$\text{抖振} = \sum_{t=0}^{t=200} \sum_{i=1}^{8} |\Delta \boldsymbol{u}(i)| \tag{3-82(b)}$$

$$\text{能耗} = \sum_{t=0}^{t=200} \sum_{i=1}^{8} |\boldsymbol{u}(i)|^2 \tag{3-82(c)}$$

其中,$\boldsymbol{e}$ 是实际跟踪误差向量;$\Delta \boldsymbol{u}$ 是现在和前一节拍控制输出的差值。

表 3-8 给出了两种控制设计的仿真结果。

表 3-8 两种控制设计的仿真结果——情况 1

	IAE		抖振($\times 10^4$ N)	能耗($\times 10^8$ N^2)
	位置($\times 10^3$ m)	姿态($\times 10^3$ rad)		
有重规划	11.34	7.23	6.94	2.90
无重规划	4.74	6.63	7.88	3.70

图 3-34 和图 3-35 表现了新设计的控制输出比对比实验中的自适应控制器的控制输出平滑得多。因此,结合了原始期望轨迹的模糊重新规划的跟踪控制器在平滑控制输出方面明显优势,但是在表 3-8 中发现,新设计的控制方法的跟踪精度低于比较控制器。图 3-34(a)中可以看出,跟踪误差主要来自轨迹重新规划,即轨迹重新规划得到的原始期望轨迹与新轨迹之间的差异。

虽然新的控制方法牺牲了一点跟踪精度,但是提供了一个更平滑的推进器输出。平稳的控制输出对推进器的使用非常有利,因为控制输出中的频繁抖动会导致磨损等问题,从而导致泄漏或缩短推进器的使用寿命。同时,抖动越强,AUV 消耗的能量就越多,从而减少了提供执行任务所需的能量。在管道跟踪等实际应用中,高精度并不是用户的首要要求,长时间的运行则具有更高的优先级,因此尽可能减少非任务的能量消耗是至关重要的。

图 3-36 和图 3-37 给出了相应的实验结果。表 3-9 显示了相应的测量值。

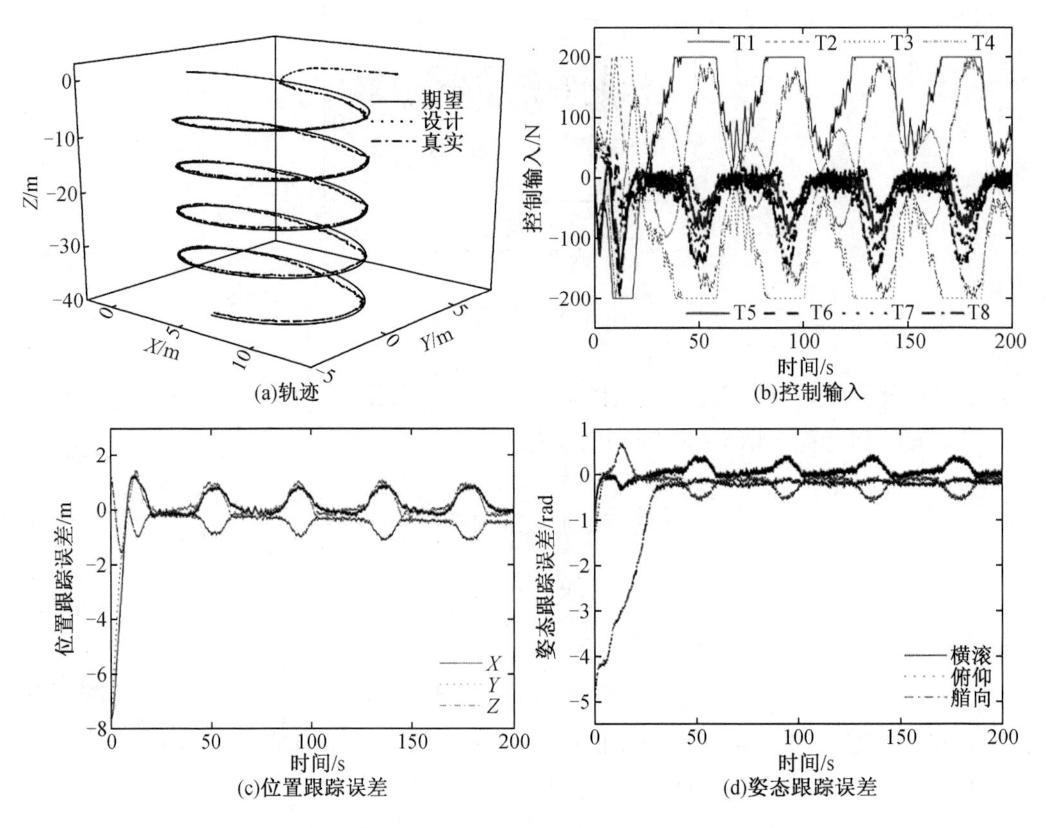

图 3-36　本项目所提出控制系统的仿真结果——情况 2

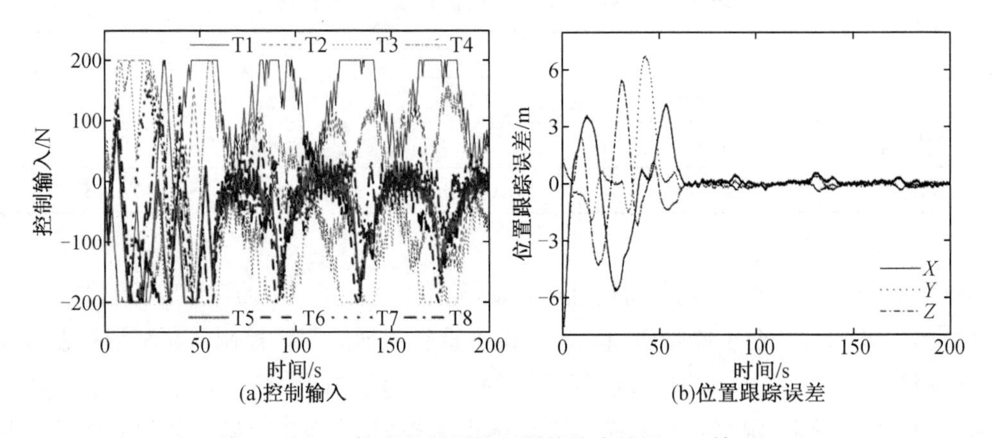

图 3-37　无轨迹重规划控制器的仿真结果——情况 2

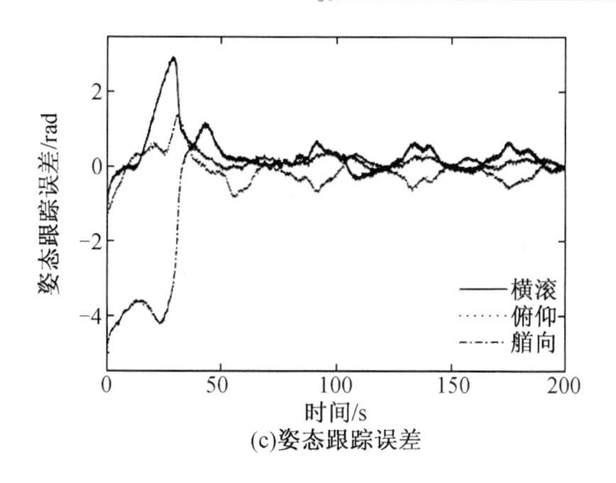

(c)姿态跟踪误差

图 3-37(续)

表 3-9　两种控制设计的仿真结果——情况 2

	IAE		抖振($\times 10^4$ N)	能耗($\times 10^8$ N^2)
	位置($\times 10^3$ m)	姿态($\times 10^3$ rad)		
有重规划	14.15	9.37	6.44	7.67
无重规划	20.88	14.56	7.01	9.26

在情况 2 下,海流变得更大,但是新设计的控制输出仍然比无重新规划的控制输出更平滑,这在图 3-36(b)、图 3-37(a)和表 3-9 中得到了证实。此外,根据图 3-36 和图 3-37,相对于前一种情况,海流扰动的增加,控制输出达到推进器饱和极限,降低了跟踪精度。

这些结果证实了无重新规划的控制设计不能有效地处理控制输出的饱和问题,尤其是跟踪误差较大的时候(尤其是初始阶段)。此外,在整个仿真周期内,本项目所提方法的 *IAE* 指数低于对比方案。因此,新的设计对于在大海流环境中工作的 AUV 来说,具有更满意的跟踪精度和平滑的控制输出。

(4)时间间隔方面的仿真结果

为了验证新设计的时间间隔选择方法的有效性,选择了一种利用饱和函数确定时间间隔的局部轨迹重规划方法来评估新设计的性能。时间间隔如式(3-83)所示。控制器中的其他项与新设计相同。

$$\Delta t_i = \begin{cases} T_2 & x \in (err_2, \infty) \\ \dfrac{(T_2 - T_1)x + err_2 T_1 - err_1 T_2}{err_2 - err_1} & x \in [err_1, err_2] \\ T_1 & x \in [0, err_1) \end{cases} \tag{3-83}$$

其中,$x = \sqrt{\boldsymbol{e}_x^2 + \boldsymbol{e}_y^2 + \boldsymbol{e}_z^2}$;$T_2 = 4$;$T_1 = 1.2$;$err_1 = 0.25$;$err_2 = 5$。

使用时间间隔选择方法获得的仿真结果分别在图 3-38(情况 1)和图 3-39 中给出,表 3-10 和表 3-11 分别给出了性能比较指标的值。采用的比较结果来自文献[65],下面简称比较方法。

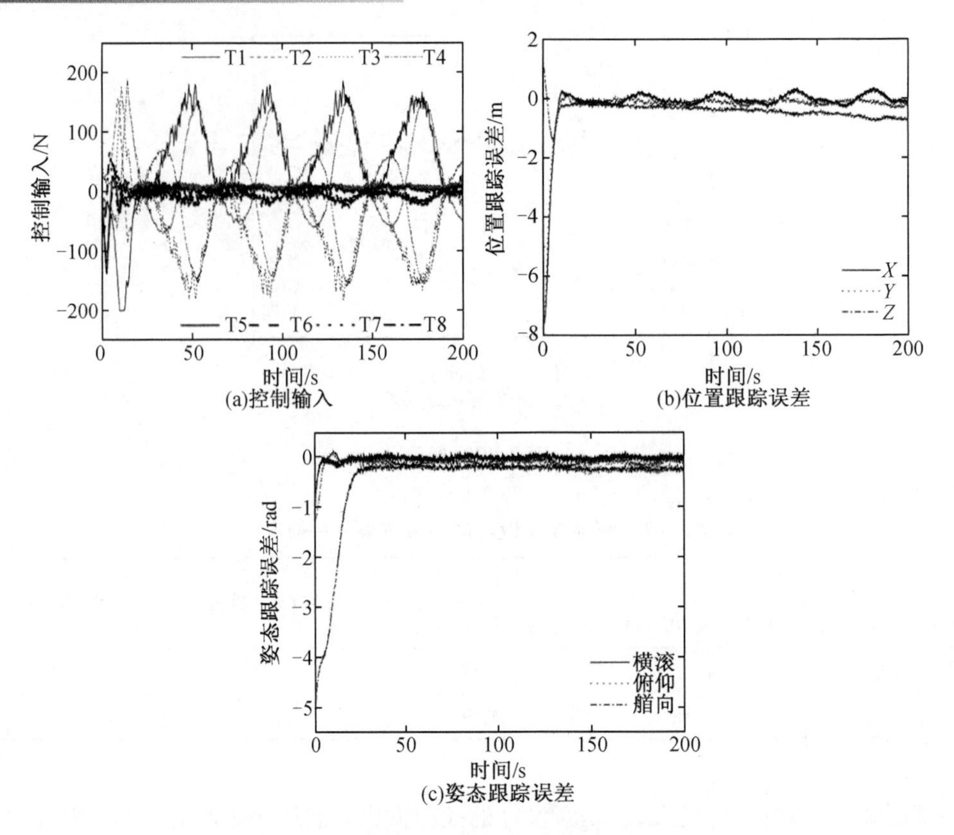

图 3-38　固定时间间隔的模拟结果——情况 1

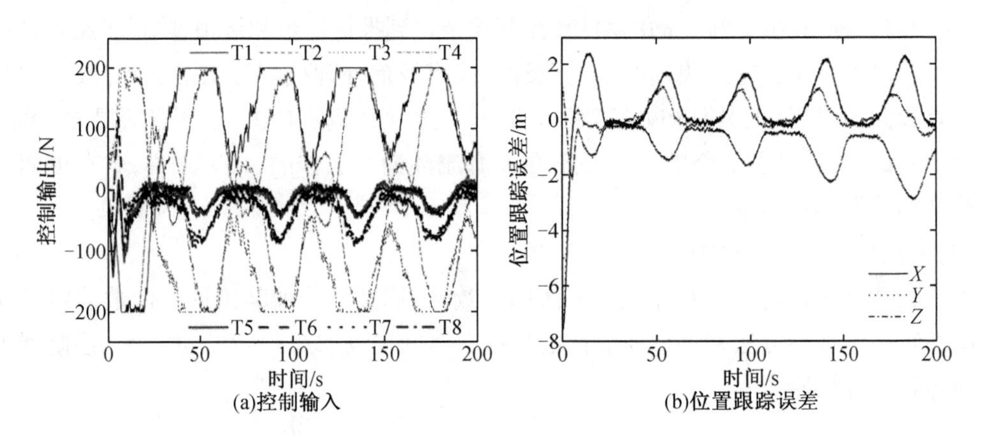

图 3-39　固定时间间隔的模拟结果——情况 2

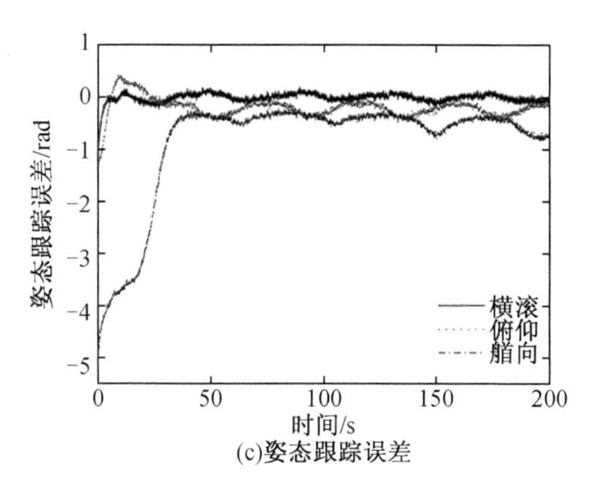

(c)姿态跟踪误差

图 3-39(续)

表 3-10 两种方法的时间间隔选择的仿真结果——情况 1

	IAE		抖振（$\times 10^4$ N）	能耗（$\times 10^8$ N^2）
	位置（$\times 10^3$ m）	姿态（$\times 10^3$ rad）		
本项目方法	11.34	7.23	6.94	2.90
比较方法	10.22	6.66	6.63	2.89

表 3-11 两种方法的时间间隔选择的仿真结果——情况 2

	IAE		抖振（$\times 10^4$ N）	能耗（$\times 10^8$ N^2）
	位置（$\times 10^3$ m）	姿态（$\times 10^3$ rad）		
本项目方法	14.15	9.37	6.44	7.67
比较方法	22.41	11.80	6.26	8.29

在海流较小的情况下,根据图 3-38 和表 3-10 中的结果,与图 3-34 的情况相比,如果时间间隔由饱和函数确定(如比较方法),则可以获得稍好的性能。在这种情况下,控制输出不产生推进器约束。

随着海流强度的增加,控制输出将达到推进器饱和极限,如图 3-36 和图 3-39 所示,在这种情况下,利用饱和函数来确定时间间隔不能有效地处理控制输出的饱和,但新设计的单输入 TS 模糊模型仍能产生合适的时间间隔值,以保持满意的跟踪性能。因此,如图 3-36和图 3-39 所示,新设计控制的跟踪精度明显优于现有设计。该结论也得到了表 3-11 中 *IAE* 指数的比较结果的进一步支撑。

综上所述,仿真结果表示相对于无重规划的设计,新设计产生的控制输出不会出现高频振荡,而且更平滑,对期望轨迹进行模糊再规划可以有效地降低控制输出的抖振和能耗。另外,当 AUV 遇到较大海流时,新设计的跟踪性能仍然令人满意,而比较方法未能提供合适的时间间隔值。

3. 结论

针对初始位置明显偏离期望轨迹起始位置的 AUV,本书提出了一种基于局部期望轨迹模糊再规划的轨迹跟踪控制策略。在原期望轨迹和控制器之间增加一个新的回路，在每个时刻模糊地重新规划局部期望轨迹。利用 ODIN－AUV 的动力学模型进行了仿真，结果表明，新的控制设计可以有效地减少控制输出中的抖振现象，与无重新规划轨迹跟踪控制器相比，该信号更加平滑，但以降低跟踪精度为代价。

在控制输出超出推进器饱和极限的情况下，由于海流干扰较大，新的控制设计在每个时刻通过模糊重新规划局部期望轨迹，即使存在测量噪声，仍能保持令人满意的跟踪精度，无轨迹重规划的控制策略会产生较大的跟踪误差。在一些实际应用中，例如管道跟踪，高精度不是用户的首要要求，而更长的运行时间则更加重要。本项目新设计的控制方法为这种情况提供了一种可选方案。

参考文献

[1] SHEN C, BUCKHAM B, SHI Y. Modified C/GMRES Algorithm for Fast Nonlinear Model Predictive Tracking Control of AUVs [J]. Ieee Transactions On Control Systems Technology, 2017, 25(5): 1896－1904.

[2] CHOI J K, KONDO H, SHIMIZU E. Thruster fault-tolerant control of a hovering AUV with four horizontal and two vertical thrusters [J]. Advanced Robotics, 2014, 28(4): 245－256.

[3] YU C Y, XIANG X B, LAPIERRE L, et al. Robust magnetic tracking of subsea cable by AUV in the presence of sensor noise and ocean currents [J]. Ieee Journal Of Oceanic Engineering, 2018,43: 311－322.

[4] ZHANG Y W, RYAN J P, KIEFT B, et al. Targeted sampling by autonomous underwater vehicles [J]. Frontiers in Marine Science, 2019, 6:145.

[5] ZHANG Y W KIEFT B, HOBSON B W, et al. Autonomous tracking and sampling of the deep chlorophyll maximum layer in an open-ocean eddy by a long-range autonomous underwater vehicle [J]. IEEE Journal of Oceanic Engineering, 2020, 45(4): 1308－1321.

[6] SUN Y S, WAN L, GAN Y, et al. Design of motion control of dam safety inspection underwater vehicle [J]. Journal of Central South University, 2012, 19(6): 1522－1529.

[7] HAMILTON K, LANE D M, BROWN K E, et al. An integrated diagnostic architecture for autonomous underwater vehicles [J]. Journal of Field Robotics, 2007, 24(6): 497－526.

[8] DEARDEN R, ERNITS J. Automated fault diagnosis for an autonomous underwater vehicle [J]. IEEE Journal of Oceanic Engineering, 2013, 38(3): 484－499.

[9] OMERDIC E, ROBERTS G. Thruster fault diagnosis and accommodation for open-frame underwater vehicles [J]. Control Engineering Practice, 2004, 12(12): 1575－1598.

[10] ZHANG M J, LIU X, YIN B J, et al. Adaptive terminal sliding mode based thruster fault

tolerant control for underwater vehicle in time-varying ocean currents [J]. Journal of The Franklin Institute-engineering and Applied Mathematics, 2015, 352(11): 4935 -4961.

[11] ZHANG M J, YIN B J, LIU W X, et al. Thruster fault feature extraction for autonomous underwater vehicle in time-varying ocean currents based on single-channel blind source separation [J]. Proceedings of the Institution of Mechanical Engineers, 2015, 230(1): 46 -57.

[12] CHU Z Z, ZHANG M J. Fault reconstruction of thruster for autonomous underwater vehicle based on terminal sliding mode observer [J]. Ocean Engineering, 2014, 88: 426 -434.

[13] ZHANG M J, LIU X, WANG F. Backstepping based adaptive region tracking fault tolerant control for autonomous underwater vehicles [J]. Journal of Navigation, 2017, 70(1): 184 -204.

[14] WANG Y J, ZHANG M J, WILSON P A, et al. Adaptive neural network-based backstepping fault tolerant control for underwater vehicles with thruster fault [J]. Ocean Engineering, 2015, 110: 15 -24.

[15] CORRADINI M L, MONTERIU A, ORLANDO G. An actuator failure tolerant control scheme for an underwater remotely operated vehicle [J]. IEEE Transactions on Control Systems Technology, 2011, 19(5): 1036 -1046.

[16] RAHME S, MESKIN N. Adaptive sliding mode observer for sensor fault diagnosis of an industrial gas turbine [J]. Control Engineering Practice, 2015, 38: 57 -74.

[17] YAN X G, EDWARDS C. Nonlinear robust fault reconstruction and estimation using a sliding mode observer [J]. Automatica, 2007, 43(9): 1605 -1614.

[18] ALWI H, EDWARDS C, MARCOS A. Fault reconstruction using a LPV sliding mode observer for a class of LPV systems [J]. Journal of the Franklin Institute-engineering And Applied Mathematics, 2012, 349(2): 510 -530.

[19] VELUVOLU K C, DEFOORT M, SOH Y C. High-gain observer with sliding mode for nonlinear state estimation and fault reconstruction [J]. Journal of the Franklin Institute-engineering and Applied Mathematics, 2014, 351(4): 1995 -2014.

[20] LAGHROUCHE S, LIU J X, AHMED F S, et al. Adaptive second-order sliding mode observer-based fault reconstruction for PEM fuel cell air-feed system [J]. IEEE Transactions On Control Systems Technology, 2015, 23(3): 1098 -1109.

[21] MORENO J A, OSORIO M. A Lyapunov approach to second-order sliding mode controllers and observers [C]. 2008 47th IEEE Conference on Decision and Control, 2008.

[22] TAN C P, YU X H, MAN Z H. Terminal sliding mode observers for a class of nonlinear systems [J]. Automatica, 2010, 46(8): 1401 -1404.

[23] KOMMURI S K, DEFOORT M, KARIMI H R, et al. A Robust observer-based sensor fault-tolerant control for PMSM in electric vehicles [J]. IEEE Transactions on Industrial Electronics, 2016, 63(12): 7671 -7681.

[24] PODDER T K, SARKAR N. Fault-tolerant control of an autonomous underwater vehicle under thruster redundancy [J]. Robotics and Autonomous Systems, 2001, 34(1): 39 - 52.

[25] FOSSEN T I. Handbook of marine craft hydrodynamics and motion control [M]. New York: John Wiley & Sons, 2011.

[26] LOPEZ-ARAUJO D J, ZAVALA-RIO A, SANTIBANEZ V, et al. A generalized global adaptive tracking control scheme for robot manipulators with bounded inputs [J]. International Journal of Adaptive Control and Signal Processing, 2015, 29(2): 180 - 200.

[27] CAHARIJA W, PETTERSEN K Y, BIBULI M, et al. Integral Line-of-Sight Guidance and Control of Underactuated Marine Vehicles: Theory, Simulations, and Experiments [J]. IEEE Transactions on Control Systems Technology, 2016, 24(5): 1623 - 1642.

[28] FERREIRA C Z, CARDOSO R, MEZA M E M, et al. Controlling tracking trajectory of a robotic vehicle for inspection of underwater structures [J]. Ocean Engineering, 2018, 149: 373 - 382.

[29] HOANG N Q, KREUZER E. Adaptive PD-controller for positioning of a remotely operated vehicle close to an underwater structure: Theory and experiments [J]. Control Engineering Practice, 2007, 15(4): 411 - 419.

[30] CAMPOS E, CHEMORI A, CREUZE V, et al. Saturation based nonlinear depth and yaw control of underwater vehicles with stability analysis and real-time experiments [J]. Mechatronics, 2017, 45: 49 - 59.

[31] MARTIN S C, WHITCOMB L L. Nonlinear model-based tracking control of underwater vehicles with three degree-of-freedom fully coupled dynamical plant models: Theory and experimental evaluation [J]. IEEE Transactions on Control Systems Technology, 2018, 26(2): 404 - 414.

[32] WANG Y L, HAN Q L. Network-based modelling and dynamic output feedback control for unmanned marine vehicles in network environments [J]. Automatica, 2018, 91: 43 - 53.

[33] PENG Z H, WANG J, WANG D. Distributed maneuvering of autonomous surface vehicles based on neurodynamic optimization and fuzzy approximation [J]. IEEE Transactions on Control Systems Technology, 2018, 26(3): 1083 - 1090.

[34] FOSSEN T I, LEKKAS A M. Direct and indirect adaptive integral line-of-sight path-following controllers for marine craft exposed to ocean currents [J]. International Journal of Adaptive Control and Signal Processing, 2017, 31(4): 445 - 463.

[35] CUNHA J P V S, COSTA R R, HSU L, et al. Output-feedback sliding-mode control for systems subjected to actuator and internal dynamics failures [J]. IET Control Theory & Applications, 2015, 9(4): 637 - 647.

[36] KIM M, JOE H, KIM J, et al. Integral sliding mode controller for precise manoeuvring of autonomous underwater vehicle in the presence of unknown environmental disturbances [J]. International Journal of Control, 2015, 88(10): 2055 -2065.

[37] CUI R X, ZHANG X, CUI D. Adaptive sliding-mode attitude control for autonomous underwater vehicles with input nonlinearities [J]. Ocean Engineering, 2016, 123: 45 -54.

[38] GAO J, AN X M, PROCTOR A, et al. Sliding mode adaptive neural network control for hybrid visual servoing of underwater vehicles [J]. Ocean Engineering, 2017, 142: 666 -675.

[39] BALDINI A, CIABATTONI L, FELICETTI R, et al. Dynamic surface fault tolerant control for underwater remotely operated vehicles [J]. Isa Transactions, 2018, 78: 10 -20.

[40] LIU X, ZHANG M J, YAO F. Adaptive fault tolerant control and thruster fault reconstruction for autonomous underwater vehicle [J]. Ocean Engineering, 2018, 155: 10 -23.

[41] SANTOS C H F, CILDOZ M U, TERRA M H, et al. Backstepping sliding mode control with functional tuning based on an instantaneous power approach applied to an underwater vehicle [J]. International Journal Of Systems Science, 2018, 49(4): 858 -866.

[42] GHAVIDEL H F, KALAT A A. Robust control for MIMO hybrid dynamical system of underwater vehicles by composite adaptive fuzzy estimation of uncertainties [J]. Nonlinear Dynamics, 2017, 89(4): 2347 -2365.

[43] ROUT R, SUBUDHI B. NARMAX self-tuning controller for line-of-sight-based waypoint tracking for an autonomous underwater vehicle [J]. IEEE Transactions on Control Systems Technology, 2017, 25(4): 1529 -1536.

[44] SHEN C, SHI Y, BUCKHAM B. Integrated path planning and tracking control of an AUV: A unified receding horizon optimization approach [J]. IEEE/ASME Transactions on Mechatronics, 2017, 22(3): 1163 -1173.

[45] LIU X, ZHANG M J, CHEN Z Y. Trajectory tracking control based on a virtual closed-loop system for autonomous underwater vehicles [J]. International Journal Of Control, 2019: 1 -15.

[46] GUERRERO J, TORRES J, CREUZE V, et al. Trajectory tracking for autonomous underwater vehicle: An adaptive approach [J]. Ocean Engineering, 2019, 172: 511 -522.

[47] ALLIBERT G, HUA MD, KRUPINSKI S, et al. Pipeline following by visual servoing for autonomous underwater vehicles [J]. Control Engineering Practice, 2019, 82: 151 -160.

[48] LI X, HOU S P, CHEAH C C. Adaptive region tracking control for autonomous underwater vehicle [C]. 2010 11th International Conference on Control Automation Robotics & Vision (ICARCV), 2010.

[49] SUN Y C, CHEAH C C. Region-reaching control for underwater vehicle with onboard

manipulator [J]. Iet Control Theory and Applications, 2008, 2(9): 819 - 828.

[50] ISMAIL Z H, DUNNIGAN M W. A region boundary-based control scheme for an autonomous underwater vehicle [J]. Ocean Engineering, 2011, 38(17 - 18): 2270 - 2280.

[51] ISMAIL Z H, DUNNIGAN M W. Tracking control scheme for an underwater vehicle-manipulator system with single and multiple sub-regions and sub-task objectives [J]. IET Control Theory & Applications, 2011, 5(5): 721 - 735.

[52] ZHANG M J, CHU Z Z. Adaptive region tracking control for autonomous underwater vehicle [J]. Journal of Mechanical Engineering, 2014, 50(19): 50 - 57.

[53] MUKHERJEE K, KAT I N, BHATT R K P. Region tracking based control of an autonomous underwater vehicle with input delay [J]. Ocean Engineering, 2015, 99: 107 - 114.

[54] ISMAIL Z H, FAUDZI A A, DUNNIGAN A W. Fault-tolerant region-based control of an underwater vehicle with kinematically redundant thrusters [J]. Mathematical Problems in Engineering, 2014, 2014: 1 - 12.

[55] CHU Z Z, ZHU D Q. Fault-tolerant control of autonomous underwater vehicle based on adaptive region tracking [J]. Journal of Shandong University (Engineering Science), 2017, 47(5): 57 - 63.

[56] SHAO X D, HU Q L, SHI Y, et al. Fault-Tolerant Prescribed Performance Attitude Tracking Control for Spacecraft Under Input Saturation [J]. IEEE Transactions on Control Systems Technology, 2020, 28(2): 574 - 582.

[57] BECHLIOULIS C P, ROVITHAKIS G A. Prescribed performance adaptive control for multi-input multi-output Affine in the control nonlinear systems [J]. IEEE Transactions on Automatic Control, 2010, 55(5): 1220 - 1226.

[58] THEODORAKOPOULOS A, ROVITHAKIS G A. Guaranteeing preselected tracking quality for uncertain strict-feedback systems with deadzone input nonlinearity and disturbances via low-complexity control [J]. Automatica, 2015, 54: 135 - 145.

[59] ZHANG J X, YANG G H. Adaptive asymptotic stabilization of a class of unknown nonlinear systems with specified convergence rate [J]. International Journal of Robust And Nonlinear Control, 2019, 29(1): 238 - 251.

[60] PARK B S, YOO S J. Robust fault-tolerant tracking with predefined performance for underactuated surface vessels [J]. Ocean Engineering, 2016, 115: 159 - 167.

[61] BECHLIOULIS C P, KARRAS G C, HESHMATI-ALAMDARI S, et al. Trajectory tracking with prescribed performance for underactuated underwater vehicles under model uncertainties and external disturbances [J]. IEEE Transactions On Control Systems Technology, 2017, 25(2): 429 - 440.

[62] LI J, DU J L, SUN Y Q, et al. Robust adaptive trajectory tracking control of underactuated

autonomous underwater vehicles with prescribed performance [J]. International Journal of Robust and Nonlinear Control, 2019, 29(14): 4629 -4643.

[63] GE S S, HONG F, LEE T H. Adaptive neural control of nonlinear time-delay systems with unknown virtual control coefficients [J]. IEEE Trans Syst Man Cybern B Cybern, 2004, 34(1): 499 -516.

[64] ZHANG J X, YANG G H. Prescribed performance fault-tolerant control of uncertain nonlinear systems with unknown control directions [J]. IEEE Transactions on Automatic Control, 2017, 62(12): 6529 -6535.

[65] ZHANG M, LIU X, CHEN Z, et al. Trajectory tracking control integrating local trajectory re-planning for autonomous underwater vehicle [C]. OCEANS 2017 - Aberdeen, 2017.

第4章　自主式深潜器安全决策与抛载自救

全海深自主式AUV(以下简称AUV)是目前本领域关注的热点,它可以下潜到海洋最深处(约11 000 m)。一个下潜航次需要5 h以上,在此期间难以实时人为干预。因此,AUV安全性备受关注。保证AUV安全性主要体现在安全决策和抛载自救两个方面,本章分别对这两个问题进行阐述。

4.1　安全自主决策系统

根据AUV工作的海洋环境,影响其安全性的因素较多且具有不确定性。同时,AUV实时人为干预手段有限,需要自主对危险状态进行感知并做出相应的推理决策,在保证自身安全的前提下,完成作业任务。本节针对AUV的安全自主决策系统总体方案构建和安全决策推理两方面进行说明。

4.1.1　AUV的安全自主决策系统总体方案

由于影响AUV安全性的因素较多,因此对应不同的危险状态也有不同的决策方案。为构建AUV安全自主决策系统,首先通过AUV工作流程分析来确定工作流程中可能存在的危险状态,确定相应的决策方案;然后在此基础上,研究并确定决策推理方法;最后确定安全自主决策系统总体方案。

1.工作流程分析

AUV采用抛载形式为自身提供升沉驱动力,以减少能耗,AUV工作流程如图4-1所示。

AUV的工作流程,具体可分为下潜、航行和上浮三个过程。

(1)下潜过程

当AUV随母船航行到指定海域后,通过AUV上配置的下潜压载实现无动力下潜。在此过程中,AUV不执行任务命令,即推进器、测速仪等处于关闭状态,深度计、高度计、电压电流检测模块、漏水检测模块等处于工作状态,时刻为AUV主控系统反馈下潜过程中的深度、高度、电池电量、漏水等信息,以供安全决策。

(2)航行过程

当AUV下潜到达指定深度后,抛掉下潜压载,此时AUV重力浮力平衡,开始进行水下定高航行。在此过程中,AUV在近海底航行约1 km距离,其间完成水声定位、水声通信、水下采样、图像信息采集等工作任务,各传感器信息及时反馈给AUV主控系统,以供安全决策。

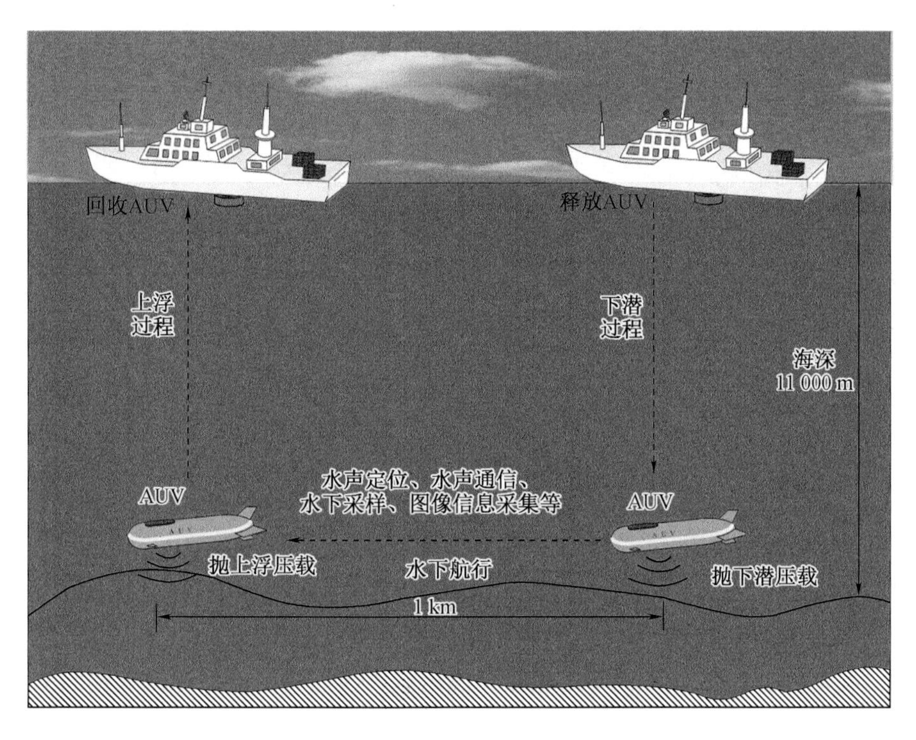

图 4-1 全海深自主式 AUV 工作流程

(3)上浮过程

当 AUV 完成工作任务后,再抛掉上浮压载(抛载上浮),此时 AUV 浮力大于重力开始上浮。在此过程中,传感器系统仍对 AUV 运动状态进行实时检测,反馈给 AUV 主控系统,以供安全决策。

2. 危险状态确定

AUV 在整个工作流程中,存在许多影响安全性的不确定性因素,其安全决策问题也成为一种不确定性的推理问题,专家经验法是解决此问题的典型方法。为此,本书基于专家经验来确定 AUV 可能面临的危险状态,具体确定的危险状态如下。

(1)电池电量过低

电池电量过低会导致系统能源不足,不能满足后续工作任务所需的电量,若不及时处理,将会导致传感器损坏并且会影响到抛载能否正常工作,后果严重。通过电压、电流检测传感器可直接获得 AUV 电池电量信息,调整 AUV 的任务内容或抛载上浮。

(2)工作时间过长

AUV 每次下潜,根据电池电量及工作内容的多少,事先应该对工作时间进行估计,并制订安全的工作时间阈值。当 AUV 在航行过程中,因一些突发事件,如控制程序失灵等导致工作时间延长,为避免能源耗尽,超出设定的时间阈值,应立刻紧急上浮。

(3)下潜或航行深度超差

当 AUV 下潜或航行深度超过了规定深度时,可能发生 AUV 触底的危险。当深度超过设定阈值,且在规定时间内无法使控制误差收敛于指定范围内时,须终止作业,应立刻紧急上浮。

(4)耐压舱漏水

AUV 在运行过程中,若出现耐压舱漏水,将会导致耐压舱内的电子元器件发生损坏失效,同时会增大 AUV 自身的重力,导致 AUV 重力远远大于浮力而发生坐沉事故,造成重大损失。对此危险状态应紧急抛载,全力上浮。

(5)距离障碍物过近

在深海环境可能存在着珊瑚、暗礁等障碍物,通过 AUV 上配备的声呐传感器对障碍物信息进行感知。当监测到障碍物与 AUV 之间的距离小于预先设定的安全距离阈值时,应采取主动避障工作来避开障碍物,甚至需要抛载并由推进器参与全力上浮,避免发生碰撞,保障 AUV 的运行安全。

(6)姿态误差较大

AUV 在运行过程中,某个深度区域的海流等因素会影响 AUV 的姿态发生变化。为使 AUV 能够正常执行任务,需要根据姿态变化程度进行相应的决策。

(7)控制量异常

控制量异常主要是指主控系统对推进器发送的控制量出现异常情况,推进器没有产生相应的响应或根本无作为,导致 AUV 的运行无法达到预期的效果或不能实现要求的功能。控制量异常的情况可能会使 AUV 面临危险甚至无法返航,从而造成损失。此时应抛载紧急上浮。

(8)航行速度异常

当 AUV 下潜到指定深度后,需要在当前深度航行约 1 km。在此过程中,通过多普勒测速仪实时反馈 AUV 的航速。当航速超过设定的阈值时,说明主控系统可能出现故障,须终止当前作业,抛载并紧急上浮。

综上,通过对 AUV 工作运行过程中可能面临的危险状态进行具体分析,确定了电池电量过低等共 8 个主要的危险状态。以下,针对这些危险状态,确定所需采取的决策方案。

3. 决策方案确定

针对上述的 AUV 可能出现的危险状态,需要制订与其相对应的决策方案。当 AUV 出现上述危险状态中任意一种或多种时,自主决策系统能够快速地给出每一个决策方案的选取概率及选取的最佳方案。通过与专家讨论,并结合以往的研究和海试经验,制订针对本研究中的 AUV 面临不同危险状态时做出的决策方案,具体如下:

(1)继续工作

当诊断系统检测到前文所述的 AUV 危险状态没有发生或处于安全的阈值范围内,对 AUV 的正常工作和安全不会造成影响时,AUV 可进行继续工作。

(2)主动避障

AUV 在执行任务过程中,会时刻检查航路中是否出现障碍物。若障碍物距离对 AUV 运行的影响程度较轻时,为了减少能源的消耗和工作时间的浪费,应结合自身目前所处的海洋环境进行小范围内的调整,在不威胁到自身安全性的前提下执行主动避障命令,避开障碍物的影响,保障 AUV 的运行安全。

(3)调整姿态

当 AUV 在水下环境中检测到横倾角或纵倾角的值超出规定的安全阈值时,从总体上看，还不属于电子舱进水等严重危险的情况，为了不影响 AUV 顺利完成后续工作，需要自主决策系统发出调整姿态命令，通过推进器调整 AUV 的姿态误差。

(4)终止作业、抛载上浮

AUV 采用无动力下潜上浮方式以减小能量的损耗，当 AUV 在下潜或航行的过程中，因漏水、姿态误差较大、推进器故障等问题的出现而影响 AUV 自身安全时，需要立刻终止所有的工作任务，执行抛载自救命令，抛掉携带的全部压载，进行上浮。

(5)终止作业、全力上浮

当 AUV 在深海环境中因电压过低、工作时间过长导致能源状态不足，或因深度、高度异常等原因而造成 AUV 坐底事件的发生，或与障碍物之间的距离过近对 AUV 的运行安全造成威胁时，须立刻终止当前作业任务，抛掉全部压载，并由垂向推进器参与进行全力上浮。

综上所述，针对 AUV 可能面临的危险状态，研究并确定了以上 5 种决策方案。通过对 AUV 处于不同状态时选择合理的决策方案，保障 AUV 运行安全。

4. 安全决策推理方法

研究适合 AUV 进行安全决策的推理方法，为后续安全决策系统的建立与实施打下基础。

针对不确定性事件推理的各种方法之间的优缺点进行分析比较可知，贝叶斯网络推理与模糊逻辑推理、证据理论及基于规则的推理相比，其以概率论为基础，具有严谨的推理逻辑。贝叶斯网络推理不仅可以定性地建立推理模型，避免 AUV 这种具有强非线性特点而不易建立精确数学模型的问题，同时还通过条件概率的形式，定量地进行推理计算，保证了推理过程的准确性。在推理过程中，贝叶斯网络将专家经验与客观数据相结合，减小了主观因素的影响，同时又丰富了知识库，从而保证推理过程更加可靠。

基于上述分析的贝叶斯网络推理方法的特点，本书以贝叶斯网络推理方法为基础来研究 AUV 安全决策系统。

为便于后续内容的阐述，以下简述贝叶斯网络原理及推理过程。

贝叶斯网络以可视化图形的方式将网络结构中的变量联合概率分布，以及变量之间的条件独立性直观地表示出来，缩短了概率推理计算所需的时间，在概率推理的过程中具有重要的作用。一个贝叶斯网络是一个有向无环图，由代表变量的节点及连接这些节点的有向边构成，这些节点表示影响因素，而有向边则表示节点之间的关系。有向无环图构成了贝叶斯网络的定性部分，其节点之间的定量关系则是通过条件概率表进行描述的。常用符号 $B(G,P)$ 表示一个贝叶斯网络，$B(G,P)$ 由两部分构成。

①一个具有 N 个节点的有向无环图 G

有向无环图中的每一个节点即代表着一个随机变量，节点之间的有向边则反映出其间的相互关系。任何问题都可以通过节点变量抽象地表达出来，如故障假设、测试值、观测现象等。有向无环图中节点变量之间的有向边表达了一种因果关系，故贝叶斯网络又叫作因果网。同时，有向图包含了条件独立性假设，贝叶斯网络规定图中的每个节点 V_i 条件独立于由 V_i 的父节点给定的非 V_i 子节点构成的任何节点子集，即如果用 $A(V_i)$ 表示非 V_i 后代节点构成的任何节点子集，用 $P(V_i)$ 表示 V_i 的直接双亲节点，则

$$p(V_i|A(V_i),P(V_i))=p(V_i|P(V_i)) \tag{4-1}$$

②一个与每个节点有关联的条件概率表 P

条件概率可用 $p(V_i|P(V_i))$ 来进行表示，其表达了子节点 V_i 和其父节点之间的关系，以及其间的条件概率信息。对于一个没有任何父节点的子节点 V_i 的条件概率，可用该节点的先验概率信息进行表示。

贝叶斯网络满足上述条件后便可以进行计算推理。当贝叶斯网络满足具有节点变量，并且节点变量之间的相互关系、条件概率表已知的条件时，该网络就可以准确地将所有节点变量的联合概率信息表示出来，并且可以根据节点的条件概率信息或者取值计算得到其他任意节点的概率信息。

将有向无环图 G 中的条件独立性应用于概率论中的链式规则，可得

$$p(V_1,V_2,\cdots,V_k)=\prod_{i=1}^{k}p(V_i|P(V_i)) \tag{4-2}$$

由式(4-2)可求得，网络中节点变量之间的联合概率分布信息，并且在求解变量的联合概率分布时，只需考虑与该子节点变量相关的父节点的条件概率即可，这样可使变量的联合概率求解问题大大简化，使得难于处理的问题变得相对容易处理。

下面简述贝叶斯网络推理过程。

当用贝叶斯网络进行系统的安全决策过程时，其推理实质上是指概率推理，即求解节点变量的后验概率问题。在推理过程中，可首先通过样本数据、专家经验或者专业文献等获取一些节点变量的先验概率信息，这些节点变量称为证据变量。在获取已知证据变量信息后，便可根据证据变量、网络结构，以及条件概率信息推理计算出另外一些节点变量的后验概率信息值，本书将这些变量称为目标变量。根据证据变量和目标变量在贝叶斯网络结构中扮演的角色不同，可将贝叶斯网络推理过程主要分成两种。第一种为反向推理，即从结果到原因的推理，主要应用于故障诊断的过程；第二种为正向推理，即从原因到结果的推理，主要应用于自主决策和故障预测的过程。

5. 构建贝叶斯网络框架

根据贝叶斯网络的原理和推理过程，构建 AUV 安全决策的贝叶斯网络框架如图 4-2 所示。

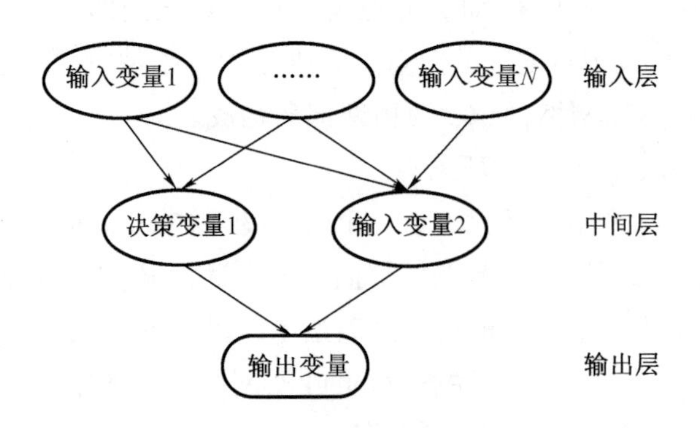

图 4-2　贝叶斯网络框架

在图4－2所示的网络框架中,由输入层－中间层－输出层三层构成。根据贝叶斯网络可以进行正反向推理的原理,当进行自主决策推理过程时,由输入的变量信息进行贝叶斯概率推理计算,得到最终的输出变量值;而当进行故障诊断推理过程时,此时的输出变量则成为诊断推理过程中的输入变量,根据此变量逆向推理得出可能发生的最大的顶层变量的值,从而进行故障诊断。针对每一个决策方案(输出变量),通常由多个影响因素(输入变量)共同作用,这些影响因素需要在系统进行安全决策前由决策者采集相应的信息。通常情况下,由于影响因素具有可由其自身的特征而进行部分整合的特点,因此添加整合后的中间变量,从而形成中间层的决策变量。最后利用中间层的决策变量信息进一步推理计算获取最终决策方案的数值进行决策。

构建AUV安全决策的贝叶斯网络框架之后,需要进行贝叶斯网络决策模型设计,其设计流程如图4－3所示。

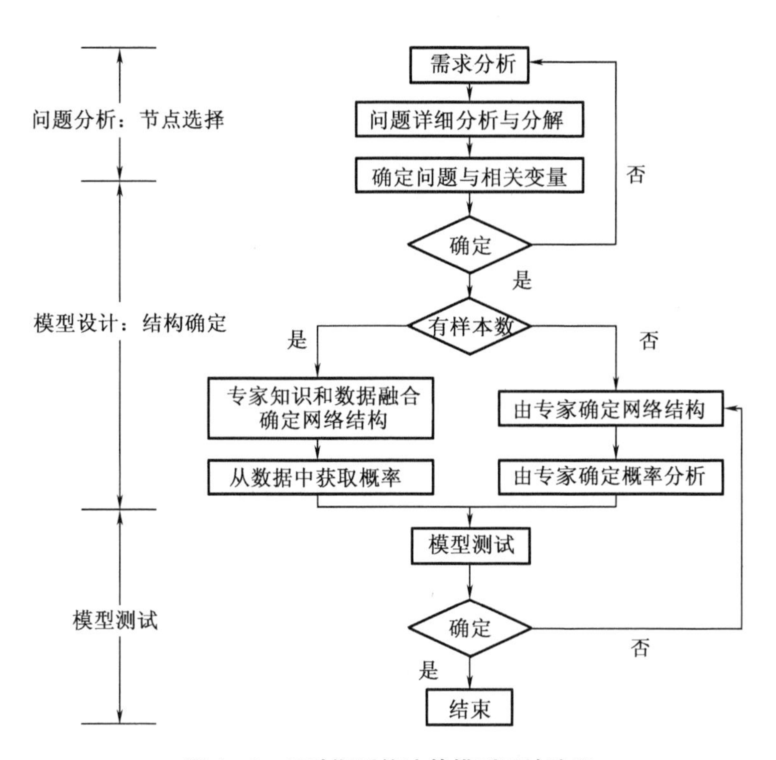

图4－3 贝叶斯网络决策模型设计流程

图4－3的设计流程主要分为以下三个步骤。

(1)问题分析

问题分析主要解决节点选择问题。根据AUV安全决策系统的需要,通过安全状态感知获得AUV状态信息,并依据专家经验,进行贝叶斯网络节点选择,确定输入输出变量类型和数量。

(2)模型设计

模型设计主要解决模型构建问题。基于各节点变量的类型及之间的联系,参考专家知识及仿真实验和实际实验数据,建立节点的有向图,并利用前期研究成果及专家经验,分析、计算并给出各节点的评价等级、边缘概率、条件概率等信息。

(3)模型测试

模型测试主要用来验证构建模型的好坏。利用已有实验数据、仿真数据进行模型测试,对模型的输出结果进行检测,判断其是否满足系统的设计要求。若不满足,则分析原因,修改网络节点参数信息,进一步完善贝叶斯网络,为实际安全决策奠定基础。

6. AUV 安全决策系统总体方案

根据前文对 AUV 工作过程的阶段分析,在确定系统的危险状态,以及采取的决策方案后,研究 AUV 安全决策系统总体方案及具体工作流程。

针对全海深极端作业环境对自主作业 AUV 系统的影响,通过 AUV 行为观测方法,建立 AUV 下潜、上浮、探测及作业过程中系统安全状态自主评估策略,自主生成安全决策,保障 AUV 系统安全。采用定性推理、模糊集理论等理论和方法将专家经验,以及系统状态表示成定量知识,完成 AUV 安全状态的感知。通过贝叶斯网络建立 AUV 自主作业、安全自救、主动避障等决策行为,并与状态感知关联关系。最终确定的 AUV 安全决策系统的总体方案如图 4 -4 所示。

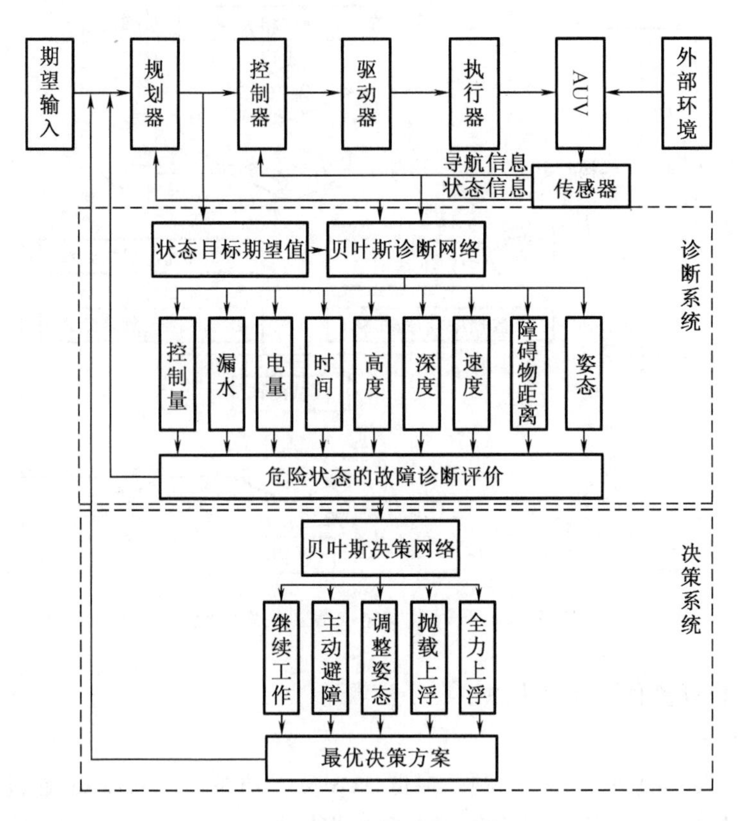

图 4 -4 安全决策系统总体方案

通过图 4 -4 对 AUV 安全决策系统的总体方案进行说明。操作人员将希望 AUV 达到的运动期望信息输入到规划器中产生目标规划,规划器将产生的规划信息输送到控制器中,控制器将目标需要达到的控制量依次经过驱动器和执行器作用在最终的目标 AUV 上。同时,AUV

上配备的传感器实时监测 AUV 的运动状态信息,并将监测到的信息值分别发送到主控系统和安全决策系统中。安全决策系统分为诊断系统与决策系统两部分,诊断系统作为决策系统的输入部分,与决策系统进行关联。诊断系统对输入的传感器监测信息值进行数据预处理,然后通过贝叶斯网络进行危险状态的判断,并将判断的故障信息值发送到决策系统中,决策系统根据发生的故障信息通过贝叶斯网络推理进行相应的算法计算,做出最优的决策方案,并将方案信息发送回规划器中重新对 AUV 的运动进行规划。

基于确定的总体方案,设计 AUV 安全决策系统工作流程如图 4-5 所示。

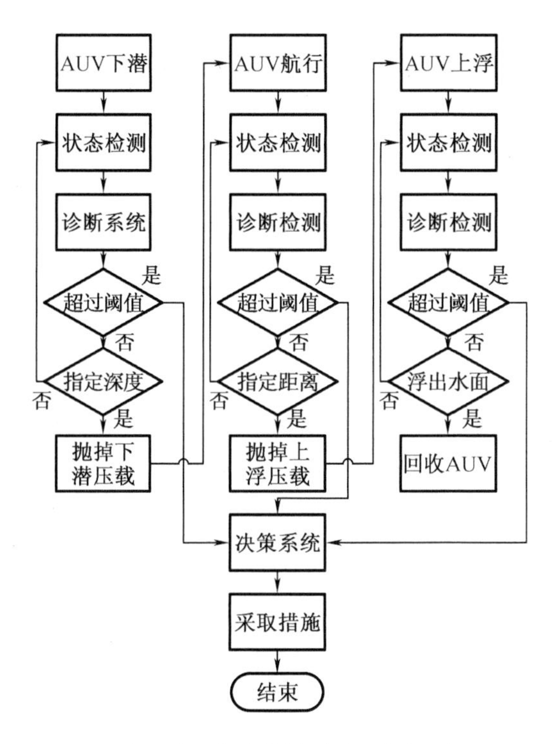

图 4-5 安全决策系统工作流程

由图 4-5 可知,在 AUV 下潜、航行和上浮的过程中,须实时监测 AUV 的状态,并将监测后的传感器信息结果输入到诊断系统中。经过诊断系统的判断,若当前状态值未超过设定的阈值,则按照预定的工作内容继续进行工作。若超过阈值,则系统处于某种故障状态,并将诊断结果和故障状态输入到决策系统中。决策系统根据输入的故障信息,进行推理计算,解算得到选取每种方案的概率,并将概率值最大的方案作为最优方案输送回主控系统中,并采取相应的措施。

4.1.2 基于贝叶斯网络的 AUV 安全决策推理

基于上述 AUV 安全决策系统总体方案,本节研究基于贝叶斯网络的 AUV 安全决策推理过程,包括贝叶斯网络节点状态分析,贝叶斯网络结构模型的建立和参数学习。

1. 贝叶斯网络节点状态分析

贝叶斯网络节点状态分析的目的是明确网络节点的选取与状态赋值。网络节点是一组可描述实际问题的随机变量,表示在推理过程中有意义的数据信息和事件信息,节点状态表示实际变量可能的取值范围。

通过上述对 AUV 执行任务过程中可能遇到的危险状态,以及可能采取的自主决策方案的分析,在三层贝叶斯网络框架中,输入层、中间层、输出层分别为故障原因层、故障特征层、决策方案,各层中的节点分别为证据节点、中间节点、目标节点。初步确定输入层(故障原因层)有电量、工作时间、深度、高度等在内的 10 个 AUV 可能面临的危险状态,将它们作为证据节点,并用从 0 开始的自然数对其状态进行赋值,各节点状态与安全状况之间的关系为:节点状态处于 0 级时安全状况最好,处于 1 级时安全状况次之,以此类推,可见节点状态级别数字越小,节点的安全性越好,节点的状态越多,则节点概率表中的数据越多,贝叶斯网络推理过程计算越复杂,消耗的时间也越长。为了减少贝叶斯网络的复杂性,本书中的贝叶斯网络中的节点状态最多为 3 级,最少为 2 级。同理,将决策方案作为目标节点并对其进行从 0 开始的赋值。通过证据节点和目标节点确定中间故障特征层节点为能源状态、触底状态、坐底状态、姿态误差、垂向推进器状态、主推进器状态、推进器状态共 7 个状态变量,并对这 7 个状态变量进行赋值。最终得到的 AUV 安全决策系统贝叶斯网络节点的信息及其值域信息见表 4-1。

表 4-1 贝叶斯网络节点信息及其值域信息

	节点的信息	节点值域信息
证据节点	电池电压	正常(0)、低(1)
	工作时间	正常(0)、长(1)
	深度	潜(0)、正常(1)、超深(2)
	高度	高(0)、正常(1)、低(2)
	漏水	未漏水(0)、漏水(1)
	障碍物距离	远(0)、近(1)
	横摇角度值	小(0)、大(1)
	纵摇角度值	小(0)、大(1)
	控制量	正常(0)、异常(1)
	速度	正常(0)、异常(1)
中间节点	能源状态	充足(0)、危险(1)、耗尽(2)
	触底状态	未触底(0)、危险(1)、极限(2)
	坐底状态	未坐底(0)、危险(1)、极限(2)
	姿态误差	小(0)、大(1)
	垂向推进器状态	正常(0)、异常(1)
	主推进器状态	正常(0)、异常(1)
	推进器状态	正常(0)、异常(1)

表 4-1(续)

	节点的信息	节点值域信息
目标节点	方案 1 继续工作	选择(0)、放弃(1)
	方案 2 主动避障	选择(0)、放弃(1)
	方案 3 调整姿态	选择(0)、放弃(1)
	方案 4 抛载自救	选择(0)、放弃(1)
	方案 5 全力上浮	选择(0)、放弃(1)

2. 贝叶斯网络结构模型的建立

在确定了贝叶斯网络的三个状态层及每个状态层中的节点变量及其值域信息后，便可以根据节点信息和样本数据进行贝叶斯网络的结构学习。针对贝叶斯网络中输入数据应为离散变量的问题，对传感器输入到安全决策系统中的数据信息进行模糊化处理，建立各个变量的隶属度函数，将传感器的定量信息转化为定性信息。根据确定的各层节点变量信息及训练样本，通过评分搜索算法，建立 AUV 安全决策系统的贝叶斯网络结构。

(1)输入数据的模糊化处理

贝叶斯网络推理需要输入变量为模糊量，因此需要对上述确定的 AUV 安全决策贝叶斯网络的输入变量进行模糊化处理，将定量信息进行定性表示。

对输入数据的模糊化处理，关键问题在于对其隶属度函数的建立。本书选取三角形隶属函数和 S 形隶属函数对证据节点输入数据进行模糊化处理，其中三角形隶属函数用在论域的中间，描述具有中间状态的节点变量，如深度的中等深度、高度的中等高度等；S 形函数用在论域的起点和终点，用于描述两个状态值的节点变量，如障碍物的远近、速度误差的大小等。三角形隶属函数的曲线形状由三个参数 a,b,c 确定，即

$$f(x,a,b,c)=\begin{cases}0 & x\leqslant a\\ \dfrac{x-a}{b-a} & a\leqslant x\leqslant b\\ \dfrac{c-x}{c-b} & b\leqslant x\leqslant c\\ 1 & x\geqslant c\end{cases} \tag{4-3}$$

其中，参数 a 和 c 确定三角形的“脚”，而参数 b 确定三角形的“峰”。

S 形隶属函数由参数 a 和 c 确定，即

$$f(x,a,c)=\frac{1}{1+\mathrm{e}^{-a(x-c)}} \tag{4-4}$$

其中，参数 a 的正负符号决定了 S 形隶属函数的开口朝左或朝右，用来表示“正大”或“负大”的概念。

以上对输入层 10 个证据节点中的 8 个：电池电压、工作时间、深度、高度、障碍物距离、横摇值、纵摇值、航行速度，分别建立了隶属度函数。另外 2 个证据节点，漏水信息和控制量信息属于开关量，由 0 表示正常、1 表示故障，不需要进行模糊化处理。

(2)贝叶斯网络拓扑结构的建立

目前,建立贝叶斯网络结构的方法主要有基于约束满足的方法和基于评分搜索的方法。基于约束满足的方法需要对每一组父子节点之间是否满足条件独立性进行计算,若多增加一个父节点,则在条件独立性计算中增加一个指数级。随父节点的增加,计算量呈指数级增加,其实时性难以保证,因此不能采用该方法。基于评分搜索的方法将网络的结构学习视为结构优化的过程,利用评分搜索函数寻找与样本数据集匹配度高的网络结构,避免了计算量庞大的问题,因此本书采用评分搜索的方法。

确定样本数据。通过研究对象 AUV 的仿真模型对不同状态仿真得到的 500 组数据作为样本数据,利用评分搜索方法来确定贝叶斯网络具体结构。

确定搜索算法。常用的搜索算法有遗传算法、贪婪搜索算法等。经过比较分析,针对本书 AUV 安全决策网络节点之间的先后顺序比较明晰的特点适合应用贪婪搜索算法,因此本书采用贪婪搜索算法,算法流程如图 4-6 所示。

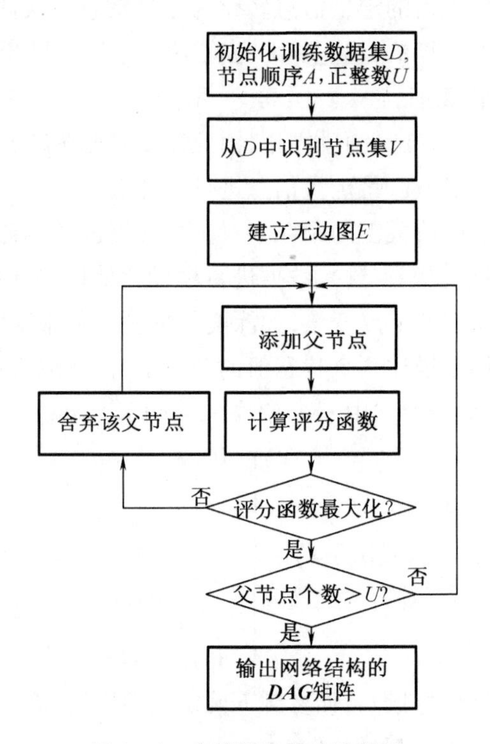

图 4-6 贪婪搜索算法流程图

结合图 4-6,说明本书算法的具体流程如下。

①数据初始化处理

根据前文确定的贝叶斯网络中,三层共 22 个节点变量信息,制订节点顺序为{电池电压 vol、工作时间 time、深度 deep、高度 high、漏水 leak、障碍物距离 dist、横摇角度值 roll、纵摇角度值 pitch、控制量 control、速度 speed、能源状态 energy、触底状态 bottom、坐底状态 ground、姿态误差 pose、垂向推进器状态 yp、主推进器状态 xp、推进器状态 p、方案 b1、方案 b2、方案 b3、方案 b4、方案 b5};设定节点的最大父节点个数正整数 U 为 6 个;设定每个节点的可能取值个数为{2,2,3,3,2,2,2,2,2,2,3,3,3,2,2,2,2,2,2,2,2,2};将训练样本数据集存储成一个 $n \times m$ 矩阵,其中 n 代表节点个数,m 代表数据集中的案例个数,本书中采用的训练数据集共500组数据,故将这些数据存储为 22×500 的矩阵形式。

②搜索最优结构

根据确定的22个节点变量,建立一个无边图,因贪婪搜索算法中规定节点顺序中只有前面的变量可以作为后面变量的父节点,而后面的变量不能作为前面变量的父节点,因此从第2个节点变量开始,为其添加父节点变量,并调用公式(3-6)评分函数为其结构进行评分,若评分值达到标准,则添加由该父节点到子节点的有向边,检验父节点个数是否达到要求,若没达到要求,则重复上述步骤继续搜索评分;若达到要求,则开始下一个节点的父节点搜索。依次类推,进行搜索计算。

本书采用MATLAB软件对贪婪搜索算法进行编程搜索计算,最终得到的贝叶斯网络结构的 ***DAG*** 矩阵如下:

$$
\boldsymbol{DAG}=\begin{bmatrix}
0&0&0&0&0&0&0&0&0&0&1&0&0&0&0&0&0&0&0&0&0&0\\
0&0&0&0&0&0&0&0&0&0&1&0&1&0&0&0&0&0&0&0&0&0\\
0&0&0&0&0&0&0&0&0&0&0&1&0&0&1&0&0&0&0&0&0&0\\
0&0&0&0&0&0&0&0&0&0&0&1&0&0&0&0&0&0&0&0&0&0\\
0&0&0&0&0&0&0&0&0&0&0&0&0&0&0&0&0&1&0&0&1&0\\
0&0&0&0&0&0&0&0&0&0&0&0&0&0&0&0&0&1&1&0&0&1\\
0&0&0&0&0&0&0&0&0&0&0&0&0&1&0&0&0&0&0&0&0&0\\
0&0&0&0&0&0&0&0&0&0&0&0&0&1&0&0&0&0&0&0&0&0\\
0&0&0&0&0&0&0&0&0&0&0&0&0&0&1&1&0&0&0&0&0&0\\
0&0&0&0&0&0&0&0&0&0&0&0&0&0&0&1&0&0&0&0&0&0\\
0&0&0&0&0&0&0&0&0&0&0&0&0&0&0&0&0&1&0&0&0&1\\
0&0&0&0&0&0&0&0&0&0&0&0&1&0&0&0&0&0&0&0&0&0\\
0&0&0&0&0&0&0&0&0&0&0&0&0&0&0&0&0&1&0&0&0&1\\
0&0&0&0&0&0&0&0&0&0&0&0&0&0&1&0&0&0&0&1&1&0\\
0&0&0&0&0&0&0&0&0&0&0&0&0&0&0&0&1&0&0&0&0&0\\
0&0&0&0&0&0&0&0&0&0&0&0&0&0&0&0&1&0&0&0&0&0\\
0&0&0&0&0&0&0&0&0&0&0&0&0&0&0&0&0&1&0&0&1&0\\
0&0&0&0&0&0&0&0&0&0&0&0&0&0&0&0&0&0&0&0&0&0\\
0&0&0&0&0&0&0&0&0&0&0&0&0&0&0&0&0&0&0&0&0&0\\
0&0&0&0&0&0&0&0&0&0&0&0&0&0&0&0&0&0&0&0&0&0\\
0&0&0&0&0&0&0&0&0&0&0&0&0&0&0&0&0&0&0&0&0&0\\
0&0&0&0&0&0&0&0&0&0&0&0&0&0&0&0&0&0&0&0&0&0
\end{bmatrix}
$$

贝叶斯网络结构为一个 22×22 的矩阵,其中第1行到第22行分别代表电压、工作时间、深度、高度等共22个具有节点顺序的节点变量。第1列到第22列所代表的含义与行相同。***DAG*** 矩阵中的数值由0和1构成,若 $\boldsymbol{DAG}(i,j)=1$,则表示第 i 个节点是第 j 个节点的父节点；若 $\boldsymbol{DAG}(i,j)=0$，则第 i 个节点和第 j 个节点之间无联系。其中，$\boldsymbol{DAG}(i,j)$ 表示矩阵中第 i 行第 j 个元素。通过对 $\boldsymbol{DAG}(i,j)$ 中元素数值的分析，得到 AUV 安全决策系统贝叶斯网络结构如图 4-7 所示。

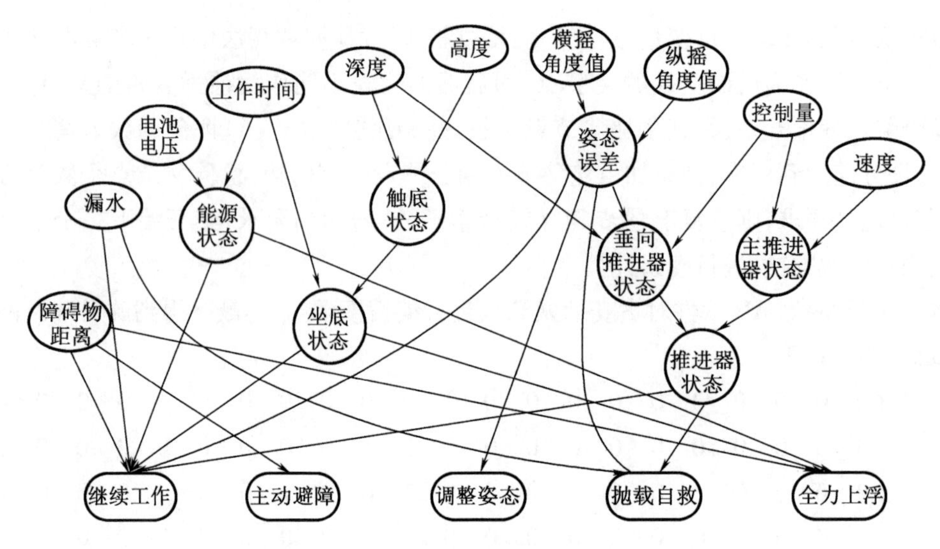

图 4-7　AUV 安全决策贝叶斯网络结构图

3. 贝叶斯网络模型的参数学习

在贝叶斯网络结构初步确定后，需要进行贝叶斯网络模型的参数学习，通过学习确定参数值，即网络中节点变量的先验概率值和条件概率值。该模型的参数学习主要是通过样本数据集来确定参数值。由于样本数据部分缺失而无法确定的证据节点的先验概率的问题，通过专家经验与样本数据相结合的方法，通过多重插补算法来计算相关参数值。

(1) 贝叶斯网络先验概率的确定

通过专家经验对网络结构中的证据节点层的节点变量进行赋值评价，并将多个专家的经验评价进行拟合，以拟合后的最终评价作为衡量标准，将专家的经验评价与数据样本集相结合，通过多重插补算法估算出缺失数据的先验概率。

具体步骤如下：

①专家经验赋值评价及误差分析；

②专家意见经验拟合；

③多重插补法补全节点先验概率。

基于上述步骤，最终得到的 AUV 安全决策系统贝叶斯网络结构的证据节点的先验概率见表 4-2。

表4-2 贝叶斯网络中证据节点的先验概率

节点变量	先验概率	节点变量	先验概率
vol	$P(0)=0.923$ $P(1)=0.077$	time	$P(0)=0.927$ $P(1)=0.073$
deep	$P(0)=0.352$ $P(1)=0.597$ $P(2)=0.051$	high	$P(0)=0.338$ $P(1)=0.604$ $P(2)=0.058$
leak	$P(0)=0.978$ $P(1)=0.022$	dist	$P(0)=0.892$ $P(1)=0.108$
roll	$P(0)=0.888$ $P(1)=0.112$	pitch	$P(0)=0.901$ $P(1)=0.099$
control	$P(0)=0.948$ $P(1)=0.052$	speed	$P(0)=0.897$ $P(1)=0.103$

(2)贝叶斯网络条件概率的确定

在贝叶斯网络中,有向边代表了所连接的两个节点变量间的关系,即由父节点变量指向子节点变量。在实际的推理计算过程中,用条件概率将节点变量之间的有向边定量地表示出来,用来表示父子节点之间的因果联系。条件概率多通过样本数据信息对每个节点及其父节点进行统计计算。若节点 X_i 的父节点为 $\pi(X_i)$,共有 k_i 个,用 x_i 表示节点 X_i 的取值,$\boldsymbol{\pi}_i$ 表示父节点组成的向量,向量值 $\boldsymbol{w}_i$ 表示向量 $\boldsymbol{\pi}_i$ 的取值。如果每个节点变量包含两个状态,则 $\boldsymbol{\pi}_i$ 有 $2k_i$ 个取值。子节点的条件概率可根据下式进行采样统计获得:

$$\hat{p}(\boldsymbol{X}_i|\boldsymbol{\pi}(\boldsymbol{X}_i))=\frac{\hat{p}(\boldsymbol{X}_i,\boldsymbol{\pi}(\boldsymbol{X}_i))}{\hat{p}(\boldsymbol{\pi}(\boldsymbol{X}_i))}=\frac{\hat{p}(\boldsymbol{X}_i=\boldsymbol{x}_i,\boldsymbol{\pi}_i=\boldsymbol{w}_i)}{\hat{p}(\boldsymbol{\pi}_i=\boldsymbol{w}_i)} \tag{4-5}$$

即由样本数据中的含有 $\boldsymbol{X}_i=\boldsymbol{x}_i$ 和 $\boldsymbol{\pi}_i=\boldsymbol{w}_i$ 的采样数除以含有 $\boldsymbol{\pi}_i=\boldsymbol{w}_i$ 的采样数得到。

对于样本数据有部分缺失的情况,利用前文所述的多重插补算法的思想,对缺失数据所对应的变量进行概率插补,估计出发生的概率,再根据估计出的概率值和样本数据的样本量,利用频率统计公式反推即可得到缺失数据的估计值,从而补全缺失数据。最后利用式(4-5)对变量的条件概率进行统计计算。

按照上述方法,本书通过对样本数据集的采样统计,得到各子节点的条件概率,以能源状态子节点为例,其条件概率见表4-3。

表4-3 能源状态子节点的条件概率表

vol		0		1	
time		0	1	0	1
energy	0	0.928	0.328	0.190	0.008
	1	0.065	0.543	0.362	0.146
	2	0.007	0.129	0.448	0.846

由表3-11可知,电池的电压越低,工作时间越长,能源的状态越危险,甚至耗尽,这与从样本数据中直接观察的结果,以及现有的研究结果相符,表明统计所得的条件概率表符合要求。

综上,将所得各节点的先验概率表,以及条件概率表赋予前文确定的贝叶斯网络结构中,就完成了AUV安全决策系统贝叶斯网络的建立。

4. 基于贝叶斯网络的安全决策仿真

根据贝叶斯网络的设计流程,在对贝叶斯网络完成结构学习和参数学习后,便可以根据实际输入的数据,按照构建好的贝叶斯网络,进行安全决策推理。这里根据前文建立的贝叶斯网络,基于Netica软件进行仿真分析,验证建立的贝叶斯网络是否满足AUV安全决策的要求。

(1)AUV正常运动的安全决策仿真

在AUV正常运动过程中,通过中间节点变量各状态的概率值可知,AUV的能源状态、触底状态、姿态状态、推进器状态等均未发生危险。此时得到的目标节点的后验概率为:选取方案b1继续工作的概率为0.569,选取方案b2主动避障的概率为0.230,选取方案b3调整姿态的概率为0.325,选取方案b4抛载自救的概率为0.324,选取方案b5全力上浮的概率为0.259,结果表明此时AUV未发生危险状态,运行安全、状况良好,可继续进行工作。

(2)反向诊断推理

基于贝叶斯网络进行反向诊断推理仿真,验证网络模型根据故障特征进行原因诊断的有效性。

诊断推理指的是由结论到故障原因的推理过程。其目的是在故障已发生的情况下,通过对结果进行分析计算,推导出故障发生最可能的原因或原因的可能性组合,便于从故障源头入手进行维修或预防,以提高工作效率和质量。

以电池电压、工作时间为节点的这条局部贝叶斯网络为例,进行诊断推理。已知电池电压、工作时间的先验概率及能源状态的条件概率,可以计算出当能源处于耗尽状态时,电池电压过低和工作时间过长的概率。具体计算过程如下:

$$P(\text{vol}=1\mid\text{energy}=2)=\frac{P(\text{vol}=1,\text{energy}=2)}{P(\text{energy}=2)}=\frac{P(\text{energy}=2\mid\text{vol}=1)}{P(\text{energy}=2)}$$

$$\begin{aligned}P(\text{energy}=2\mid\text{vol}=1)=&P(\text{energy}=2\mid\text{vol}=1,\text{time}=0)P(\text{time}=0)+\\&P(\text{energy}=2\mid\text{vol}=1,\text{time}=1)P(\text{time}=1)\end{aligned}$$

$$\begin{aligned}P(\text{energy}=2)=&P(\text{energy}=2\mid\text{vol}=0,\text{time}=0)P(\text{vol}=0)P(\text{time}=0)+\\&P(\text{energy}=2\mid\text{vol}=0,\text{time}=1)P(\text{vol}=0)P(\text{time}=1)+\\&P(\text{energy}=2\mid\text{vol}=1,\text{time}=0)P(\text{vol}=1)P(\text{time}=0)+\\&P(\text{energy}=2\mid\text{vol}=1,\text{time}=1)P(\text{vol}=1)P(\text{time}=1)\end{aligned}$$

带入数据可得,电池电压过低的后验概率为

$$P(\text{vol}=1\mid\text{energy}=2)=0.746$$

同理可得,工作时间的后验概率为

$$P(\text{time}=1\mid\text{energy}=2)=0.247$$

由计算结果可知,当能源处于耗尽状态时,主要是由电池电压过低故障引起的,因此应对电池的电量进行排查。

通过 Netica 软件分析推理过程,即当 AUV 能源处于耗尽状态时,此时的能源状态即为输入变量,将能源置于耗尽状态,即将能源耗尽的概率置为 1,并作为证据变量输入到网络结构中,由诊断结果可知电池电压过低的概率由正常状态下的 0.089 1 增加到 0.746,工作时间过长的概率由 0.072 8 增加到 0.247,结果与前文中概率推算的结果一致。因此,可知导致能源耗尽的主要影响因素为电池电压过低,而工作时间的影响因素相对较小,可以根据工作任务的要求,适当的增大电池的容量,以防止电池电压过低导致能源不足,从而影响 AUV 的安全。

通过 Netica 软件分析决策方案,即当能源耗尽时,选取方案 b1 继续工作的概率由正常状态下的 0.569 减小到 0.073 4,选取方案 b5 全力上浮的概率由 0.259 增加到了 0.815,因此此时应立刻终止工作,推进器参与全力上浮,避免 AUV 因能源耗尽而发生危险。该诊断结果既符合由样本得到的结论,也符合专家的经验常识,因此诊断推理过程能够满足 AUV 故障诊断的基本要求。

(3)正向安全决策过程的仿真

基于贝叶斯网络进行正向决策推理仿真,验证根据故障现象和特征贝叶斯网络进行安全决策的有效性。

决策推理指的是从故障原因开始,通过分析计算,推导出结论的过程。决策推理目的是在某个故障发生的情况下,通过网络节点之间的定性和定量关系,推导计算出该故障导致的最终故障特征或针对该故障采取的决策措施。

以方案 b5 即推进器参与的全力上浮方案节点所在的贝叶斯局部网络为例,当电池电压过低、工作时间处于正常状态、深度正常、高度较小、未检测到障碍物时,可计算得出采取的 b5 方案的后验概率。具体计算过程如下:

$$
\begin{aligned}
P(\mathrm{b5}=0) = {} & P(\mathrm{b5}=0 \mid \mathrm{energy}=0,\mathrm{ground}=0,\mathrm{dist}=0)P(\mathrm{energy}=0)P(\mathrm{ground}=0)P(\mathrm{dist}=0) + \\
& P(\mathrm{b5}=0 \mid \mathrm{energy}=0,\mathrm{ground}=1,\mathrm{dist}=0)P(\mathrm{energy}=0)P(\mathrm{ground}=1)P(\mathrm{dist}=0) + \\
& P(\mathrm{b5}=0 \mid \mathrm{energy}=0,\mathrm{ground}=2,\mathrm{dist}=0)P(\mathrm{energy}=0)P(\mathrm{ground}=2)P(\mathrm{dist}=0) + \\
& P(\mathrm{b5}=0 \mid \mathrm{energy}=1,\mathrm{ground}=0,\mathrm{dist}=0)P(\mathrm{energy}=1)P(\mathrm{ground}=2)P(\mathrm{dist}=0) + \\
& P(\mathrm{b5}=0 \mid \mathrm{energy}=1,\mathrm{ground}=1,\mathrm{dist}=0)P(\mathrm{energy}=1)P(\mathrm{ground}=1)P(\mathrm{dist}=0) + \\
& P(\mathrm{b5}=0 \mid \mathrm{energy}=1,\mathrm{ground}=2,\mathrm{dist}=0)P(\mathrm{energy}=1)P(\mathrm{ground}=2)P(\mathrm{dist}=0) + \\
& P(\mathrm{b5}=0 \mid \mathrm{energy}=2,\mathrm{ground}=0,\mathrm{dist}=0)P(\mathrm{energy}=2)P(\mathrm{ground}=0)P(\mathrm{dist}=0) + \\
& P(\mathrm{b5}=0 \mid \mathrm{energy}=2,\mathrm{ground}=1,\mathrm{dist}=0)P(\mathrm{energy}=2)P(\mathrm{ground}=1)P(\mathrm{dist}=0) + \\
& P(\mathrm{b5}=0 \mid \mathrm{energy}=2,\mathrm{ground}=2,\mathrm{dist}=0)P(\mathrm{energy}=2)P(\mathrm{ground}=2)P(\mathrm{dist}=0)
\end{aligned}
$$

将表 4-2 中的先验概率和表 4-3 中的条件概率带入上面计算过程中,选取方案 b5 的概率为

$$P(\mathrm{b5}=0 \mid \mathrm{vol}=1,\mathrm{time}=0,\mathrm{deep}=1,\mathrm{high}=2,\mathrm{dist}=0)=0.581$$

不选取方案 b5 的概率为

$$P(b5=1)=1-P(b5=0)=0.419$$

由计算结果可知,当 AUV 处于电池电压过低、工作时间正常、深度正常、高度较小、未检测到障碍物的工作状态时,选取方案 b5 的概率为 0.581,因此应执行终止作业,紧急上浮命令。

通过 Netica 软件分析推理过程和决策方案,即当电池电压过低、工作时间处于正常状态、深度正常、高度较小、未检测到障碍物时,分别将这些节点变量作为输入变量,将对应状态值置于 1 输入到贝叶斯网络中。通过仿真结果可看出,此状态下的能源状态处于耗尽状态,其后验概率值为 0.448,会有 0.532 的概率发生触底危险,而不会发生坐底危险。因此,应对 AUV 目前所处的危险状态做出决策。通过进一步推理计算得到各方案的后验概率信息可知,选取方案 b1 继续工作的概率由正常状态下的 0.569 减小到 0.286;选取方案 b2 主动避障的概率由 0.230 减小到 0.150;选取方案 b3 调整姿态的概率值未发生变化,因为方案 b3 所在的局部贝叶斯网络的状态值前后未发生改变;选取方案 b4 抛载自救的概率由 0.324增加到 0.326;选取方案 b5 全力上浮的概率由 0.259 增加到 0.581。因此综上所述,应选取方案 b5,即立即终止当前作业,由推进器参与紧急上浮,避免 AUV 出现安全问题,造成损失。该结果与前文公式推理计算的结果一致,与样本中案例的情况相符,并且符合专家的经验常识,因此决策推理过程能够满足 AUV 的安全决策要求。

通过上述仿真实验结果说明,本书建立的贝叶斯推理网络能够满足 AUV 安全决策系统的要求,能够对 AUV 所处的危险状态进行感知,并根据感知到的危险状态信息给出合理的决策方案。

4.2 抛载自救系统

安全性是无人无缆自主式水下机器人(AUV)研究和实际应用过程中的关键技术。随着 AUV 潜深的增加和作业任务的复杂化,以抛载(压载释放)为核心的自救技术也成为该领域研究的热点和难点。研究高可靠性的抛载技术对保障 AUV 自身安全具有重要的研究意义和实用价值。

抛载技术除用于 AUV 应急自救之外,还用于大潜深的升沉驱动,以解决靠推进器实现升沉运动能耗过大的问题。通过外挂压载产生负浮力实现无动力下沉,到达作业深度时抛掉压载使 AUV 处于零浮力状态,执行作业任务;任务完成后,抛掉另一块压载使 AUV 产生正浮力实现无动力上浮。可见,抛载技术也是大潜深 AUV 升沉驱动的关键技术。

4.2.1 抛载系统功能与组成

1. 抛载系统功能

(1)具备极高的可靠性

对于 AUV 应急自救来说,抛载是保障其安全的最后技术手段;对于基于抛载的大潜深 AUV 升沉驱动来说,第一块压载释放不成功将使 AUV 坐沉海底,并且其他手段也难以使其上浮。两个方面都说明抛载系统应具备极高的可靠性。

提高 AUV 的可靠性，主要技术手段是增加系统冗余度，表 4 -4 为增加抛载系统冗余度的方法。

表 4 -4 增加抛载冗余度的方法

<table>
<tr><th colspan="2">抛载系统</th><th>增加抛载冗余度的方法</th></tr>
<tr><td rowspan="2">控制系统</td><td>硬件</td><td>将多组控制芯片并联使用，任一组控制芯片都能控制抛载，如果其中一组发生故障，其他组还能正常工作，控制抛载机构</td></tr>
<tr><td>软件</td><td>在 AUV 主控系统和抛载控制系统之间增加看门狗故障控制协议，当程序出现故障时，实现紧急抛载</td></tr>
<tr><td colspan="2">压载</td><td>AUV 上配有多套压载，任一套压载抛载成功均能实现抛载</td></tr>
<tr><td colspan="2">抛载执行机构</td><td>压载由多个执行件共同驱动，且任一个执行件驱动均能实现抛载</td></tr>
</table>

在具体的工程实践中，在控制系统、压载、抛载执行机构几个方面都应该具有冗余度，以提高抛载系统的整体可靠性。

(2)系统要低能耗

AUV 一次下潜携带的能源是有限的，应尽量使抛载系统在平时不耗能或少耗能，以便在抛载时有充足的驱动能源，特别是在长航程和大潜深 AUV 方面。

(3)艇体大倾角时仍具有可靠的抛载能力

深海环境复杂，AUV 的某个电子舱压爆进水将使得艇体严重倾斜，在此情况下压载也应顺利抛出，因此抛载系统应具备艇体大倾角时仍具有可靠的抛载能力。

(4)挂载稳定

AUV 在吊放过程中将随母船的摇晃而晃动，应保证压载安装可靠不能脱落。一方面，AUV 在入水过程中的波浪冲击下，压载垂直方向上将产生较大的正负作用力，此时应保证压载不能脱落；另一方面，压载一般安装在 AUV 底部，应该便于在颠簸的母船甲板上安装。

2. 抛载系统组成

根据上述对抛载系统功能的分析，本书将抛载系统的组成分成三个部分：驱动源、机械机构和控制系统三部分，以下分别进行阐述。

(1)驱动源

驱动源是抛载动作的驱动力来源，决定着抛载能力和可靠性，它是抛载系统的核心元部件。目前，电磁铁驱动在浅海环境比较成熟，深海环境的驱动源尚无成熟的产品。

(2)执行机构

机械机构的作用是保障驱动源驱动力的传动和抛载动作的执行，同时还要保障压载的安装、固定和导向。本书将执行机构细分为动力传动机构、压载及挂载机构、压载固定及导向机构和安装平台四部分。

①动力传动机构

动力传动机构将驱动源的驱动力传递到抛载执行端，实现抛载动作。应该考虑传动尺寸链短提高动作可靠性，同时应该考虑扩力，以减少驱动源降低能耗。

②抛载机构

抛载机构是实现压载抛出的最核心机构，应是多冗余机构，同时应考虑运动元件受海水结晶影响造成的驱动力增大等因素，确保动作可靠。

③压载及挂载机构

压载作为抛弃的载荷，应选择比重大、体积小的材料。挂载机构是压载抛出前的承载体，为便于压载安装、安装可靠和顺利抛出。同时要保证在吊放入水过程中晃动和波浪的冲击下，压载不脱落。

3. 抛载系统冗余度

通过对抛载系统进行层次划分，分析增加每个层次冗余度的方式，提高抛载系统的可靠性。

(1)抛载系统的层次划分

根据增加冗余度方式的不同，将抛载技术分成控制层次、驱动层次和传动层次，如图4－8所示，本书将从这三个层次分析增加冗余度的方式。

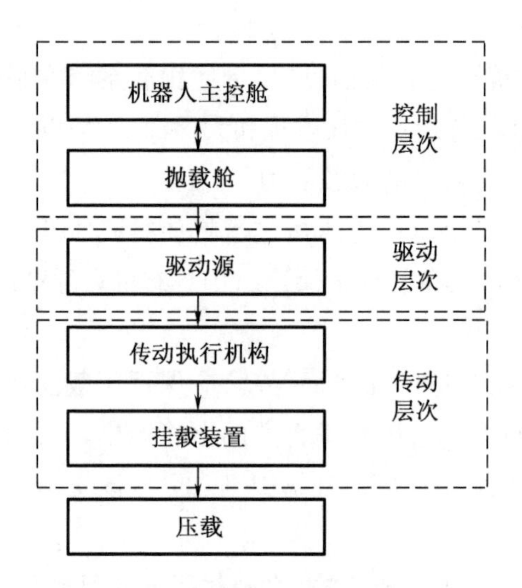

图4－8　抛载技术的层次划分图

(2)在不同层次增加冗余度

①增加控制层次冗余度的方式

通过在抛载机构和AUV主控舱间增加抛载舱，并在主控舱和抛载舱间增加看门狗故障控制协议的方式，增加控制层次的冗余度。其中，看门狗故障控制协议工作原理为AUV主控舱与抛载舱每隔5 s进行一次通讯，当AUV主控舱连续30次没有收到抛载舱的通讯反馈时，说明控制系统出现问题需要应急上浮，AUV主控舱通过继电器给抛载舱和抛载机构断电，抛载机构断电相当于给电磁吸盘断电，进而驱动抛载动作，通过抛载实现上浮。

②增加驱动层次冗余度的方式

本书通过使用电磁吸盘、深海电机和纯机械定时装置三种驱动源，增加驱动层次的冗余度。在抛载机构总体方案的论证中，三种驱动源不能同时被使用。根据以往的研究工作经验，三种驱动源的使用优先级设计为：首先在三种驱动源中，电磁吸盘的可靠性最高，优先级最高；其次，纯机械定时装置作为非电驱驱动源，优先级次之；最后，深海电机由于其尺寸较大且传动机构相对复杂，且为外购产品，其功能可靠性不能保证，优先级最低。

③增加传动层次冗余度的方式

本书设计由多个传动执行机构并联共同驱动抛载的方式，增加传动层次的冗余度。由可靠性原理可知，在机械传动中，传动链越简单传动的可靠性越高；在相同的传动结构中，当多个传动执行机构并联共同驱动时，并联驱动的传动执行机构数量越多，该驱动的可靠性越高。因此，在抛载设计过程中，应该同时考虑传动链复杂程度和并联驱动的传动执行机构的数量。本书设计了增加传动层次冗余度的具体方式是使用三个传动执行机构并联共同驱动压载且传动链较简单，其中三个并联的传动执行机构的驱动源分别为电磁吸盘、深海电机和纯机械定时装置。

4. 抛载系统驱动源与驱动方式

(1)驱动源的分类

AUV 抛载分成有源抛载和无源抛载，又分别称为主动式抛载和被动式抛载。有源抛载是指根据控制系统发出的电信号，使抛载驱动源(如电磁铁、电机等)动作而释放压载；无源抛载是指不受电信号控制的抛载，如机械定时超时抛载，通过纯机械定时，即驱动装置实现超时抛载。

首先，分析主动式抛载的驱动源。电能是水下设备常用能源，也是 AUV 工作设备的驱动源，为推进器、水声通信等设备提供能量。本书设计的抛载系统中的主动抛载装置同样使用电能作为驱动源。

其次，分析被动式抛载的驱动源。被动式抛载是在外部信号的激励下实现抛载，并不能靠 AUV 控制器给出的抛载信号进行抛载。被动式抛载包括纯机械式超时抛载、纯机械式超深抛载等，其特点是出发不采用控制系统发出的电信号，同时驱动压载释放的力也与电能没有关系，靠纯机械能实现。这样在 AUV 控制系统失灵、能源耗尽、电池舱进水等极端危险的情况下，还能为 AUV 应急上浮提供有效的技术手段，可以说是保障安全 AUV 的最后一道屏障。

在纯机械式超时抛载装置中，取得定时小信号比较容易，但要取得足够大的驱动力较难，需要将取得的定时小信号和够大的驱动力有机结合。同时，在大潜深环境中，承受大外压条件下驱动机构的动密封也是需要关注的重要问题之一。

(2)不同驱动源的特点

为了提高抛载系统的冗余度，根据情况，可以选择不同驱动方式的驱动源，包括有源电驱和无源驱驱动。将 AUV 抛载常用驱动源及其适用场合归纳如表 4 – 5 所示。

表 4 –5 AUV 抛载常用驱动源及其适用场合

有源/无源	驱动源种类	驱动源适用场合
有源	电磁铁抛载	通用
	电机抛载	通用
	液压泵抛载	适用于大型潜水器
	电阻丝熔断装置抛载	触发时间长
	电爆螺栓抛载	适用于大型潜水器
无源抛载	纯机械式超时抛载	通用
	纯机械式超深抛载	适用于定深,但不能接近海底

电磁铁驱动方式常见的有吸盘式电磁铁和推拉式电磁铁。吸盘式电磁铁可分为通用电磁铁和失电电磁铁,前者断电时会失去磁性,若应用在抛载自救系统上,在 AUV 出现电力系统故障,抛载自救系统断电时,压载会被自动抛弃,但是在 AUV 抛掉压载前,电磁铁一直处于通电状态,会大大增加抛载系统的功耗;后者在通电状态下会失去磁性,若应用在抛载系统上,只需要在抛载时通电即可,功耗低,非常适合工作时间长的抛载系统。推拉式电磁铁是运用导体在磁场中会受到磁力产生运动的原理,利用电磁力拉动销轴,触发抛载机构,从而抛载。与吸盘式电磁铁相比,大部分推拉式电磁铁驱动力比较小。因此在电磁铁驱动方式中,吸盘式失电电磁铁更适合一般的 AUV 抛载系统。但是市场上销售的电磁铁成品均无法承受大外压,在海深环境下无法正常工作,若采用电磁铁驱动方式则需要研制专门用于大潜深环境的电磁铁。

电机驱动方式是采用电机作为动力源,电机输出动力,触发释放机构,释放压载,在全海深环境下,若要使用电机,必须先解决海深环境下电机的动密封问题。

液压泵驱动方式提供的输出动力最大,但是需要的辅助元件多,系统较复杂,整体结构大,若液压系统中任何一个环节出现故障,都可能会使抛载失败。中小型 AUV 自身大多没有液压系统,因此液压泵驱动方式不适合于中小型 AUV 的抛载驱动。

爆炸螺栓驱动方式是利用通电点火引爆火药,使得螺栓内部气体急剧膨胀,拉断或剪断螺栓,从而抛弃压载。爆炸螺栓属于火工品内,存在安全隐患,建议慎用这种方式。

通过上述分析,不同类型的驱动方式性能差异见表 4 –6。

表 4 –6 水下释放装置电能驱动方式比较

	吸盘式电磁铁	推拉式电磁铁	电机	液压泵	爆炸螺栓
密封性能	好	一般	一般	好	较好
控制性能	好	好	好	一般	一般
过程稳定性	好	一般	好	好	差
能耗	高/低	低	低	一般	低
负载能力	较强	低	强	强	一般

通过对密封性能、控制性能、过程稳定性、能耗、负载能力等多方面的比较，吸盘式失电电磁铁控制方便，过程稳定，能耗低，负载能力较强。其中，使用吸盘式失电电磁铁可以避免全海深环境下动密封的问题，若采用吸盘式失电电磁铁作为驱动元件，只需解决耐压壳体的静密封问题和导磁效率问题即可。

针对电机而言，一般采用磁耦合和压力补偿的方式来解决动密封的难题，但是在全海深大外压环境下，若采用磁耦合密封的方式，为承受大外压，磁耦合联轴器壳体壁厚会大大增加，使结构整体体积增大，同时液体介质会增大磁传递的损耗；若采用压力补偿的方式，密封件两侧均受到110 MPa大压力作用，密封件压缩变形量大，与传动轴之间的摩擦也会大大增加，会增大功率损耗。目前深海电机，特别是全海深电机的研制已取得很大的成果，值得关注和尝试。

5. 深海抛载驱动电磁铁

目前，尚无用于深海环境的电磁铁产品，本小节说明本科研团队自研的一种深海用电磁铁。该电磁铁的结构如图4－9所示。

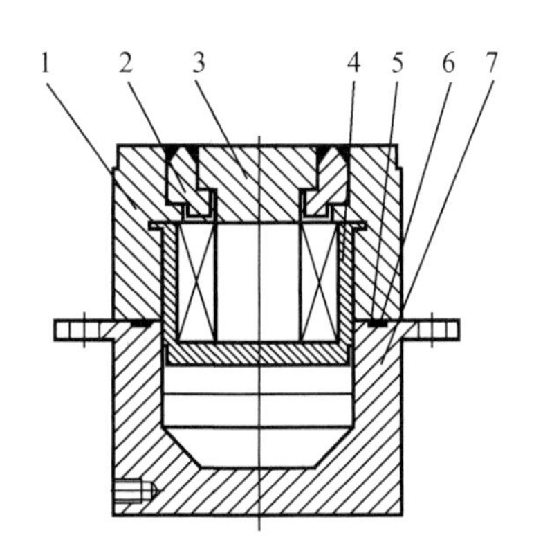

1—上盖；2—承压件；3—导磁圆柱；4—电磁铁；5—挡圈；6—O型圈；7—下盖。

图4－9　电磁铁结构

以下是电磁铁的结构简介。

该结构主要由上盖、导磁圆柱、承压件、下盖四部分组成。承压件2通过焊接的方式实现与上盖1和导磁圆柱3的密封和固定。导磁圆柱3与电磁铁4的磁芯紧密接触，上盖1与电磁铁4外壳通过螺纹连接接触固定，上盖1与下盖7通过挡圈5和O型圈6实现密封。

以下是电磁铁的工作原理。

上盖1和导磁圆柱3为导磁材料，承压件2与下盖7为非导磁材料；导磁圆柱3一端与电磁铁4磁芯紧密接触，上盖1与电磁铁4外壳紧密接触，电磁铁4处于工作状态时被吸合物与上盖1、电磁铁4外壳、磁芯和导磁圆柱3形成闭合磁路。该结构既可以实现对电磁铁的密封，也能将电磁铁的磁力引导出来。安装之后应保证上盖1与下盖7的表面在同一平面上。

以下是电磁铁的技术方案。

导磁圆柱3和上盖1为导磁材料，承压件2与下盖7为非导磁材料；导磁圆柱3一端与电磁铁4磁芯紧密接触，上盖1与电磁铁4外壳接触，当电磁铁4处于工作状态时被吸合物与上盖1、电磁铁4外壳、磁芯和导磁圆柱3形成闭合磁路。该结构既可以实现对电磁铁的密封，也能将电磁铁的磁力引导出来。其中，导磁圆柱3和上盖1使用的导磁材料导磁性能越好，则该结构的导磁性能也越好；若该结构所使用的材料耐腐蚀性能不好，还需对该结构进行防腐处理。

以下是电磁铁密封导磁结构的工作过程。

安装时，保证导磁圆柱3与电磁铁4磁芯紧密接触，封装之后，保证导磁圆柱3与上盖1上表面在同一平面上。封装之后，电磁铁的使用方式与普通电磁铁的使用方式相同。

该电磁铁的特点如下。

①电磁铁选用普通的吸盘式电磁铁，不需要额外订制，因此电磁铁供货周期短，成本低，更换容易。

②由于该结构各处均采用静密封，因此密封可靠。

③该结构为独立模块，便于安装和更换。

④可根据不同工作深度设计壳体壁厚，减小不必要的质量。

⑤导磁圆柱和承压件、上盖之间通过焊接连接在一起，三个零件上表面均在同一水平面上，可提高对被吸附物的吸力。

4.2.2 多模式抛载系统

1. 总体方案

根据AUV功能和深海使用环境要求，人们研制了三爪抛载机构，三爪表示该抛载机构具有三个并联共同驱动压载的传动执行机构。

三爪抛载机构总体方案如图4－10所示，包括上浮压载抛载机构和下潜压载抛载机构两套抛载机构，每套抛载机构的结构组成完全相同。每套抛载机构包括一套电磁吸盘驱动源及其传动执行机构、一套深海电机驱动源及其传动执行机构、一套纯机械定时装置及其传动执行机构，以及挂载机构和压载等。三套驱动源的传动执行机构并联作用在挂载机构上，任一传动执行机构产生抛载动作，均能让挂载机构中的压载失去限位，实现抛载。

抛载控制系统由机器人主控系统供电，并根据AUV主控系统的抛载指令分别控制两套抛载机构。在正常情况下，为了避免因一种驱动机构出现故障影响抛载，抛载控制系统收到抛载指令后，先发送电磁铁抛载指令，过一段时间后，再发送深海电机抛载指令；在AUV主控系统程序或者抛载控制系统程序出错的情况下，AUV主控系统和抛载控制系统之间的看门狗故障控制协议也会给抛载机构发出抛载指令或者断电，使得以电磁吸盘作为驱动源的抛载机构仍然可以完成抛载动作；在AUV主控系统供电出现故障时，抛载机构同样可以因为电磁吸盘断电而完成抛载动作。

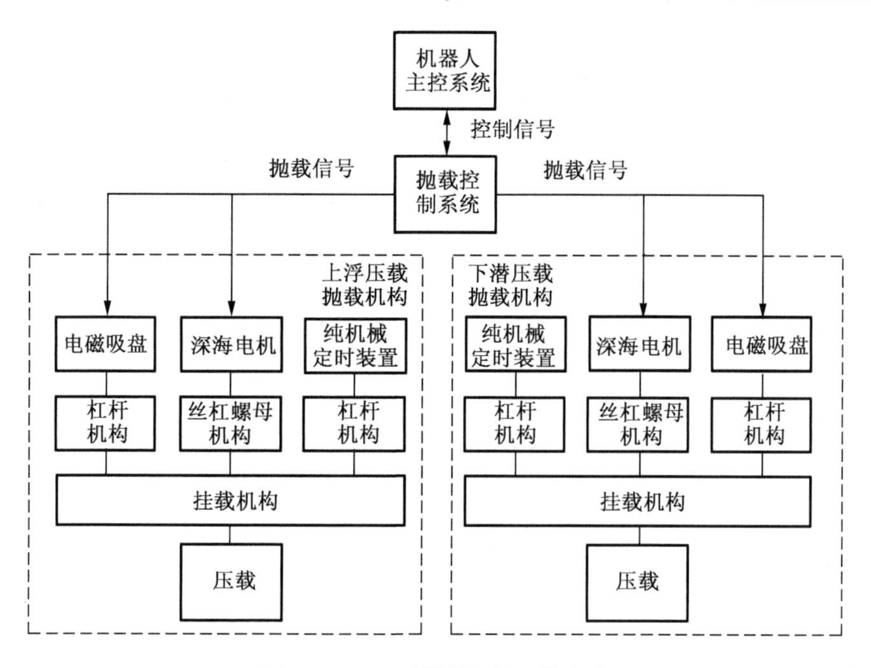

图4－10 三爪抛载机构总体方案

2. 总体结构

本研究室研制的一种多模式抛载系统的总体结构。

结合图4－11至图4－16，进行说明。

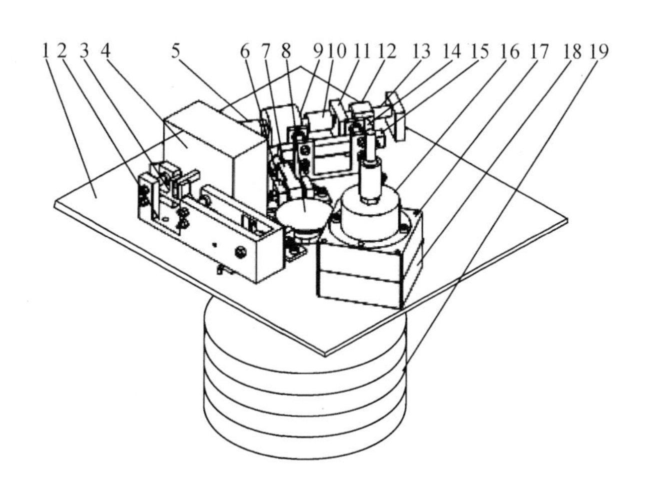

图4－11 水下机器人多模式抛载装置的三维视图

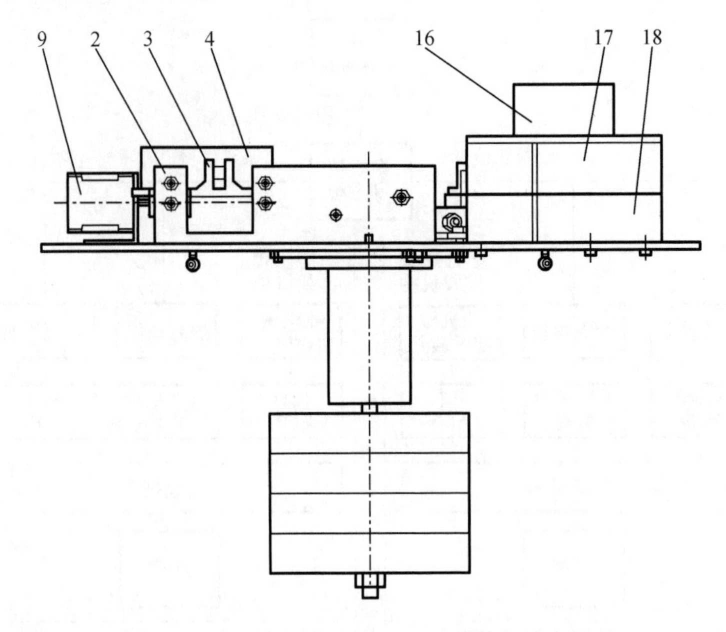

图 4-12　水下机器人多模式抛载装置的主视图

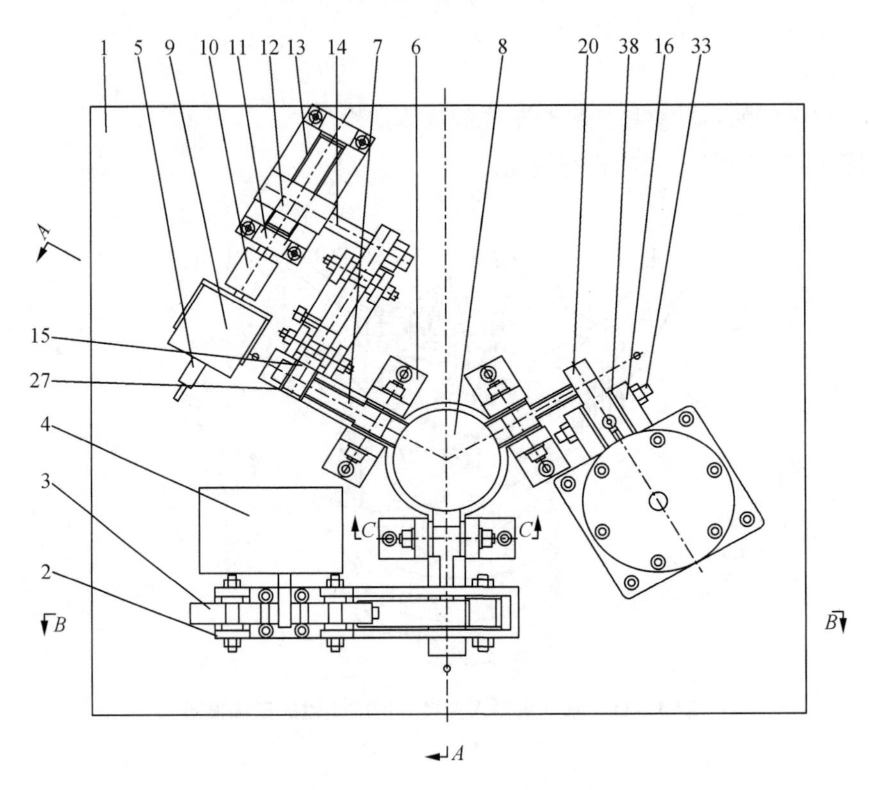

图 4-13　水下机器人多模式抛载装置的俯视图

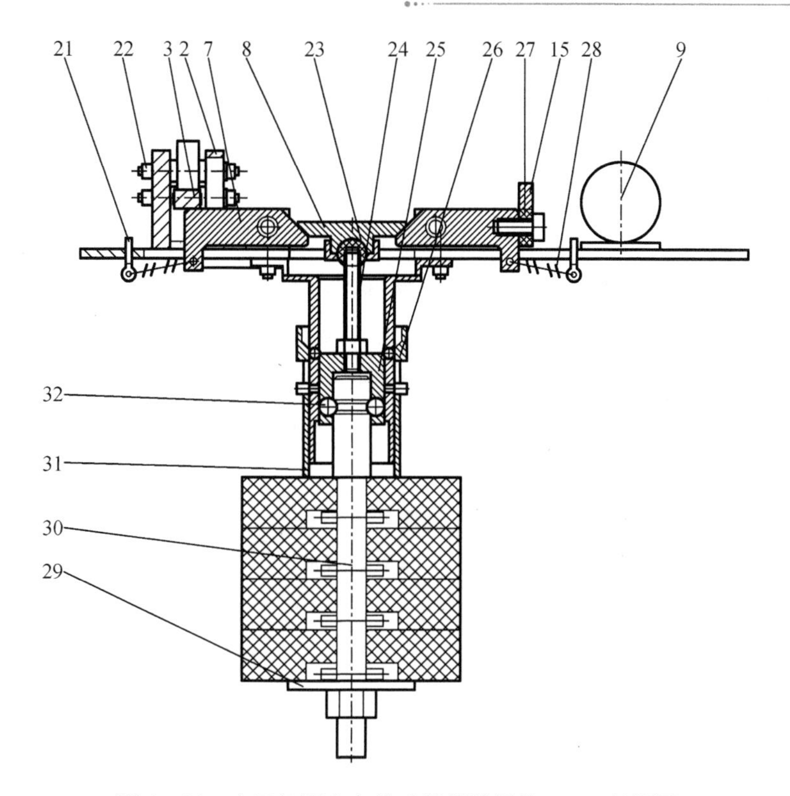

图 4－14　水下机器人多模式抛载装置的 *A*－*A* 剖视图

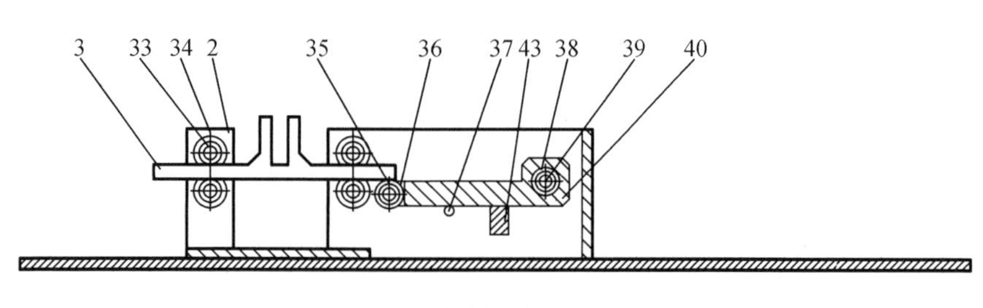

图 4－15

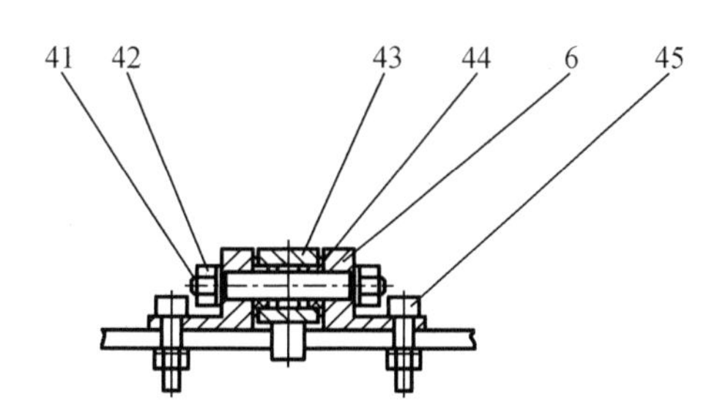

图 4－16　水下机器人多模式抛载装置的 *C*—*C* 剖视图

多模式抛载装置主要由电磁驱动机构、电机驱动机构、纯机械定时驱动机构和释放机构四部分组成。电磁驱动机构主要由电磁铁(16)、电磁铁支架(17)、电磁铁底座(18)、压载块(19)、杠杆 1(20)等构成,电机驱动机构主要由电机(9)、联轴器(10)、丝杠支座(11)、螺母(12)、丝杠(13)、连杆(14)、压杆(15)等构成,纯机械定时驱动机构主要由支座(2)、压杆1(3)、纯机械驱动装置(4)等构成,释放机构主要由挂钩1(7)、挂钩2(43)、球头(23)、螺杆(24)、锁紧套(25)、导向罩(26)、滚子1(27)、复位弹簧(28)、锁紧片(29)、挂载杆(30)、限位罩(31)、不锈钢珠(32)等构成,各零部件通过螺栓固定在底板上,组成多模式抛载装置。

如图4-13所示,三个挂钩呈120°均匀分布。电磁铁驱动机构中,杠杆1(20)与挂钩2(43)组成二级杠杆机构,杠杆1(20)与电磁铁底座(18)之间通过支杆轴1(33)实现定位,杠杆1(20)与支杆轴1(33)之间由轴套1(38)来实现轴向定位和转动,杠杆1(20)两侧紧靠轴套1(38)内侧,轴套1(38)外侧靠在电磁铁底座(18)上。电机驱动机构中,压杆(15)压在挂钩1(7)末端的滚子1(27)上,压杆(15)通过连杆(14)与螺母(13)相连,连杆(14)通过螺纹连接与螺母(13)固定。

如图4-14所示,挂载盘(8)压在三个挂钩的斜面上,锁紧套(25)与挂载盘(8)之间通过螺杆(24)和球头(23)连接在一起,螺杆(24)与球头(23)以及锁紧套(25)之间通过螺纹连接,不锈钢珠(32)卡在挂载杆(30)的凹槽中,实现对挂载杆(30)的固定,压载块(19)首先逐片挂载在挂载杆(30)上,挂载完毕后,通过螺栓和锁紧片(29)将压载锁紧固定。

如图4-15所示,杠杆2(40)压载挂钩2(43)的末端,压杆1(3)压在杠杆2(40)末端的滚子(36)上,压杆1通过支杆轴1(33)、滚子2(34)固定在底座(2)上。

如图4-16所示,挂钩1(7)和挂钩2(43)与挂钩支座(6)之间通过支杆轴2(41)实现定位,挂钩1(7)和挂钩2(43)与支杆轴2(41)之间由轴套2(44)来实现轴向定位和转动,挂钩1(7)和挂钩2(43)两侧紧靠轴套2(44)内侧,轴套2(44)外侧靠在挂钩支座(6)上。

这种实施方式的工作原理如下:

作业设备下水前,通过控制电机(9)将压杆(15)调整至如图4-13所示的位置,保证电磁铁16正常工作,设定好纯机械驱动装置(4)的触发时间,沿着导向罩(26)通过挂载杆(30)推动挂载盘(8)落在三个挂钩上,此时,不锈钢珠(32)刚好卡在挂载杆(30)的凹槽中,然后逐片安装压载块(19),安装完毕后,通过螺栓和锁紧片(29)将压载固定。

作业设备有抛载需求时,由主控系统发出抛载指令,底层控制系统收到抛载指令后,控制电磁铁(16)或电机(9)转动。电磁铁(16)失去磁力后,失去对杠杆1(20)的吸附力,杠杆1(20)绕或支杆轴1(33)旋转一定角度后,失去对挂钩2(43)的作用,挂载盘(8)失去平衡,挂载盘(8)和锁紧套(25)、挂载杆(30)以及压载(19)在压载(19)重力作用下整体下移一段距离后,不锈钢珠(32)失去对挂载杆(30)的作用,挂载杆(30)和压载(19)在自身重力作用下被抛掉。电机(9)转动,通过丝杠螺母副(12、13)带动连杆(15)移动,移动一段距离后,压杆(15)失去对挂钩1(7)作用,压载被抛掉。若电磁铁(16)或电机(9)动作失败,等待纯机械驱动装置(4)到达触发时间后将压载(19)抛掉。

多模式抛载装置的技术方案如下:

多模式抛载装置主要由电磁驱动机构、电机驱动机构、纯机械定时驱动机构和释放机构四部分组成,三种驱动机构分别作用在释放机构上,限制释放机构执行抛载动作。每种驱动机构由驱动元件与其对应的执行机构组成,执行机构通过对释放机构的作用,实现压载需要释放时可靠释放、不需要释放时可靠固定。该抛载装置通过释放机构实现压载的便捷安装，以及安装压载后，对压载的自动限位，抛载过程中，对压载的导向。电磁铁驱动机构主要包括电磁铁、杠杆、复位弹簧以及螺栓组件，电机驱动机构主要包括电机、丝杠、螺母、压杆以及螺栓组件等，释放机构主要包括挂钩、挂载盘、导向筒、限位罩等，压载主要包括锁紧套、不锈钢珠、承载结构、压载块等。其中电磁驱动机构中的杠杆与释放机构中的挂钩组成二级杠杆机构，在电磁铁吸附力一定时，可以大大提高抛载装置的负载能力。电机驱动机构中的丝杠螺母与挂钩串联，可大大扩大电机的输出力矩，压载安装和调整方便。

多模式抛载装置的工作过程如下：

水下机器人入水前，根据水下机器人此次作业所需时间设定纯机械定时抛载的触发时间，水下机器人有抛载需求时，由水下机器人主控系统发出抛载指令，底层控制系统收到抛载指令后，控制电磁铁或电机动作，使释放装置失去对压载的固定作用，压载在自身重力作用下被抛掉。若电磁铁或电机动作失败，即主动抛载无法正常工作，等待纯机械定时抛载机构到达触发时间后，纯机械抛载装置动作也能抛掉压载。

多模式抛载装置的特点如下：

①对压载块进行导向，避免抛载时压载块与水下机器人壳体发生干涉，导致抛载失败，有利于提高抛载装置的可靠性，同时，压载安装操作在机器人底部进行，无须拆除释放装置上方的已经安装好的其他部件，操作方便，尤其是流线型自主式水下机器人，压载的安装，不涉及外部流线型壳体的拆装。

②压载采用分块设计，压载重力调整方便，单人即可完成大重力压载的安装。

③利用压杆将电机的负载由压载块的重力转换成压杆移动的摩擦力，通过滚子将压载移动时的摩擦力转换成滚动摩擦力，通过丝杠螺母副的自锁来实现不需要抛载时对压载的可靠固定，二者与可视作杠杆的挂钩串联，可以大大减小电机的功耗，减小了电机的体积与质量。

④基于压载的安装以及抛载的方式，无须在抛载装置上方预留额外的压载安装所需空间或者释放动作所需空间，因此，结构紧凑，所需空间小。

⑤可以根据水下机器人底部的剩余空间设计压载块的形状，既可以充分利用空间，又可以避免额外增加水下作业设备的运行阻力。

⑥多处使用滚子将滑动摩擦力转换成滚动摩擦力，可大大减小系统功耗。

3. 驱动执行机构

驱动执行机构包括电磁驱动机构、深海电机驱动机构、纯机械定时驱动机构。各个驱动机构的原理图分别如图 4－17、图 4－18、图 4－19 所示。

图 4－17 中，传动执行机构包括两级杠杆，传动杠杆的一端与吸盘相连，并由一个半球环和杠杆铰接的间隙确保传动杠杆对吸盘的主作用力垂直于电磁吸盘吸合面，另一端压住执行杠杆的一端，对其限位，执行杠杆的另一端挂住压载盘，对其限位实现挂载。当电磁吸盘收到抛载指令线圈断电时，电磁吸盘失去对吸盘的磁吸力，传动杠杆吸盘端失去限位，在压载重力的作用下两级杠杆分别绕着各自的铰接轴转动，当执行杠杆转到失去对挂载盘限

位的位置后，压载掉落实现抛载。

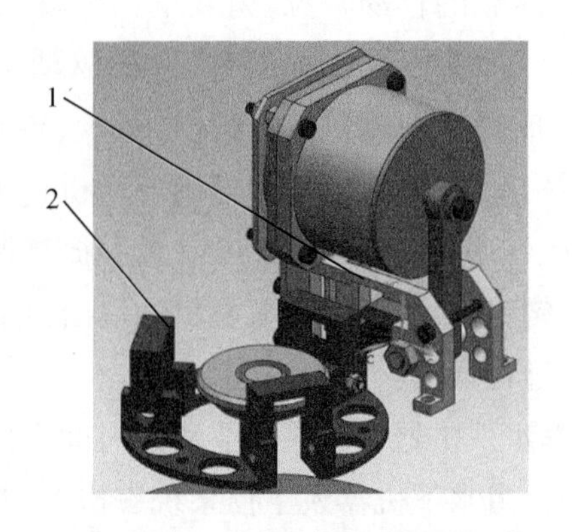

1—电磁吸盘固定支座；2—三爪执行杠杆支座。

图 4-17　电磁驱动机构三维图

图 4-18 中，深海电机驱动丝杠，螺母在丝杠的作用下带动压杆移动，压杆左端压住执行杠杆的挂钩，当电机转动一定圈数后，压杆向右移动一定距离失去对挂钩的限制，挂钩在压载重力作用下发生转动，实现抛载。

1—联轴器；2—深海电机；3—执行杠杆；4—丝杠；5—压杆；6—螺母。

图 4-18　深海电机驱动机构三维图

图 4-19 中，挂载状态下，纯机械定时装置的输出轴处于伸出状态，对传动杠杆一端产生限位，传动杠杆的另一端对执行杠杆产生限位，执行杠杆挂住压载，使其不能掉落。当纯机械定时装置达到定时抛载时刻时，其输出轴收回，传动杠杆失去限位，执行杠杆也失去限位，压载在重力的作用下掉落，实现抛载。该部分的执行杠杆结构与电磁吸盘相同，此处不再赘述。

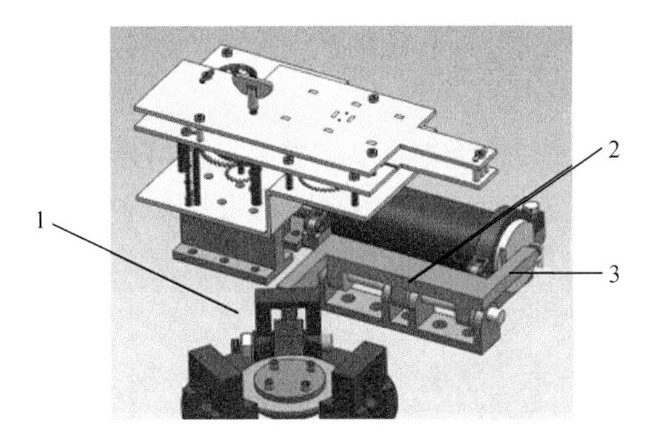

1—执行杠杆;2—传动杠杆;3—纯机械定时装置驱动轴。

图4-19　纯机械定时驱动机构三维图

4. 挂载装置

三爪抛载机构挂载装置如图4-20所示。

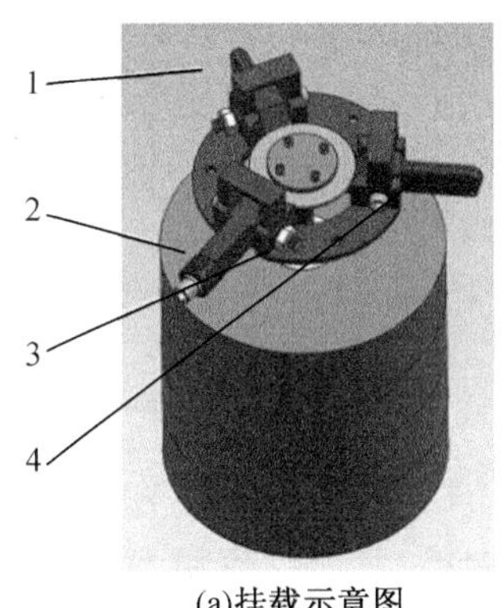

(a)挂载示意图

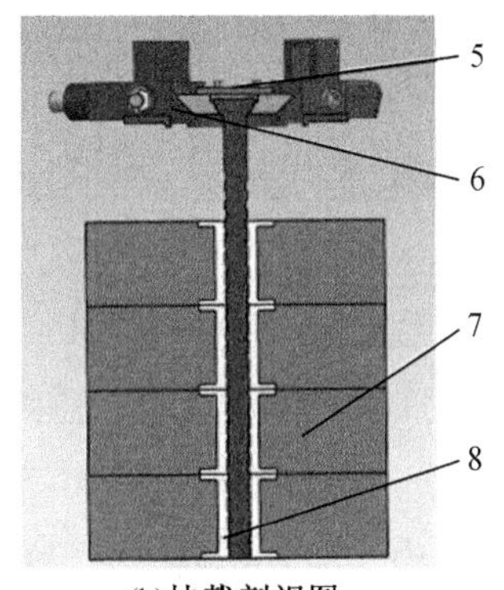

(b)挂载剖视图

1—电磁吸盘执行杠杆;2—纯机械定时装置执行杠杆;3—深海电机执行杠杆;4—执行杠杆支座;

5—挂载盘;6—盖板;7—挂载杆;8—压载。

图4-20　三爪抛载机构挂载装置三维图

如图4-20所示,三爪抛载机构的挂载装置的结构为球头螺杆穿过挂载盘,再由盖板进行螺杆的轴向限位的结构。其工作原理:挂载状态下,相互成120°均匀分布的三种驱动源的执行杠杆同时对挂载盘进行限位,阻止其掉落。需要抛载时,其中一个驱动源的执行杠杆产生抛载动作,挂载盘在所挂压载重力的作用下绕着球头螺杆的球头球心转动,当挂载盘失去限位时,因各执行杠杆无法挂住挂载盘,挂载盘掉落,实现抛载。

由挂载装置工作过程可知,当一种驱动源的执行杠杆产生抛载动作后,挂载盘需绕着挂载杆球头顺利转动,因此挂载杆的球头与挂载盘的球面之间的转动情况影响抛载的结果。影响球面转动的因素包括球面的圆度和表面粗糙度、挂载盘和球头螺杆的材料等。为了减小球面转动的摩擦阻力,挂载盘采用不锈钢316,挂载杆的球头部分为不锈钢316,为了减少成本,螺杆为碳钢,靠螺纹拧进球头;提高球头和挂载盘球面的加工精度;在球面涂抹防水润滑脂。

5. 无源驱动抛载

无源抛载机构是安全抛载系统释放机构的重要组成部分，也是本书研究的重点内容之一。AUV 出现极端情况且有源信号发生中断后，即电控系统完全故障，安全抛载系统有源抛载失效，当 AUV 下沉超过限定深度时，无源抛载机构抛弃压载，机器人安全上浮完成自救。因此，无源抛载机构成为 AUV 最后一道安全保障。这里首先介绍爆破片式无源抛载。但在后续海试时发现，爆破片起爆精度受下潜次数的影响较大，小于限定深度的多次下潜，影响到爆破片载限定深度的起爆精度。因此，在爆破片式无源抛载基础上又研制了阀控式无源抛载。针对超时抛载问题，研制了超时抛载。

以下主要介绍本研究室研制的无源超深抛载、纯机械定时抛载。

(1) 无源超深抛载

①爆破片式无源抛载机构

爆破片式机械定深抛载装置是根据水下压力传递原理进行设计的，依靠装置部件自身物理破坏实现分离的目的。根据水中压力随深度增加而增加的原理，爆破片式机械定深抛载装置采用爆破片为关键部件，在机器人出故障下沉，达到限定深度时，靠爆破片的受压爆破，实现装置自身分离，释放掉压载或其他可弃部件，保证机器人能浮至水面，达到自救的目的。

爆破片式机械定深抛载机构如图 4 – 21 所示。

图 4 – 21 中，底座为空腔结构，上盖和承重套筒壁上各有三个钢珠孔，可以使钢珠在其中滑动，钢珠直径大于上盖壁厚、半径小于上盖壁厚，承重套筒有螺纹孔，作为整个装置联结固定用，承重套筒内开有环形槽，内沿可遮蔽钢珠。活塞与皮囊上端用强力胶粘住，装在上盖内，皮囊内装满甘油，密封好的夹持器与爆破片，以及底座依次装在皮囊下面，用螺栓将以上件紧固，此时上盖与夹持器之间靠皮囊实现密封，底座上开有密封槽，底座与夹持器之间靠密封圈密封。承重套筒外径开有细牙螺纹，套装在上盖上，上盖壁上的钢珠孔与承重套筒壁上的钢珠孔对准，且直径相同，可以将钢珠推入孔内。向上提起承重套筒后，钢珠在活塞的阻止下不会进入上盖内，承重套筒开孔处的孔壁与钢珠配合能够限制承重套筒左右转动，而且承重套筒内沿作用点在小于钢珠半径处。承重套筒外径开有螺纹，钢珠挡圈拧紧在承重套筒上，将钢珠孔封住，阻止钢珠从孔中滑出。压载和底座之间用螺栓连接。在水下工作时，水主要从承重套筒的通孔进入上盖内，将压力传递给爆破片。当工作深度达到额定深度，压力达到爆破片爆破压力时，爆破片破碎，皮囊中的甘油瞬时被压至底座的空腔内，同时活塞连同皮囊一同被压至爆破片处。由于活塞向下移动，则不再挡住钢珠向上盖内运动，上盖以下部件在压载的作用下带着钢珠有向下的运动趋势，钢珠在承重套筒壁内沿的作用下，向上盖内滚动，由于承重套筒内沿不再卡住钢珠，上盖与承重套筒分离，实现压载抛出。

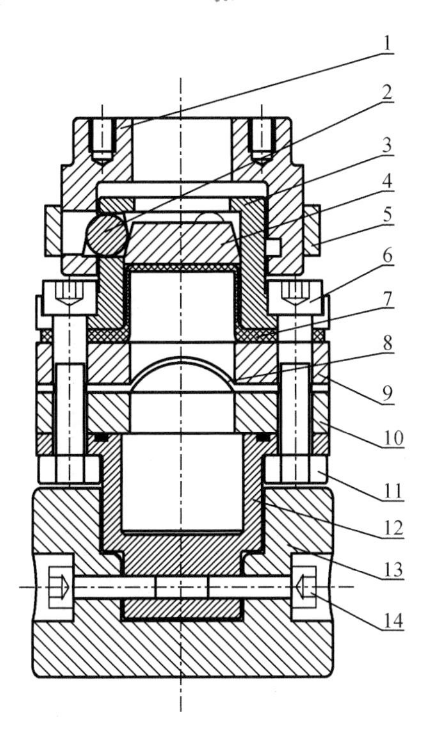

1—承重套筒;2—钢珠;3—上盖;4—活塞;5—钢珠挡圈;6—螺钉;7—皮囊;8—爆破片;
9—上夹持器;10—下夹持器;11—螺母;12—底座;13—压载;14—螺钉。

图4-21　爆破片式机械定深抛载机构

爆破片及夹持器参数如表4-7所示。

表4-7　爆破片及夹持器参数

爆破片	型号	YCM25-12-10
	最大工作压力/MPa	10(≤85%爆破压力)
	公称直径/mm	25
	爆破压力及允差/MPa	12±5%
	静压/波动压力	静压力
夹持器	型号	YJA-25-70A
	公称通径	25
	材质	316L

②阀控式无源抛载机构

根据本书设计思路,需选定一个压力敏感元件控制装置抛载深度。可供选择的压力敏感元件有溢流阀、卸荷阀、安全阀等,都是超过一定压力就开启。通常该类阀都比较大(长度超过300 mm),且有许多使用压力范围比较小(小于5 MPa),而由于整体装置限制本书所需敏感元件体积不能太大(最好不大于200 mm),使用压力较大(20 MPa),本书选用体积相对较小的“熊川”安全阀，其使用压力为 18 ~ 25 MPa，结构如图 4 - 22(a)所示。下侧是入水口，右侧是出水口。当入水口压力超过弹簧力时，阀杆会向上移动，水就会从出水口流出。

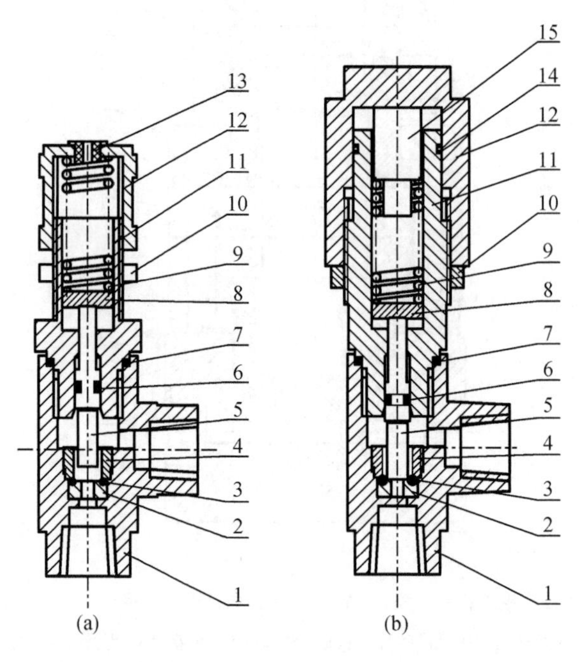

1—下阀体；2—密封座；3，6，14—O 型圈；4—压紧螺套；5—阀杆；7—体密封圈；8—弹簧承座；9—螺旋弹簧；10—锁紧螺母；11—上阀体；12—调压螺帽；13—塞头；15—弹簧压座。

图 4 - 22　安全阀结构图

由于该安全阀是为用在空气中设计的，该阀没有密封处理。显然，若直接将其放入水中，由于塞头处未密封，水会进入上阀体处，压迫弹簧承座，阀杆会受到上下两个方向的水压而平衡，弹簧失去其作用，所以无论水压多大，该阀都不会开启。因此必须对此处进行密封。

改进后的安全阀结构如图 4 - 22(b)所示。改进结构对安全阀的弹簧处进行了密封。调压螺帽设计成一端封闭的圆筒，开口处以密封圈为密封元件封住调压螺帽与上阀体的间隙，防止水从螺纹处渗入。为保证上阀体与调压螺帽能承受深水压力，对其进行了加厚处理。

经过改进，本书设计的高压机械定深抛载结构如图 4 - 23 所示。

机械定深抛载机构通过上盖顶部的螺栓孔安装在 AUV 上。其通过安全阀控制抛载深度，利用外部压力实现压载脱离本体。达到安全阀开启压力时，水从右上方的安全阀处进入上部空腔。随着水的不断进入，上部空腔中的压力逐渐增大。当该压力大于活塞上密封圈的摩擦力和弹簧力时，活塞所受合力向下，所以向下移动。由于从安全阀流入的水是缓慢增加的，活塞也是缓慢下移的。当活塞移动到其凹槽下沿低于钢珠中心平面时，钢珠会向内侧移动，下盖会向下移动。顶环会跟随下盖下移，则顶环上侧密封失效。外界水会从此处进入内部,将活塞继续向下推,直到将活塞推到下盖底部,钢珠也完全进入活塞凹槽内。下盖和上盖之间没有了钢珠的阻挡,压载就会连同承重杆、下盖、活塞、顶环等零件一起被抛掉。

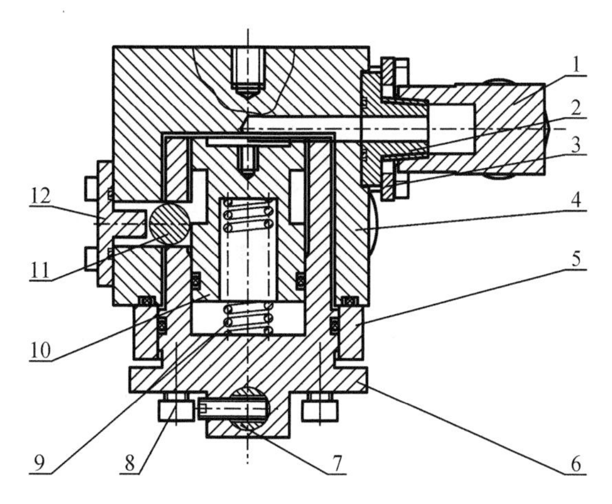

1—安全阀;2—阀接头;3—接头压板;4—上盖;5—顶环;6—下盖;7—承重杆;
8—顶紧螺栓;9—弹簧;10—活塞;11—钢珠;12—密封盖。

图 4-23 高压机械定深抛载结构

为保证机械定深装置内部低压,需用多种方式密封。安全阀出口与阀接头之间用锥螺纹 1/4NPT 连接,为保证密封良好,中间缠绕生料带。顶环处有两个密封圈,内侧密封圈是活塞式密封;上侧密封圈是端面密封,由 4 个顶紧螺栓向上推顶环,从而使顶环与上盖下端面夹紧密封圈。则下盖被顶紧螺栓向下推,此时,钢珠被上盖、下盖和活塞夹紧。内部有一个由安全阀、密封盖、顶环、下盖、上盖、活塞和相关密封圈等零件围成的空腔;活塞和下盖也围成一个空腔。装配完成后,两个空腔都只有常压下的空气。活塞受力平衡,静止不动。

(2)纯机械定时抛载

定时抛载是安全抛载系统不可或缺的抛载模式,主要有两种实现方式:一是电子计时,二是机械计时。电子计时一般应用于有源抛载,可利用 DS12C887 计时模块作为定时基准,通过单片机并口完成时间的设定与读取。机械计时一般应用于无源抛载,不用电源不用电信号出发,基于纯机械定时和驱动原理实现定时抛载。在复杂的海洋环境中,AUV 控制程序失灵、电源舱压爆进水无电源可行等极端危险情况时,纯机械定时式无源抛载为 AUV 应急自救提供一种有效的技术手段。

基于上述分析,本研究室研制了纯机械定时式无源抛载装置。机械定时触发装置是纯机械定时式无源抛载的关键。机械定时触发装置原理如图 4-24 所示。

机械定时触发装置由定时机构、联动机构、动力机构组成。定时机构的功能是到定时时间产生小功率的输出信号。动力机构的功能是放大定时机构输出的小功率信号。联动机构的功能是定时机构和动力机构之间的信号传递。到达定时时间后,动力机构下端的输出轴旋转带动一个二通球阀开启，通过上述阀控式无源抛载机构实现抛载。

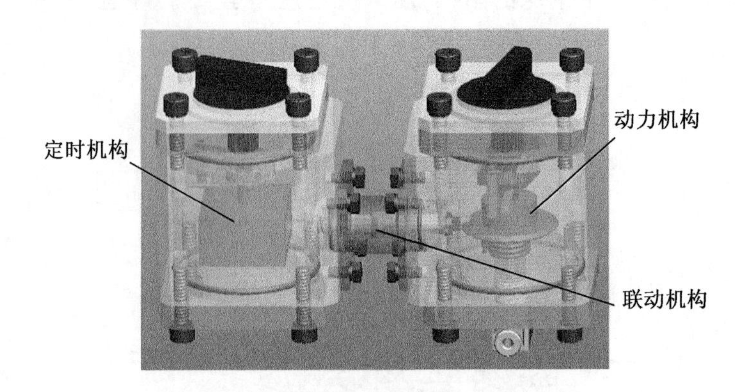

图 4－24　机械定时触发装置原理图

机械定时触发装置内部结构如图 4－25 所示。

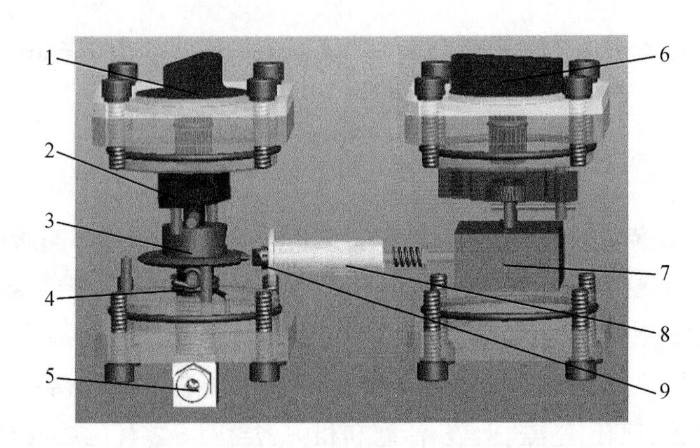

1—动力旋钮；2—拨杆；3—卡盘；4—扭簧；5—二通球阀；6—定时旋钮；7—定时器；8—套筒；9—锁舌。

图 4－25　机械定时触发装置结构图

机械定时触发的具体工作过程：转动定时旋钮，拨杆拨动定时器轴，待定时器转到应定时长处，反向旋转定时旋钮到原处，使装置在计时过程中不会干涉定时器主轴回转，定时完毕，锁舌伸出，定在卡盘上，此时旋转动力旋钮，使锁舌落入卡盘凹槽中，卡盘被锁死，反向旋转动力旋钮，使球阀轴回转不受干涉。当机械定时器达到所定时长时，锁舌迅速回弹，卡盘由于没有限位，受到扭簧的作用迅速回转 90°，二通球阀被打开。在深海环境下，高压海水通过二通球阀驱动无源抛载机构动作，实现抛载。

机械定时触发装置实现机械定时的关键在于定时器主轴的旋转，与主轴一同旋转的凸轮盘控制锁舌的伸出与收回。由于定时器主轴承受一定的负载，为确保定时器主轴在定时过程中的旋转，设计了一种轮廓线半径逐渐减小的凸轮，在机构定时过程中，定时器弹簧和锁舌弹簧始终保持弹性势能的释放。凸轮盘和定时器之间采用大间隙装配的方法，使凸轮盘在定时过程中能自动补偿装置的装配误差，进一步保障弹性势能的释放。市场上可以买到的机械定时器最长定时 12 h,主轴旋转 330°。可以通过齿轮减速器进行改进,减速比2:1,可使定时器定时时长增加到 24 h。

参 考 文 献

[1] 边信黔,牟春晖,严浙平.基于故障树的无人潜航器可靠性研究[J].中国造船,2011,52(1):71-79.

[2] 史宪铭,王华伟.基于贝叶斯网络的复杂系统 FMEA 模型[J].兵工自动化,2004,23(2):27-29.

[3] BAKHTIARI A S, BOUGUILA N. A variational Bayes model for count data learning and classification[J]. Engineering Applications of Artificial Intelligence, 2014, 35:176-186.

[4] XU J M. A mobile phone short message spam filtering method based on Naive Bayes using word occurrences table[C]. proceedings of the 3nd International Conference on Green Communications and Networks(GCN 2013), 2013.

[5] 仝兆景,石秀华,许晖.基于贝叶斯网络的柴油机故障诊断研究[J].计算机测量与控制,2013,21(5):1118-1119,1125.

[6] 何慧,苏一丹,覃华.基于贝叶斯网络的智能入侵检测模型的设计与实现[J].科技广场,2004(5):4-6.

[7] 李俭川.贝叶斯网络故障诊断与维修决策方法及应用研究[D].长沙:国防科学技术大学,2002.

[8] WOLFSON J, BANDYOPADHYAY S, ELIDRISI M. A naive Bayes machine learning approach to risk prediction using censored, time-to-event data[J]. Statistics in Medicine, 2015, 34(21):2941-2957.

[9] 郃爽.基于贝叶斯网络的继电保护故障诊断[D].西安:西安电子科技大学,2010.

[10] KUBOKAWA T. Constrained empirical Bayes estimator and its uncertainty in normal linear mixed models[J]. Journal of Multivariate Analysis, 2013, 122:377-392.

[11] SHEN C, HUANG Y, LIU Y, et al. A modulated empirical Bayes model for identifying topological and temporal estrogen receptor α regulatory networks in breast cancer[J]. BMC Systems Biology, 2011, 5(1):67.

[12] Sutheera P. Hybrid naive Bayes classifier weighting and singular value decomposition technique for recommender system[C]. IEEE, 2011.

[13] 赵霄桁.遗传优化的两级网络对汽轮机振动故障的诊断[D].北京:华北电力大学,2014.

[14] 王洁.基于贝叶斯推理的视频语义自动标注[D].北京:北京交通大学,2007.

[15] 王斌. 支持不确定性推理的上下文模型构建和基于贝叶斯网络的推理[D]. 西安:西安电子科技大学, 2009.

[16] XIANG X B, NIU Z M, LAPIERRE L, et al. Hybird underwater robotic vehicles: the state-of-the-art and future trends[J]. The HKIE Transactions,2015, 22: 103 - 116.

[17] NUNNALLY C C, FRIEDMAN J R, DRAZEN J C. In situ respriration measurements of megafauna in the Kermadec Trench [J]. Deep Sea Research Part I: Oceanographic Research Papers. 2016, 118: 30 - 36.

[18] 谭竹青. AUV 环境认知不确定推理方法研究[D]. 哈尔滨:哈尔滨工程大学, 2014.

[19] 王煜. 基于贝叶斯网络的全海深水下机器人安全决策技术研究[D]. 哈尔滨:哈尔滨工程大学, 2020.

[20] 张秀洁. 城轨车辆空气制动系统仿真模拟及故障诊断研究[D]. 北京:北京交通大学, 2012.

[21] GEORGE R A, SHUY J P,CAUQUIL E. Deepwater AUV logs 25,000 kilometers under the sea-technology provides high-quality remote sensing data for deepwater seabed engineering projects in half the time[J]. Sea Technology, 2003,44(12):10 - 20.

[22] YOERGER D R, SCHEMPF H, DIPIETRO D M. Design evaluation of an actively compliant underwater manipulator for full-ocean depth[J]. Journal of Robotic System, 1991,8(3):371 - 392.

[23] 潘彬彬,崔维成,叶聪,等. 蛟龙号载人潜水器无动力潜浮运动分析系统开发[J]. 船舶力学, 2012,16(2):58 - 71.

[24] 崔维成. "蛟龙"号载人潜水器关键技术研究与自主创新[J]. 船舶与海洋工程, 2012(1):1 - 8.

[25] 沙启鑫. 自主式水下机器人冗余自救系统的设计与实现[D]. 青岛:中国海洋大学, 2010.

[26] 王来彬. 电控永磁吸盘磁路设计及拉深工艺应用可行性研究[D]. 秦皇岛:燕山大学, 2017.

[27] 郭东军,朱志松,张子立,等. 基于 Maxwell 的电磁铁设计与特性分析[J]. 机床与液压, 2018,46(22):55 - 58.

[28] 应之丁,夏健博,高立群. 基于双电磁铁结构的新型电磁阀研究[J]. 机械设计与制造工程, 2016,45(8):66 - 69.

[29] 张铭钧, 王玉甲. 一种水下机器人多模式抛载装置:中国,ZL201811190304.3[P].

[30] 王玉甲, 张铭钧. 水下定深释放装置:中国, ZL200910071238.2[P].

[31] 马占峰. 安全阀开启压力变小的原因分析[J]. 科技创新导报, 2011(33):53.

[32] 王得成. AUV 浮力调节与安全抛载系统研究[D]. 哈尔滨:哈尔滨工程大学, 2015.